轨道交通装备制造业职业技能鉴定指导丛书

环境监测工

中国中车股份有限公司　编写

中国铁道出版社

2016年·北京

图书在版编目(CIP)数据

环境监测工/中国中车股份有限公司编写．—北京：中国铁道出版社，2016.3

(轨道交通装备制造业职业技能鉴定指导丛书)

ISBN 978-7-113-21279-7

Ⅰ.①环… Ⅱ.①中… Ⅲ.①环境监测－职业技能－鉴定－自学参考资料 Ⅳ.①X83

中国版本图书馆 CIP 数据核字(2016)第 001125 号

书　　名：轨道交通装备制造业职业技能鉴定指导丛书
环境监测工

作　　者：中国中车股份有限公司

策　　划：江新锡　钱士明　徐　艳

责任编辑：冯海燕　　**编辑部电话**：010-51873017

封面设计：郑春鹏

责任校对：胡明锋

责任印制：陆　宁　高春晓

出版发行：中国铁道出版社(100054，北京市西城区右安门西街 8 号)

网　　址：http://www.tdpress.com

印　　刷：北京华正印刷有限公司

版　　次：2016 年 3 月第 1 版　2016 年 3 月第 1 次印刷

开　　本：787 mm×1 092 mm　1/16　印张：14.5　字数：353 千

书　　号：ISBN 978-7-113-21279-7

定　　价：46.00 元

中国中车职业技能鉴定教材修订、开发编审委员会

序

在党中央、国务院的正确决策和大力支持下，中国高铁事业迅猛发展。中国已成为全球高铁技术最全、集成能力最强、运营里程最长、运行速度最高的国家。高铁已成为中国外交的金牌名片，成为高端装备“走出去”的大国重器。

中国中车作为高铁事业的积极参与者和主要推动者，在大力推动产品、技术创新的同时，始终站在人才队伍建设的重要战略高度，把高技能人才作为创新资源的重要组成部分，不断加大培养力度。广大技术工人立足本职岗位，用自己的聪明才智，为中国高铁事业的创新、发展做出了杰出贡献，被李克强同志亲切地赞誉为“中国第一代高铁工人”。如今在这支近 9.2 万人的队伍中，持证率已超过 96%，高技能人才占比已超过 59%，有 6 人荣获“中华技能大奖”，有 50 人荣获国务院“政府特殊津贴”，有 90 人荣获“全国技术能手”称号。

高技能人才队伍的发展，得益于国家的政策环境，得益于企业的发展，也得益于扎实的基础工作。自 2002 年起，中国中车作为国家首批职业技能鉴定试点企业，积极开展工作，编制鉴定教材，在构建企业技能人才评价体系、推动企业高技能人才队伍建设方面取得明显成效。

中国中车承载着振兴国家高端装备制造业的重大使命，承载着中国高铁走向世界的光荣梦想，承载着中国轨道交通装备行业的百年积淀。为适应中国高端装备制造技术的加速发展，推进国家职业技能鉴定工作的不断深入，中国中车组织修订、开发了覆盖所有职业(工种)的新教材。在这次教材修订、开发中，编者基于对多年鉴定工作规律的认识，提出了“核心技能要素”等概念，创造性地开发了《职业技能鉴定技能操作考核框架》。试用表明，该《框架》作为技能人才综合素质评价的新标尺，填补了以往鉴定实操考试中缺乏命题水平评估标准的空白，很好地统一了不同鉴定机构的鉴定标准，大大提高了职业技能鉴定的公平性和公信力，具有广泛的适用性。

相信《轨道交通装备制造业职业技能鉴定指导丛书》的出版发行，对于推动高技能人才队伍的建设，对于企业贯彻落实国家创新驱动发展战略，成为“中国制造2025”的积极参与者、大力推动者和创新排头兵，对于构建由我国主导的全球轨道交通装备产业新格局，必将发挥积极的作用。

中国中车股份有限公司总裁：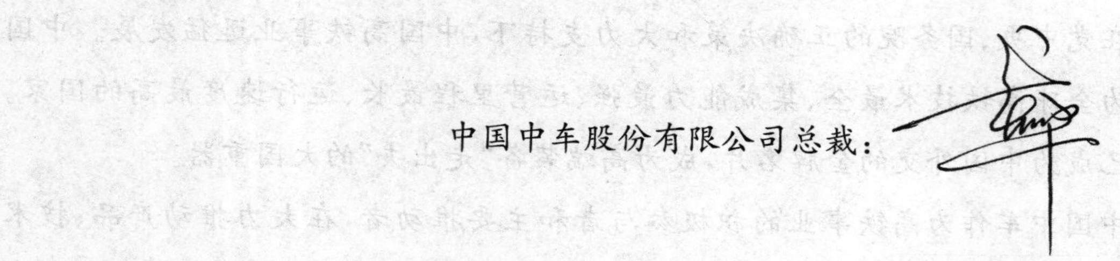

二〇一五年十二月二十八日

前　言

鉴定教材是职业技能鉴定工作的重要基础。2002 年，经原劳动保障部批准，原中国南车和中国北车成为国家职业技能鉴定首批试点中央企业，开始全面开展职业技能鉴定工作。2003 年，根据《国家职业标准》要求，并结合自身实际，我们组织开发了《职业技能鉴定指导丛书》，共涉及车工等 52 个职业(工种)的初、中、高 3 个等级。多年来，这些教材为不断提升技能人才素质、满足企业转型升级的需要发挥了重要作用。

随着企业的快速发展和国家职业技能鉴定工作的不断深入，特别是以高速动车组为代表的世界一流产品制造技术的快步发展，现有的职业技能鉴定教材在内容、标准等诸多方面，已明显不适应企业构建新型技能人才评价体系的要求。为此，公司决定修订、开发《轨道交通装备制造业职业技能鉴定指导丛书》。

本《丛书》的修订、开发，始终围绕打造世界一流企业的目标，努力遵循“执行国家标准与体现企业实际需要相结合、继承和发展相结合、质量第一、岗位个性服从于职业共性”四项工作原则，以提高中国中车技术工人队伍整体素质为目的，以主要和关键技术职业为重点，依据《国家职业标准》对知识、技能的各项要求，力求通过自主开发、借鉴吸收、创新发展，进一步推动企业职业技能鉴定教材建设，确保职业技能鉴定工作更好地满足企业发展对高技能人才队伍建设工作的迫切需要。

本《丛书》修订、开发中，认真总结和梳理了过去 12 年企业鉴定工作的经验以及对鉴定工作规律的认识，本着“紧密结合企业工作实际，完整贯彻落实《国家职业标准》，切实提高职业技能鉴定工作质量”的基本理念，以“核心技能要素”为切入点，探索、开发出了中国中车《职业技能鉴定技能操作考核框架》；对于暂无《国家职业标准》、又无相关行业职业标准的 38 个职业，按照国家有关《技术规程》开发了《中国中车职业标准》。自 2014 年以来近两年的试用表明：该《框架》既完整反映了《国家职业标准》对理论和技能两方面的要求，又适应了企业生产和技术工人队伍建设的需要，突破了以往技能鉴定实作考核缺乏水平评估标准的“瓶颈”，统一了不同产品、不同技术含量企业的鉴定标准，提高了鉴定考核的技术含量，提高了职业技能鉴定工作质量和管理水平，保证了职业技能鉴定的公平性和公信力，已经成为职业技能鉴定工作、进而成为生产操作者综合技术素质评价的新标尺。

本《丛书》共涉及99个职业(工种),覆盖了中国中车开展职业技能鉴定的绝大部分职业(工种)。《丛书》中每一职业(工种)又分为初、中、高3个技能等级,并按职业技能鉴定理论、技能考试的内容和形式编写。其中:理论知识部分包括知识要求练习题与答案;技能操作部分包括《技能考核框架》和《样题与分析》。本《丛书》按职业(工种)分册,已按计划出版了第一批75个职业(工种)。本次计划出版第二批24个职业(工种)。

本《丛书》在修订、开发中,仍侧重于相关理论知识和技能要求的应知应会,若要更全面、系统地掌握《国家职业标准》规定的理论与技能要求,还可参考其他相关教材。

本《丛书》在修订、开发中得到了所属企业各级领导、技术专家、技能专家和培训、鉴定工作人员的大力支持;人力资源和社会保障部职业能力建设司和职业技能鉴定中心、中国铁道出版社等有关部门也给予了热情关怀和帮助,我们在此一并表示衷心感谢。

本《丛书》之《环境监测工》由原长春轨道客车股份有限公司《环境监测工》项目组编写。主编盛立刚,副主编王硕;主审毛传威,副主审闫希;参编人员王芳芳、李嘉旭、申梓安。

由于时间及水平所限,本《丛书》难免有错、漏之处,敬请读者批评指正。

中国中车职业技能鉴定教材修订、开发编审委员会

二〇一五年十二月三十日

目　　录

环境监测工(职业道德)习题

一、填 空 题

1. 职业综合能力也称为(　　)。

2. 技能可以分为很多种,常用的分类有(　　)。

3. 一般能力是指观察、记忆、思维、想象等能力,通常也叫(　　)。

4. 工勤技能岗位职业能力是指一个人能学会做什么,即一个人获得新的知识、技能和能力的(　　)。

5. 个体职业能力的提高除了在实践中磨练和提高之外,最有效的途径就是接受(　　)。

6. 要评价从业人员职业能力的高低,最主要也是最便捷的途径就是(　　)。

7. 爱岗敬业是职业道德(　　)、最起码、最普通的要求。

8. 爱国守法是每个公民都应履行的(　　)。它既是道德底线,又是崇高而重要的道德责任。

9. 守法,首先是遵守(　　);其次是要遵守国家的行政法规和地方性法规;最后要遵守劳动纪律、技术规范和一些群众自治组织所制定的乡规民约等。

10. 以社会主人翁的责任感维护和珍惜国家、集体财产,爱护公物是(　　)的基本要求。

11. 第(　　)次社会大分工,即农业和商业、脑力和体力的分工,使职业道德完全形成。

12. 职业道德是从事一定职业的人们在职业活动中应该遵循的(　　)的总和。

13. 职业道德在特定的职业生活中形成,但不能离开(　　)或阶级道德独立存在。

14. 爱岗敬业的具体要求是树立职业理想、(　　)、提高职业技能、抓住择业机遇。

15. 职业道德是(　　),不具有社会普遍适用性。

16. 道德是一种社会意识,是人们社会行为规范和准则的总和,是调整人与人之间和(　　)之间关系的准则。

17. 职业是人们在(　　)和劳动分工中,比较长期稳定地从事某种专门业务或履行某项特定职责的社会活动。

18. 环境监测人员的(　　)关系到环境保护事业的发展。

19. 社会主义职业道德是维护正常的生产、(　　),保证其顺利进行的重要条件。

20. 社会主义职业道德对培养人才和促进人们的(　　)起着重要的指导作用。

21. 环境监测人员必须本着(　　)的工作态度和对国家、对人民、对事业高度负责的精神,严格执行标准,保证监测质量。

22. 环境监测人员要(　　),忠于职守,善于钻研业务技术,富于开拓精神。

23. 在任何时候,环境监测人员都必须把(　　)、保护人类健康安全放在第一位置上,追求环境效益、社会效益、经济效益的和谐统一。

24. 作为一名员工,应该自觉维护所在单位及个人的(　　),不从事有不良社会影响的活动。

25. 环境监测人员应始终牢记(　　)的宗旨,爱岗敬业,忠于职守,坚持原则,钻研业务,务实进取。

26. 为做好新形势下的环境监测工作,首先要解决(　　),提高政治素养,转变工作作风,提高服务水平。

27. 要树立正确的人生观,也就是要树立(　　)的人生观。

28. 信用建立在法制的基础之上,需要(　　)作保障。

29. 道德的内容包括三个方面:道德意识、道德关系、(　　)。

30. 树立职业信念的思想基础是提高(　　)认识。

31. 职业工作者认识到无论哪种职业,都是社会分工的不同,并无高低贵贱之分,可以笼统地称为职业工作者树立了正确的(　　)。

二、单项选择题

1. 强化职业责任是(　　)职业道德规范的具体要求。

(A)团结协作　(B)诚实守信　(C)勤劳节俭　(D)爱岗敬业

2. 党的十六大报告指出,认真贯彻公民道德建设实施纲要,弘扬爱国主义精神,以为人民服务为核心,以集体主义为原则,以(　　)为重点。

(A)无私奉献　(B)爱岗敬业　(C)诚实守信　(D)遵纪守法

3. 下面关于以德治国与依法治国的关系的说法中正确的是(　　)。

(A)依法治国比以德治国更为重要

(B)以德治国比依法治国更为重要

(C)德治是目的,法治是手段

(D)以德治国与依法治国是相辅相成,相互促进

4. 办事公道是指职业人员在进行职业活动时要做到(　　)。

(A)原则至上,不徇私情,举贤任能,不避亲疏

(B)奉献社会,襟怀坦荡,待人热情,勤俭持家

(C)支持真理,公私分明,公平公正,光明磊落

(D)牺牲自我,助人为乐,邻里和睦,正大光明

5. 关于勤劳节俭的说法,下面正确的是(　　)。

(A)阻碍消费,因而会阻碍市场经济的发展

(B)市场经济需要勤劳,但不需要节俭

(C)节俭是促进经济发展的动力

(D)节俭有利于节省资源,但与提高生产力无关

6. 以下关于诚实守信的认识和判断中,正确的选项是(　　)。

(A)诚实守信与经济发展相矛盾

(B)诚实守信是市场经济应有的法则

(C)是否诚实守信要视具体对象而定

(D)诚实守信应以追求利益最大化为准则

7. 要做到遵纪守法,对每个职工来说,必须做到(　　)。

(A)有法可依　　(B)反对“管”、“卡”、“压”

(C)反对自由主义　　(D)努力学法,知法、守法、用法

8. 下列关于创新的论述,正确的是(　　)。

(A)创新与继承根本对立　　(B)创新就是独立自主

(C)创新是民族进步的灵魂　　(D)创新不需要引进国外新技术

9. 下列关于爱岗敬业的说法中,正确的是(　　)。

(A)市场经济鼓励人才流动,再提倡爱岗敬业已不合时宜

(B)即便在市场经济时代,也要提倡“干一行、爱一行、专一行”

(C)要做到爱岗敬业就应一辈子在岗位上无私奉献

(D)在现实中,我们不得不承认,“爱岗敬业”的观念阻碍了人们的择业自由

10.《公民道德建设实施纲要》提出,要充分发挥社会主义市场经济机制的积极作用,人们必须增强(　　)。

(A)个人意识、协作意识、效率意识、物质利益观念、改革开放意识

(B)个人意识、竞争意识、公平意识、民主法制意识、开拓创新精神

(C)自立意识、竞争意识、效率意识、民主法制意识、开拓创新精神

(D)自立意识、协作意识、公平意识、物质利益观念、改革开放意识

11. 下列没有违反诚实守信要求的是(　　)。

(A)保守企业秘密　　(B)派人打进竞争对手内部,增强竞争优势

(C)根据服务对象来决定是否遵守承诺　　(D)凡有利于企业利益的行为

12. 现实生活中,一些人不断地从一家公司“跳槽”到另一家公司。虽然这种现象在一定意义上有利于人才的流动,但它同时也说明这些从业人员缺乏(　　)。

(A)工作技能　　(B)强烈的职业责任感

(C)光明磊落的态度　　(D)坚持真理的品质

13. 以下关于“节俭”的说法,正确的是(　　)。

(A)节俭是美德,但不利于拉动经济增长

(B)节俭是物质匮乏时代的需要,不适应现代社会

(C)生产的发展主要靠节俭来实现

(D)节俭不仅具有道德价值,也具有经济价值

14. 下列说法中,不符合从业人员开拓创新要求的是(　　)。

(A)坚定的信心和顽强的意志　　(B)先天生理因素

(C)思维训练　　(D)标新立异

15. 要做到平等尊重,需要处理好(　　)之间的关系。

(A)上下级　　(B)同事

(C)师徒　　(D)上下级、同事、师徒

16.(　　)是指坚持某种道德行为的毅力,它来源于一定的道德认识和道德情感,又依赖于实际生活的磨练才能形成。

(A)道德观念　　(B)道德情感　　(C)道德意志　　(D)道德信念

17. 要营造良好和谐的社会氛围,就必须统筹协调各方面的利益关系,妥善处理社会矛盾,形成友善的人际关系。那么社会关系的主体是(　　)。

(A)社会　(B)团体　(C)人　(D)以上都是

18. 道德可以依靠内心信念的力量来维持对人们行为的调整。内心信念是指(　　)。

(A)调整人们之间以及个人与社会之间关系的行为规范

(B)以善恶观念为标准来评价人们在社会生活中的各种行为

(C)依靠信念、习俗和社会舆论的力量来调整人们在社会关系中的各种行为

(D)一个人发自内心的对某种道德义务的强烈责任感

19. 人们对未来的工作部门、工作种类、职责业务的想象、向往和希望称为(　　)。

(A)职业文化　(B)职业素养　(C)职业理想　(D)职业道德

20. 在社会主义市场经济条件下,要促进个人与社会的和谐发展,集体主义原则要求把社会集体利益与(　　)结合起来。

(A)国家利益　(B)个人利益　(C)集体利益　(D)党的利益

21. 人生的基本内容决定人生是一个充满矛盾的生活过程,概括地说,人生的基本内容是(　　)。

(A)物质生活　(B)精神生活

(C)物质生活和精神生活　(D)以上都不是

22. 从业人员的职业责任感是自觉履行职业义务的前提,是社会主义职业道德的要求。职业道德的最基本要求是(　　),为社会主义建设服务。

(A)勤政爱民　(B)奉献社会　(C)忠于职守　(D)一心为公

23. 建立在一定的利益和义务的基础之上,并以一定的道德规范形式表现出来的特殊的社会关系是(　　)。

(A)道德关系　(B)道德情感　(C)道德理想　(D)道德理论体系

24. 不同于其他的行为准则,能够区分善与恶、好与坏、正义与非正义的行为准则是(　　)。

(A)法律规范　(B)政治规范　(C)道德理论体系　(D)道德规范

25. 集体主义原则的出发点和归宿是(　　)。

(A)集体利益高于个人利益　(B)集体利益服从个人利益

(C)集体利益与个人利益相结合　(D)集体利益包含个人利益

26. 道德的特点是(　　)。

(A)独立性　(B)历史性和阶级性

(C)全人类性和批判继承性　(D)以上都是

27. 下面选项中,没有体现出社会信用制度的特征的是(　　)。

(A)道德为支撑　(B)产权为基础　(C)诚信为根本　(D)法律为保障

28. 做人的最高标准是(　　)。

(A)道德认识　(B)道德意志　(C)道德信念　(D)道德理想

29. 人民的利益高于一切是无产阶级道德观的最集中概括和共产党人人生价值的选择,为人民服务是(　　)的核心。

(A)马克思主义的科学人生价值观　(B)社会主义道德建设

(C)邓小平理论　(D)社会主义荣辱观

30. 道德理论体系通常可以叫做(　　)。

(A)社会学　(B)伦理学　(C)人类学　(D)公共关系学

31. 为了实现可持续发展,在加快发展的同时,要充分考虑环境、资源和生态的承受能力,因此必须把控制人口、节约资源、(　　)放到重要位置。

(A)保护环境　　(B)改革开放　　(C)发展创新　　(D)节省成本

三、多项选择题

1. 职业道德教育的要求是(　　)。

(A)要配合党风廉政建设和反腐败斗争,抓职业道德教育

(B)针对行业中当前突出的职业道德问题抓职业道德教育

(C)要首先抓职业责任心的培养

(D)领导要率先垂范

2. 坚持办事公道,必须做到(　　)。

(A)坚持真理　　(B)自我牺牲　　(C)舍己为人　　(D)光明磊落

3. 在企业生产经营活动中,员工之间团结互助的要求包括(　　)。

(A)讲究合作,避免竞争　　(B)平等交流,平等对话

(C)既合作,又竞争,竞争与合作相统一　　(D)互相学习,共同提高

4. 关于诚实守信的说法,下列正确的是(　　)。

(A)诚实守信是市场经济法则

(B)诚实守信是企业的无形资产

(C)诚实守信是为人之本

(D)奉行诚实守信的原则在市场经济中必定难以立足

5. 创新对企事业和个人发展的作用表现在(　　)。

(A)是企事业持续、健康发展的巨大动力

(B)是企事业竞争取胜的重要手段

(C)是个人事业获得成功的关键因素

(D)是个人提高自身职业道德水平的重要条件

6. 职业纪律具有的特点是(　　)。

(A)明确的规定性　　(B)一定的强制性

(C)一定的弹性　　(D)一定的自我约束性

7. 无论你从事的工作有多么特殊,它总是离不开一定的(　　)的约束。

(A)岗位责任　　(B)家庭美德　　(C)规章制度　　(D)职业道德

8. 关于勤劳节俭的说法正确的是(　　)。

(A)消费可以拉动需求,促进经济发展,因此提倡节俭是不合时宜的

(B)勤劳节俭是物质匮乏时代的产物,不符合现代企业精神

(C)勤劳可以提高效率,节俭可以降低成本

(D)勤劳节俭有利于可持续发展

9. 敬业的特征包括(　　)。

(A)主动　　(B)务实　　(C)持久　　(D)乐观

10. 职业道德主要通过(　　)的关系,增强企业的凝聚力。

(A)协调企业职工间　　(B)调节领导与职工

(C)协调职工与企业　　(D)调节企业与市场

11. 创新对企事业和个人发展的作用表现在以(　　)。

(A)对个人发展无关紧要

(B)是企事业持续、健康发展的巨大动力

(C)是企事业竞争取胜的重要手段

(D)是个人事业获得成功的关键因素

12. 下面关于"文明礼貌"的说法正确的是(　　)。

(A)是职业道德的重要规范

(B)是商业、服务业职工必须遵循的道德规范,与其他职业没有关系

(C)是企业形象的重要内容

(D)只在自己的工作岗位上适用,其他场合不适用

13. 职工个体形象和企业整体形象的关系是(　　)。

(A)企业的整体形象是由职工的个体形象组成的

(B)个体形象是整体形象的一部分

(C)职工个体形象与企业整体形象没有关系

(D)没有个体形象就没有整体形象,整体形象要靠个体形象来维护

14. 关于办事公道的说法,不正确的是(　　)。

(A)办事公道就是要按照一个标准办事,各打五十大板

(B)办事公道不可能有明确的标准,只能因人而异

(C)一般工作人员接待顾客时不以貌取人,也属办事公道

(D)任何人在处理涉及他朋友的问题时,都不可能真正做到办事公道

15. 在下列选项中,不符合平等尊重要求的是(　　)。

(A)根据员工工龄分配工作　　(B)根据服务对象的性别给予不同的服务

(C)师徒之间要平等尊重　　(D)取消员工之间的一切差别

16. 在职业活动中,要做到公正公平就必须(　　)。

(A)按原则办事　　(B)不循私情

(C)坚持按劳分配　　(D)不惧权势,不计个人得失

17. 关于爱岗敬业的说法中,下列正确的是(　　)。

(A)爱岗敬业是现代企业精神

(B)现代社会提倡人才流动,爱岗敬业正逐步丧失它的价值

(C)爱岗敬业要树立终生学习观念

(D)发扬螺丝钉精神是爱岗敬业的重要表现

18. 以下选项中,属不诚实劳动的是(　　)

(A)出工不出力　　(B)炒股票

(C)制造假冒伪劣产品　　(D)盗版

19. 以下说法正确的是(　　)。

(A)办事公道是对厂长、经理职业道德要求,与普通工人关系不大

(B)诚实守信是每一个劳动者都应具有的品质

(C)诚实守信可以带来经济效益

(D)在激烈的市场竞争中,信守承诺者往往失败

20. 企业文化的功能有(　　)。

(A)激励功能　　(B)自律功能

(C)导向功能　　(D)整合功能

21. 道德作为一种社会意识形态,具有相对独立性,表现在(　　)。

(A)道德的变化同经济关系变化的不完全同步性

(B)道德的发展同经济发展水平的不平衡性

(C)道德的发展进程受到经济发展的制约

(D)道德有自身相对独立的历史发展过程

22. 贯穿社会主义荣辱观的思想主线是(　　)。

(A)以人为本　　(B)以德为先　　(C)以教为本　　(D)以德立人

23. 为人民服务作为社会主义职业道德的核心精神,是社会主义职业道德建设的核心,体现了中国共产党的宗旨,其低层次的要求是(　　)。

(A)人人为我　　(B)为人民服务　　(C)人人为党　　(D)我为人人

24. 和谐文化是和谐社会的反映,建设和谐文化是构建社会主义和谐社会的重要任务,也是一项基础性工程。建设和谐文化的意义在于(　　)。

(A)丰富人们的精神文化生活,为和谐社会奠定精神文化基础

(B)有利于激发全社会的创造活力,促进社会的全面、协调、可持续发展

(C)有利于坚持以人为本的理念,整合社会力量,化解矛盾,凝聚人心

(D)有利于加强文化自身的发展,实现和维护人民群众的文化权益

25. 加强诚信建设,既是促进社会主义市场经济健康发展的迫切需要,也是社会主义精神文明建设的重大课题。加强诚信建设的重要意义是(　　)。

(A)加强诚信建设是整顿和规范市场经济秩序,促进先进生产力发展的根本要求

(B)加强诚信建设是适应进一步扩大对外开放的新形势,提高国民经济整体素质和竞争力的迫切需要

(C)加强诚信建设是维护人民群众根本利益,为群众多办好事实事的具体体现

(D)加强诚信建设是提高公民文明素质和社会文明程度,把用先进思想武装人民群众的任务落到实处的重要内容

26. 身为一名环境监测工,在工作中应当做到(　　)。

(A)爱岗敬业,忠诚环保,尽职尽责

(B)规范程序,科学监测,诚实守信

(C)遵纪守法,团结协作,互助友爱

(D)艰苦奋斗,与时俱进,开拓创新

四、判 断 题

1. 职业道德是职业活动中的"交通规则"。(　　)

2. 职业道德风险就是一种"职业道德缺失"。(　　)

3. 员工忠于职守最直接的体现就是服从管理,遵守规章制度,符合岗位要求。(　　)

4. 职业纪律是以规章制度为表现形式。(　　)

5. 职业道德就是社会公共道德。（ ）

6. 环境监测工必须加强自身的环境保护意识，这是对环保工作人员提出的最基本的职业要求。（ ）

7. 良好的道德就是一个环境监测工具有对人民高度负责的具体表现。（ ）

8. 作为环境监测工只要有熟练的操作技术就行，至于职业道德无关紧要。（ ）

9. 生产活动是人类的基本活动，在道德体系的三大部分中职业道德占有十分重要的地位。（ ）

10. 文明生产的具体要求不包括语言文雅、行为端正、精神振奋、技术熟练。（ ）

11. 道德对社会生活的作用方式是非强制性的。（ ）

12. 道德以善恶、荣辱为评价标准。（ ）

13. “五爱”的核心是爱祖国。（ ）

14. 集体主义是社会主义道德的核心。（ ）

15. 创新是文化的本质特征。（ ）

16. 纵观职业道德的发展史只有到了社会主义时期，职业道德才获得了充分发展。（ ）

17. 诚实守信是社会主义职业道德的主要内容和基本原则。诚实是守信的基础，守信是诚实的具体表现。（ ）

18. 公正是处理人际关系时的公平与正义的伦理原则。（ ）

19. 社会主义财经职业道德的基本原则是为民理财原则和自主原则。（ ）

20. 献身科学是科学发展的内在要求，是科技工作者应具备的品质，是科技道德的首要规范。（ ）

21. 职业道德教育是客观的社会的职业道德活动，而职业道德修养则是个人的主观的道德活动。（ ）

22. 良好的职业素养是做好本职工作的重要条件。（ ）

23. 培养职业作风，最根本的是要加强对从业者的思想道德教育，使从业者逐步树立为人民服务的世界观、人生观、道德观。（ ）

24. 团结协作是员工对待其所属的劳动集体的基本态度。（ ）

25. 职业作风是一种巨大的、无形的力量，职业作风的好坏，取决于从业者的思想和宗旨。（ ）

26. 道德不仅对社会关系有调节作用，而且对人们行为有教育作用。（ ）

27. 与时俱进是无产阶级世界观的基础，是马克思主义的思想基础。（ ）

28. 个人道德缺失是腐败现象存在和发展的重要根源。（ ）

29. 服务群众是职业道德的根本，是社会主义职业道德区别于其他社会职业道德的本质特征。（ ）

30. 社会主义职业道德是一个内容丰富的科学体系，由“一个原则”、“五个规范”、“九个范畴”组成。这一个原则是指共产主义。（ ）

31. 集体主义原则在社会主义道德规范体系中，对其他原则和规范起着指导作用，并且处于基础地位。（ ）

32. 职业道德信念是职业道德认识和情感相统一的“结晶”，也是社会主义职业道德品质的核心。（ ）

环境监测工(职业道德)答案

一、填 空 题

1. 职业核心能力　2. 职业技能、运动技能　3. 智力
4. 潜力　5. 教育和培训　6. 职业能力测试　7. 最基本
8. 首要道德责任　9. 宪法和法律　10. 社会公德　11. 三
12. 职业行为规范　13. 社会　14. 强化职业责任　15. 行业道德
16. 个人与社会　17. 社会分工　18. 职业道德修养　19. 工作秩序
20. 自我完善　21. 严谨科学　22. 积极勤勉　23. 保护自然环境
24. 职业形象　25. 环境保护、造福人民　26. 思想问题
27. 为人民服务　28. 法律制度　29. 道德活动　30. 职业道德
31. 职业观

二、单项选择题

1. D　2. C　3. D　4. C　5. C　6. B　7. D　8. C　9. B
10. C　11. A　12. B　13. D　14. B　15. D　16. C　17. C　18. D
19. C　20. B　21. C　22. C　23. A　24. D　25. A　26. D　27. C
28. D　29. B　30. B　31. A

三、多项选择题

1. ABCD　2. AD　3. BCD　4. ABC　5. ABC　6. AB
7. ACD　8. CD　9. ABC　10. ABC　11. BCD　12. AC
13. ABD　14. ABD　15. ABD　16. ABD　17. ACD　18. ACD
19. BC　20. ABCD　21. ABD　22. AD　23. AD　24. BCD
25. ABCD　26. ABCD

四、判 断 题

1. √　2. √　3. √　4. √　5. √　6. √　7. √　8. ×　9. √
10. ×　11. √　12. √　13. ×　14. ×　15. √　16. ×　17. √　18. √
19. ×　20. √　21. √　22. √　23. √　24. √　25. √　26. √　27. ×
28. ×　29. ×　30. ×　31. √　32. √

环境监测工(初级工)习题

一、填 空 题

1. 酸雨的 pH 值范围是(　　)。

2. 流量较大而污染较轻的废水,应经适当处理(　　),不宜排入下水道,以免增加城市下水道和城市污水处理负荷。

3. 环境中有毒物质对人体的危害作用较大,主要是因为环境毒物的特点是(　　)。

4. 水质指标可分为物理性、化学性和(　　)。

5. pH 表示水溶液的酸碱度。pH>7 时,溶液为(　　)性。

6. 铬的化合物常见的价态有(　　)和六价。

7. 水的总硬度是指钙离子和(　　)的含量。

8. 化学需氧量简称(　　)。

9. 采集的水样要有代表性,应能同时反映出时间和(　　)上的变化规律。

10. 采样方法一般有人工基质法和(　　)基质法两种。

11. 采样涉及采样的时间、地点和(　　)三个方面。

12. 污染源对水体水质的影响较大的河段,一般设置(　　)种断面。

13.《污水综合排放标准》(GB 8978—1996)中石油类二级标准排放限值为(　　)。

14. 根据采样时间和频率,水样采集类型有(　　)水样、混合水样和综合水样。

15. 在环境水质监测中,水样的保存方法有(　　),加酸控制 pH 值加化学试剂固定。

16. 采集水样前,应先用水样洗涤取样瓶及塞子(　　)次。

17. pH 值、余氯采集后必须(　　)测定。

18. 在环境分析测试中,常常需要对样品进行消解,写出王水中的酸是(　　)。

19. 测六价铬,水样采集后,加入氢氧化钠调节 pH 值约为(　　)。

20. 采集水样必须立即加入氢氧化钠使氰化物(　　)。

21. 重铬酸钾-硫酸洗液是一种棕色液体,具有强烈的(　　)能力。

22.“恒重”是指连续两次相同条件下干燥后,其重量之差不超过(　　)g。

23. 环境监测中常用到的氧化还原反应有高锰酸钾法、重铬酸钾法和(　　)。

24. ppm 是一种重量比值的表示方法,其值为(　　)分之一。

25. 用酚酞试纸测溶液酸碱度时,使试纸变红的溶液是(　　)溶液。

26. 在某一含有银离子的溶液中,加入几滴盐酸溶液产生(　　)。

27.《污水综合排放标准》(GB 8978—1996)中其他排污单位化学需氧量二级标准排放限值为(　　)。

28. 因 pH 值受水温的影响而变化,测定时应在(　　)的温度进行,或校正温度。

29. 六价铬与二苯碳酰二肼反应时温度和(　　)对显色有影响。

30. 在环境监测中,pH 值的测定方法有(　　)和比色法。

31. 六价铬测定方法是(　　)分光光度法。

32. 组分分配比愈大,可能达到的萃取率(　　)。

33. pH 值等于 2 的水溶液氢离子的是 pH 等于 4 的水溶液的氢离子的(　　)倍。

34. 目前常用测悬浮物的方法是(　　)。

35. 测量悬浮物时,恒重烘干用的温度是(　　)℃。

36. 用重铬酸盐法测定 COD,在加热回流前于锥形瓶中加入数粒(　　)是为了预防爆沸。

37. 测定硫酸盐或铬(　　)用铬酸钾-硫酸洗液。

38. 重量法消除干扰加入碳酸钠,采用提高烘干温度和快速(　　)的方法处理。

39. 测定废水中的石油类时,若含有大量动、植物油脂,用氧化铝活化后,用 10 mL 的(　　)清洗。

40. 氨氮的测试方法通常用(　　)法、苯酚-次氯酸盐比色法和电极法。

41. 对于工业废水,我国规定用重铬酸盐法,其测得的指标为(　　)。

42. 重铬酸钾法中加热装置一般为(　　)或变阻电炉。

43. 一些可燃气体和空气或氧气混合,在一定条件下会发生(　　)。

44. 含酚废水中含有大量硫化物,对酚的测定产生(　　)误差。

45. 风罩用于减少(　　)对室外噪声测量的影响,户外测量必须加风罩。

46. 纯水的制备是将原水中可溶性和(　　)杂质全部除去的水处理方法。

47. 实验室制备纯水常用蒸馏法和(　　)法。

48. 试剂的提纯与(　　)可降低杂质含量和提高本身的含量百分率。

49. 易燃液体需加热时,不准用(　　)加热,应采用水浴、砂浴或油浴加热。

50. 常见的离子交换树脂有阳离子交换树脂和(　　)交换树脂。

51. 我国化学试剂一般分为四种规格:优级纯、分析纯、(　　)和实验试剂。

52. 标准溶液的配置方法有直接法和(　　)。

53. $AgNO_3$溶液是无色的,它应放在(　　)色试剂瓶中。

54. 环境监测分析中,准确量取溶液是指量取的准确度达到(　　)mL。

55. 环境监测实验室质量控制分为实验室内部和实验室(　　)质量控制。

56. EDTA 标准溶液一般用标准(　　)溶液标定。

57. 天平的不等臂性、示值变动性和(　　)是它的三项基本计量性能。

58. 任何量器不准采用(　　)法干燥。

59. 盛有 NaOH 的锥形瓶应用(　　)塞子,不能用玻璃塞子。

60. 一滴定管是磨口的玻璃塞滴头,该滴定管为(　　);另一滴定管下部为一段带有尖嘴玻璃滴管的胶管,管中有一玻璃球,该滴定管为碱式滴定管。

61. 蒸馏时用冷凝管冷却,冷却时冷水从冷凝管的下方进水,从(　　)出水。

62. 欲取溶液 10.00 mL,应当用 10 mL(　　)量取。

63. 交接班时,有关生产、设备、(　　)等情况必须交待清楚。

64. 工作中要保证足够的休息和睡眠,(　　),要以充沛的精力进行生产和工作。

65. 带电设备着火时,应使用(　　)进行灭火。

66. 保护接地是将设备上不带电的金属部分通过接地体与大地做(　　)。

67. 劳动者患病或因(　　)负伤，医疗期满后，劳动者可以上班的，用人单位应安排工作。

68. 劳动合同双方主体(　　)变更，意味着原合同关系消灭。

69. 建立劳动合同，应当订立(　　)。

70. 设备的三级保养是(　　)，一保，二保。

71. 人耳可听的频率范围是(　　)。

72. 大气监测可分为(　　)、污染源监测、特定目的监测。

73. 对排入水环境中的(　　)必须进行监视性监测。

74. 环境质量标准、污染排放标准分为国家标准和(　　)标准。

75. 工业"三废"通常指的是废气、废水、(　　)。

76. 每年的世界环境保护宣传日是(　　)。

77. 交通路口的大气污染主要是由于(　　)污染造成的。

78. 衡量实验室内测定结果质量的主要指标是精密度和(　　)。

79. 我国的法定计量单位以(　　)的单位为基础，同时选用了一些非国际单位制单位所构成。

80. 电极法测定水的 pH 值是以(　　)电极为指示电极，饱和甘汞电极为参比电极。

81. 玻璃纤维滤筒采样管，用于(　　)℃以下烟尘采样。

82. 环境噪声监测一般常用(　　)倍频程滤波器。

83. 分光光度计测试总铬用(　　)显色剂。

84. 24 小时恒温自动连续空气采样器连续采样，当蓝色硅胶干燥剂(　　)时应及时更换。

85. 声级计按精度分(　　)。

86. 测定油和脂类的容器不宜用(　　)洗涤。

87. 分液漏斗的活塞不要涂(　　)。

88. 声级计校准方式分为声校准和(　　)校准两种。

89. 碱性高锰酸钾洗液可用于洗涤(　　)上的油污。

90. 有固定位置的精密仪器用毕后，除关闭电源，还应(　　)，以防长期带电损伤仪器，造成触电。

91. 如有汞液散落在地上要立即将(　　)撒在汞面上以减少汞的蒸发量。

92. 实验室内要保持清洁、整齐、明亮、安静，噪声低于(　　)。

93. 严禁在实验室内饮、食和吸烟，不准用(　　)做饮食用具。

94. 严禁将化学废液直接倒入(　　)。

95. 除尘器是除去气体介质中(　　)的一种装置。

96. 由于人类活动或自然过程，使得排放到大气中的物质的浓度及持续时间足以对人的舒适感、健康以及对设施或环境产生不利影响时，称为(　　)。

97.《大气污染物综合排放标准》(GB 16297—1996)中一类区的污染源执行(　　)标准。

98. 最高允许排放浓度是指排气筒中污染物任何(　　)浓度平均值不得超过的限值。

99.《大气污染物综合排放标准》(GB 16297—1996)中颗粒物最高允许排放浓度是(　　)。

100. 粉尘通常指空气动力当量直径在(　　)以下的固体小颗粒物,能在空气中悬浮一段时间,靠本身重量可从空气中沉降下来。

101. 连续采样是指在全部操作过程或预定时间内(　　)的采样。

102. 废气污染源监测应优先选择(　　)管段,应避开烟道弯头和断面急剧变化的部位。

103. 在采样(水)断面同一条垂线上,若水深≤5 m时,采样点在水面下(　　)处。

104. 引起水样水质变化的原因有生物作用、化学作用和(　　)作用。

105. 水质监测中采样现场测定项目一般包括水温、pH值、电导率、浊度、(　　),即常说的五参数。

106. 水流量的测量包括流向、(　　)和流量三方面。

107. 声级计按其精度可分为4种类型,其中,Ⅰ型声级计为(　　)声级计。

108. 根据天平的感量(分度值),通常把天平分为三类,其中感量在(　　)以上的天平称为分析天平。

109. 分光光度法测定样品的基本原理是利用朗伯-比尔定律,根据不同浓度样品溶液对光信号具有不同的(　　),对待测组分进行定量测定。

110. 纳氏试剂比色法测定水中氨氮时,水样中如含余氯可加入适量(　　)去除,金属离子干扰可加入掩蔽剂去除。

111. 总氯是以游离氯或(　　)两者形式存在的氯。

112. 水中的总磷包括溶解的、颗粒的有机磷和(　　)。

113.《水质 石油类和动植物油的测定红外分光光度法》(HJ 637—2012)适用于地表水、地下水(　　)和生活污水中石油类和动植物油类的测定。

114. 测量噪声时,要求气象条件为:无雨、无雪、风力小于(　　)。

115. 在测量时间内,声级起伏不大于3 dB的噪声视为(　　)噪声,否则称为非稳态噪声。

116. 造成人(　　)在振动环境中的振动称环境振动。

117. 可吸入颗粒物(PM10)是指悬浮在空气中,空气动力学当量直径≤(　　)的颗粒物。

118. 环境空气中颗粒物的采样方法主要有(　　)法和自然沉降法。

119. 与人类活动关系最密切的地球表面上空(　　)范围,叫对流层。

120. 对除尘器进出口管道内气体压力进行测定时,可采用校准后的标准皮托管或其他经过校正的非标准型皮托管(如S形皮托管),配(　　)压力计或倾斜式压力计进行测定。

121. 固定污染源排气中颗粒物等速采样的原理是:将烟尘采样管由采样孔插入烟道中,采样嘴正对气流,使采样嘴的吸气速度与测点处气流速度(　　),并抽取一定量的含尘气体,根据采样管上捕集到的颗粒物量和同时抽取的气体量,计算排气中颗粒物浓度。

122. 林格曼黑度图法测定烟气黑度时,如果在太阳光下观察,应尽可能使照射光线与视线成(　　)。

123. 我国推荐的测定环境空气中氮氧化物和二氧化氮的常用方法为盐酸萘乙二胺分光光度法和Saltzman法。该类方法的主要特点是采样和(　　)同时进行。

124. 燃煤燃油锅炉、窑炉以及石油化工、冶金、建材等生产过程中产生的废气通过排气筒向空气中排放的污染源叫(　　)。

125. 固体废物中水分测定时,取试样20～100 g于预先干燥的容器中,于(　　)温度下干燥,恒重至两次重量测量差小于0.01 g,然后计算水分。

126. 燃煤中(　　)含量和粉末煤量增加,烟尘的排放量就会增加。

127. 国家环境标准包括国家环境质量标准、环境基础标准、(　　)标准、环境监测方法标准和环境标准样品标准。

128. 新建或购置豁免水平以上的电磁辐射体单位或个人,必须事先向环境保护部门提交(　　)。

129. 电极法测定水中氨氮时,标准溶液和水样的温度应(　　)。

130. 量器的标准容量通常是指在(　　)℃时的容量。

131. 络合滴定法就是利用(　　)和络合剂形成络合物的化学反应为基础的一种容量分析方法。

132. 标准溶液从滴定管滴入被测溶液中,二者达到化学反应式所表示的化学计量关系时的点,叫做理论终点,在滴定过程中,指示剂正好发生颜色变化的转变点,叫做(　　)。

133. 滴定管在装入滴定液之前,应该用滴定液洗涤滴定管 3 次,其目的是为了除去管内残存水分,以确保滴定液(　　)浓度不变。

134. 测定酸度、碱度的水样应采集于(　　)或硅硼玻璃的容器中贮存。

135. 酸碱指示剂滴定法测定水中酸度时,总酸度是指采用(　　)作指示剂,用氢氧化钠标准溶液滴定至 pH 值为 8.3 时的酸度。

136. 水中游离氯是指以次氯酸、次氯酸盐和(　　)的形式存在的氯。

137. 在缺氧环境中,水中存在的亚硝酸盐受微生物作用,被还原为(　　);在富氧环境中,水中的氨转变为亚硝酸盐,甚至继续变为硝酸盐。

138. 采用硝酸银滴定法测定水中氯化物时,以铬酸钾为指示剂,(　　)色沉淀指示滴定终点。

139. 碘量法测定水中溶解氧时,为固定溶解氧,水样采集后立即加入硫酸锰和碱性碘化钾,水中溶解氧将低价锰氧化成高价锰,生成四价锰的氢氧化物(　　)色沉淀。

140. 水中硫化物包括溶解性 H_2S、HS^- 和(　　),存在于悬浮物中的可溶性硫化物、酸、可溶性金属硫化物以及未电离的有机和无机类硫化物。

141. 总氮测定方法通常采用过硫酸钾氧化,使水中有机氮和(　　)转变为硝酸盐,然后再以紫外分光光度法、偶氮比色法、离子色谱法或气相分子吸收法进行测定。

142. 使用有毒药品要特别小心,注意避免通过口、肺或皮肤而引起(　　)。

143. 某分析人员量取浓度为 0.025 mol/L 的重铬酸钾标准溶液 10.00 mL,标定硫代硫酸钠溶液时,用去硫代硫酸钠溶液 10.08 mL,该硫代硫酸钠溶液的浓度为(　　)。

144. 酸碱指示剂滴定法测定水中碱度时,用标准酸溶液滴定至甲基橙指示剂由橘黄色变成橘红色时,溶液的 pH 值为(　　)。

145. 一般来说,水中溶解氧浓度随着大气压的增加而增加,随着水温的升高而(　　)。

146.《电磁环境控制限值》(GB/T 8702—2014)中规定了电磁环境中控制公众暴露的电场、磁场、电磁场频率为 1 Hz～(　　)GHz 的场量限值、评价方法和相关设备(设施)的豁免范围。

147. 影响空气中污染物浓度分布和存在形态的气象参数主要有(　　)、风向、温度、湿度、压力、降水以及太阳辐射等。

148. 在环境问题中,振动测量包括两类:一类是对引起噪声辐射的物体的测量;另一类是

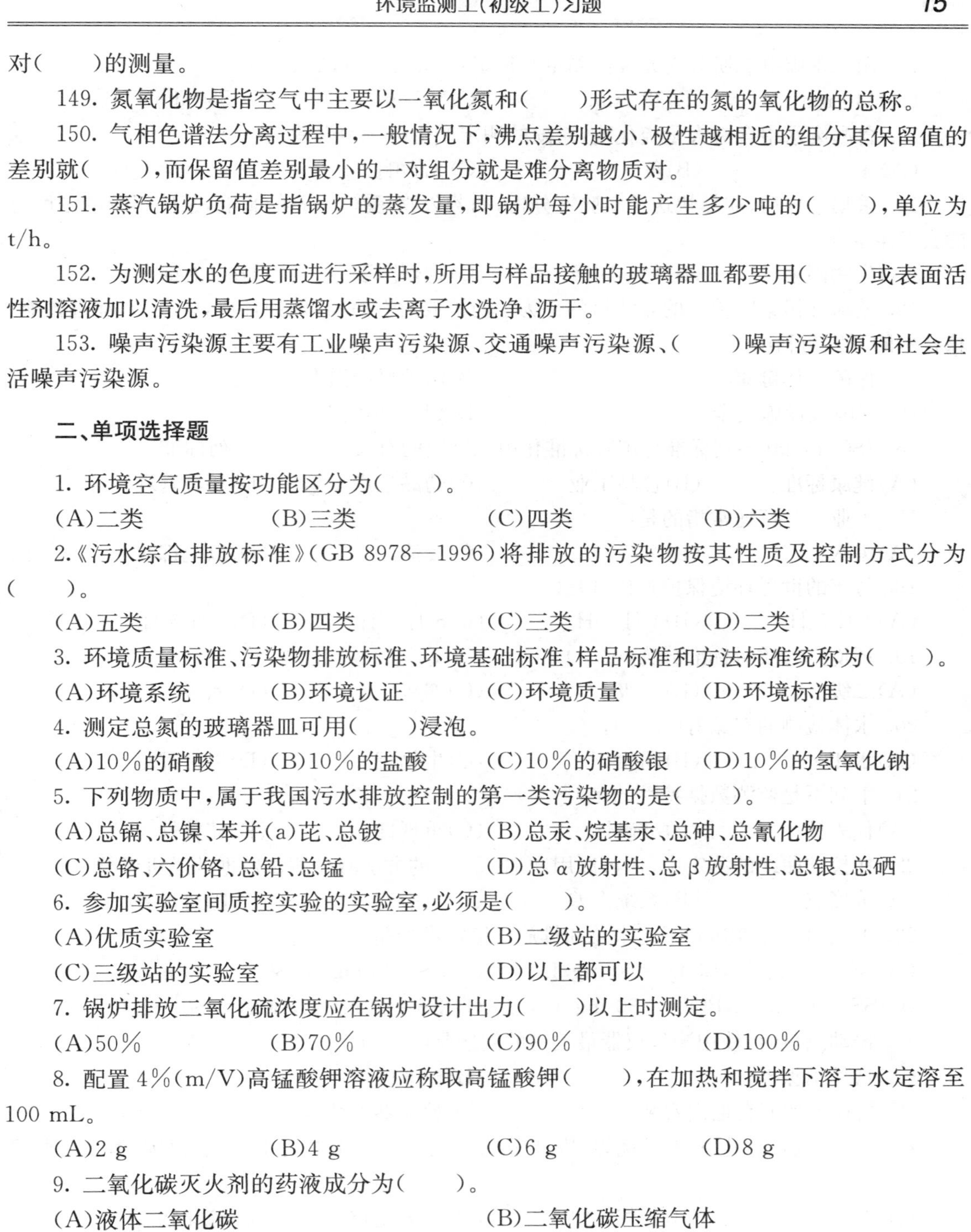

对(　　)的测量。

149. 氮氧化物是指空气中主要以一氧化氮和(　　)形式存在的氮的氧化物的总称。

150. 气相色谱法分离过程中，一般情况下，沸点差别越小、极性越相近的组分其保留值的差别就(　　)，而保留值差别最小的一对组分就是难分离物质对。

151. 蒸汽锅炉负荷是指锅炉的蒸发量，即锅炉每小时能产生多少吨的(　　)，单位为t/h。

152. 为测定水的色度而进行采样时，所用与样品接触的玻璃器皿都要用(　　)或表面活性剂溶液加以清洗，最后用蒸馏水或去离子水洗净、沥干。

153. 噪声污染源主要有工业噪声污染源、交通噪声污染源、(　　)噪声污染源和社会生活噪声污染源。

二、单项选择题

1. 环境空气质量按功能区分为(　　)。

(A)二类　(B)三类　(C)四类　(D)六类

2.《污水综合排放标准》(GB 8978—1996)将排放的污染物按其性质及控制方式分为(　　)。

(A)五类　(B)四类　(C)三类　(D)二类

3. 环境质量标准、污染物排放标准、环境基础标准、样品标准和方法标准统称为(　　)。

(A)环境系统　(B)环境认证　(C)环境质量　(D)环境标准

4. 测定总氮的玻璃器皿可用(　　)浸泡。

(A)10%的硝酸　(B)10%的盐酸　(C)10%的硝酸银　(D)10%的氢氧化钠

5. 下列物质中，属于我国污水排放控制的第一类污染物的是(　　)。

(A)总镉、总镍、苯并(a)芘、总铍　(B)总汞、烷基汞、总砷、总氰化物

(C)总铬、六价铬、总铅、总锰　(D)总α放射性、总β放射性、总银、总硒

6. 参加实验室间质控实验的实验室，必须是(　　)。

(A)优质实验室　(B)二级站的实验室

(C)三级站的实验室　(D)以上都可以

7. 锅炉排放二氧化硫浓度应在锅炉设计出力(　　)以上时测定。

(A)50%　(B)70%　(C)90%　(D)100%

8. 配置4%(m/V)高锰酸钾溶液应称取高锰酸钾(　　)，在加热和搅拌下溶于水定溶至100 mL。

(A)2 g　(B)4 g　(C)6 g　(D)8 g

9. 二氧化碳灭火剂的药液成分为(　　)。

(A)液体二氧化碳　(B)二氧化碳压缩气体

(C)高压二氧化碳气体　(D)二氧化碳与惰性气体的混合液

10. 采用碘量法测定水中硫化物，水样在保存时，其pH值须控制在(　　)。

(A)7～10　(B)10～12　(C)12　(D)10

11. 生产、使用化学危险物品的企业必须按照(　　)的规定，妥善处理废水、废气、废渣。

(A)环境保护法　(B)安全生产法　(C)循环经济促进法　(D)劳动保护法

12. 用二苯碳酰二肼分光光度法测定六价铬，分光光度计的波长为(　　)。

(A)540 nm　(B)480 nm　(C)520 nm　(D)530 nm

13. 含酚废水中含有大量硫化物，对酚的测定产生(　　)误差。

(A)正　(B)负　(C)无影响　(D)以上全不对

14. 采集水样后，应尽快送至实验室分析，如若久放，受(　　)的影响，某些组分的浓度可能会发生变化。

(A)生物因素　(B)化学因素　(C)物理因素　(D)以上都有

15. 放射性污染防治法的立法目的是为了防治放射性污染，保护环境，(　　)，促进核能、核技术的开发与利用。

(A)保障人体健康　(B)保护财产损失

(C)保障核设施安全　(D)保障环境安全

16. ISO 14000 系列标准是国际标准化组织制定的有关(　　)的系列标准。

(A)健康标准　(B)食品工业　(C)药品生产　(D)环境管理

17. 工业"三废"通常指的是(　　)。

(A)废水　(B)废气　(C)废渣　(D)以上都对

18. 每年的世界环境保护宣传日是(　　)。

(A)3 月 5 日　(B)4 月 5 日　(C)6 月 5 日　(D)7 月 5 日

19. 环境空气质量标准分为(　　)。

(A)二级　(B)三级　(C)四级　(D)六级

20. 水体检测的对象有(　　)。

(A)水相　(B)固相　(C)生物相　(D)以上都是

21. 下列不是监测数据特性的是(　　)。

(A)代表性　(B)准确性　(C)重现性　(D)完整性

22. 在校准曲线的测定中，还可以用增加(　　)的方法减少测试数据的随机误差。

(A)浓度点　(B)系统误差　(C)灵敏度　(D)随机误差

23. 下列出水标准达到了污水总和排放二级标准的是(　　)。

(A)SS=60 mg/L，BOD_5=60 mg/L　(B)SS=20 mg/L，BOD_5=30 mg/L

(C)SS=60 mg/L，BOD_5=30 mg/L　(D)SS=20 mg/L，BOD_5=60 mg/L

24. 振动测量时，使用测量仪器最关键的问题是(　　)。

(A)选用拾振器　(B)校准仪器

(C)拾振器如何在地面安装　(D)拾振器的读数

25. 目前，我国发电主要靠烧煤，因此节约用电可减少排放粉尘、二氧化碳、氮氧化物和(　　)。

(A)氧气　(B)氢气　(C)二氧化硫　(D)硫化物

26. 国家"十一五"期间，主要污染物总量的两项指标是(　　)。

(A)二氧化硫和化学需氧量　(B)二氧化碳和生化需氧量

(C)粉尘和氨氮　(D)粉尘和化学需氧量

27. 引起水体富营养化的元素为(　　)。

(A)N 和 P　(B)C 和 S　(C)C 和 P　(D)N 和 S

28. 我国人均水资源占有量只有 2 300 m^3,约为世界人均水平的(　　)。

(A)1/3　(B)1/4　(C)1/5　(D)1/6

29. 测定透明度的方法不包括(　　)。

(A)铅字法　(B)塞氏盘法　(C)分光光度法　(D)十字法

30. 我国地表水环境质量标准依据地表水域使用功能和保护目标将其划分为(　　)功能区。

(A)六类　(B)五类　(C)四类　(D)三类

31.《中华人民共和国环境保护法》规定,开发利用自然资源,必须采取措施保护(　　)环境。

(A)原始　(B)次生　(C)生态　(D)重要

32. 我国《声环境质量标准》(GB 3096—2008)中的 2 类标准适用于居住、商业、工业混杂区,其标准值为(　　)。

(A)昼间 55 dB、夜间 45 dB　(B)昼间 60 dB、夜间 50 dB

(C)昼间 65 dB、夜间 55 dB　(D)昼间 70 dB、夜间 55 dB

33. 环境影响评价是指,对(　　)实施后可能造成的环境影响进行分析、预测和评估,提出预防和减轻不良环境影响的对策和措施,进行跟踪监测的方法和制度。

(A)规划　(B)建设项目　(C)规划和建设项目　(D)环境

34. 下列影响因素属于偶然因素的是(　　)。

(A)工人违反操作规程　(B)材料品种规格有误

(C)材质的微小差异　(D)设备发生故障

35. 控制图法可用来(　　)。

(A)判断两组质量数据的相关性　(B)反映质量数据随时间的变化

(C)寻找影响质量的主次因素　(D)寻求质量事故的原因

36. 测定水中痕量有机物,如有机氯杀虫剂类时,其玻璃仪器需用(　　)。

(A)铬酸洗液浸泡 15 分钟以上,再用水和蒸馏水洗净

(B)合成洗涤剂或洗衣粉配成的洗涤液浸洗后,再用水、蒸馏水洗净

(C)铬酸洗液浸泡 15 分钟以上,再用盐酸洗净

(D)合成洗涤剂或洗衣粉配成的洗涤液浸洗后,再用盐酸洗净

37. 测定水中总铬的前处理,要加入高锰酸钾、亚硝酸钠和尿素,它们的加入顺序是(　　)。

(A)$KMnO_4$—尿素—$NaNO_2$　(B)尿素—$KMnO_4$—$NaNO_2$

(C)$KMnO_4$—$NaNO_2$—尿素　(D)尿素—$NaNO_2$—$KMnO_4$

38. 在称标准样时,标准样吸收了空气中的水分将引起系统的(　　)。

(A)相对误差　(B)绝对误差　(C)系统误差　(D)随机误差

39. 浓硫酸接触木面器皿时,会使接触面变黑,这是由于浓硫酸具有(　　)。

(A)吸水性　(B)氧化性　(C)脱水性　(D)还原性

40. 测定 COD 时,加入 0.4 g 硫酸汞是为了络合(　　)离子。

(A)氟　(B)氯　(C)溴　(D)碘

41. 重量法测定石油类时,所用的石油醚沸腾温度为(　　)。

(A)30～60℃ (B)20～40℃ (C)60～90℃ (D)90～120℃

42. 噪声属于( )。

(A)化学性污染物 (B)物理性污染物 (C)生物性污染物 (D)以上都属于

43. pH 值小于( )的大气降水称为酸雨。

(A)4.5 (B)5.4 (C)5.6 (D)6.5

44. 反映水质受生物性污染程度以( )为指标。

(A)细菌总数 (B)大肠杆菌 (C)病毒 (D)致病菌

45. 水的总硬度是指( )的浓度。

(A)钙和镁 (B)铅和锌 (C)铜和铁 (D)铝和镁

46.《大气污染物综合排放标准》(GB 16297—1996)中规定,新污染源的排气筒一般不应低于( )的高度。

(A)10 m (B)15 m (C)20 m (D)25 m

47. 环境放射性来源于( )。

(A)大气的和水体的放射性 (B)宇宙射线和人为的放射性

(C)人为的和矿物的放射性 (D)天然的和人为的放射性

48. 国家建立饮用水水源保护区制度。饮用水水源保护区分为( );必要时,可以在饮用水水源保护区外围划定一定的区域作为准保护区。

(A)重点保护区和一般保护区 (B)一类保护区和二类保护区

(C)一级保护区和二级保护区 (D)特殊保护区和一般保护区

49. 开采矿产资源,必须遵守有关环境保护的法律规定,防止( )。

(A)污染环境 (B)水土流失 (C)植被破坏 (D)资源浪费

50. EDTA 标准溶液一般用标准( )溶液标定。

(A)铝 (B)锌 (C)铜 (D)铬

51. 实验室内要保持清洁、整齐、明亮、安静。噪声应低于( )。

(A)65 dB (B)75 dB (C)85 dB (D)90 dB

52. 测定水中悬浮物,通常采用滤膜的孔径为( )。

(A)0.045 μm (B)0.45 μm (C)4.5 μm (D)0.15 μm

53. 含砷水样加入( )保存。

(A)硫酸 (B)硝酸 (C)盐酸 (D)NaOH

54. 实验室制备纯水常用( )和离子交换法。

(A)蒸馏法 (B)电离法 (C)电解法 (D)过滤法

55. 碘量滴定法适用于测定总余氯含量( )的水样。

(A)大于 1 mg/L (B)大于 2 mg/L

(C)大于 3 mg/L (D)大于 4 mg/L

56. 通常我们所做的 BOD 是指水样在(20±1)℃恒温培养箱中培养( )后,分别测定样品培养前后的溶解氧,二者之差即为 BOD 值。

(A)1 天 (B)3 天 (C)5 天 (D)25 天

57. 采集含油水样的容器应选用( )。

(A)细口玻璃瓶 (B)广口玻璃瓶 (C)聚四氟乙烯瓶 (D)塑料瓶

58. 为保存水样,采集样品时,可向采集瓶内加(　　),以控制微生物活动。

(A)硫酸　(B)氢氧化钠　(C)硝酸　(D)氯化钠

59. 大气采样口的高度一般设定为距离地面(　　)。

(A)1 m　(B)1.2 m　(C)1.5 m　(D)2 m

60. 大气采样时,二氧化硫采气流量应设定为小于(　　)。

(A)0.5 L　(B)0.3 L　(C)0.2 L　(D)0.6 L

61. 大气采样时,氮氧化物采气流量应设定为小于(　　)。

(A)0.5 L　(B)0.3 L　(C)0.2 L　(D)0.6 L

62. 六价铬的水样采集应在(　　)采样。

(A)总排放口　(B)车间排放口　(C)生产工艺过程中　(D)以上都可以

63. 在用玻璃电极测量 pH 值时,甘汞电极内的氯化钾溶液的液面应(　　)被测溶液的液面。

(A)高于　(B)低于　(C)随意　(D)以上都对

64. 当溶液的 pH 值等于 3 时,水中氢离子浓度为(　　)。

(A)0.001 mol/L　(B)0.3 mol/L　(C)0.01 mol/L　(D)0.02 mol/L

65. pH 值测定以(　　)电极为参比电极。

(A)玻璃　(B)甘汞　(C)复合　(D)离子选择性

66. 当氯离子含量较多时,会产生干扰,可加入(　　)去除。

(A)硫酸　(B)盐酸　(C)NaOH　(D)高氯酸

67. 用 EDTA 滴定总硬度时,最好是在(　　)条件下进行。

(A)低温　(B)常温　(C)加热　(D)无温度要求

68. 重铬酸钾法测定 COD 时,回流时间为(　　)。

(A)1 h　(B)2 h　(C)3 h　(D)0.5 h

69. 水样的类型分为(　　)。

(A)综合水样、瞬时水样、混合水样、平均污水样

(B)综合水样、瞬时水样、混合水样、平均污水样、其他水样

(C)周期水样、混合水样、平均污水样、其他水样

(D)综合水样、周期水样、混合水样、平均污水样、其他水样

70. 每个水样瓶上需贴上标签,标签上的内容包括(　　)。

(A)采样点位置编号、采样日期和时间、测定项目、保存方法、使用保存剂

(B)采样点位置编号、采样日期和时间、测定项目、保存方法、主要成分

(C)采样点位置编号、采样日期和时间、测定项目、水样 pH 值和温度、使用保存剂

(D)采样点位置编号、采样日期和时间、测定项目、水样 pH 值和温度、主要成分

71. 水样运输前应检查现场采样记录上的所有水样是否全部装箱,要用红色在包装箱,顶部和侧面标上"(　　)"。

(A)切勿颠簸　(B)切勿倒置　(C)易碎品　(D)以上都不是

72. 对于工业废水排放源,悬浮物、硫化物、挥发酚等二类污染物采样点布设在(　　)。

(A)车间或车间设备废水排放口　(B)渠道较直、水量稳定的地方

(C)工厂废水总排放口　(D)处理设施的排放口

73. 水中氨氮测定时，对污染严重的水或废水，水样预处理方法为（　）。

(A)絮凝沉淀法　(B)蒸馏法　(C)过滤　(D)高锰酸钾氧化

74. 水中氨氮测定时，不受水样色度、浊度的影响，不必预处理样品的方法为（　）。

(A)纳氏试剂分光光度法　(B)水杨酸分光光度法

(C)电极法　(D)滴定法

75.《中华人民共和国环境保护法》规定，地方各级人民政府，应当对本辖区的（　）负责，采取措施改善环境质量。

(A)环境卫生　(B)环境质量　(C)空气水质　(D)噪声污染

76.《中华人民共和国环境影响评价法》规定，可能造成重大环境影响的，应当编制（　）。

(A)环境影响报告表　(B)环境影响报告书

(C)环境影响登记表　(D)环境影响评价表

77. 当样品中待测物质浓度（　）校准曲线的中间浓度时，加标量应控制在待测物的半量。

(A)等于　(B)低于　(C)高于　(D)随意

78.（　）是重要的大气污染物之一，也是酸雨和城市光化学烟雾的重要构成因素。

(A)NO_x　(B)SO_2　(C)CO　(D)以上全不对

79. 水体污染产生的危害有（　）。

(A)水中溶解氧浓度下降　(B)鱼虾贝类死亡

(C)用水居民得上怪病　(D)以上都是

80. 水体污染即当污染物进入河流、湖泊、海洋或地下水等水体后，其含量超过了水体的自然净化能力，使水体的水质和水体底质的（　）发生变化，从而降低了水体的使用价值和使用功能的现象。

(A)物理　(B)化学性质　(C)生物群落组成　(D)以上都是

81. 国家生态城市的基本条件之一要求（　）的县（含县级市）达到国家生态县建设指标并获命名。

(A)95％　(B)90％　(C)80％　(D)75％

82. 在COD的测定中，加入Ag_2SO_4-H_2SO_4溶液，其作用是（　）。

(A)杀灭微生物　(B)沉淀Cl^-

(C)沉淀Ba^{2+}、Sr^{2+}、Ca^{2+}等　(D)催化剂作用

83. 对于氮氧化物的监测，下面说法错误的是（　）。

(A)用盐酸萘乙二胺分光光度法测定时，用冰乙酸、对氨基苯磺酸和盐酸萘乙二胺配制吸收液

(B)用盐酸萘乙二胺分光光度法测定时，用吸收液吸收大气中的NO_2，并不是100％生成亚硝酸

(C)不可以用化学发光法测定

(D)可以用恒电流库仑滴定法测定

84. 气体的标准状态是（　）。

(A)25℃、101.325 kPa　(B)0℃、101.325 kPa

(C)25℃、100 kPa　(D)0℃、100 kPa

85. 关于烟气的说法,下列错误的是(　　)。

(A)烟气中的主要组分可采用奥氏气体分析器吸收法测定

(B)烟气中有害组分的测定方法视其含量而定

(C)烟气中的主要组分不可采用仪器分析法测定

(D)烟气的主要气体组分为氮、氧、二氧化碳和水蒸气等

86. 可吸入微粒物,粒径在(　　)。

(A)0.1 μm 以下　(B)10 μm 以下　(C)1 μm 以下　(D)10～100 μm

87. 测定大气中二氧化硫时,国家规定的标准分析方法为(　　)。

(A)库仑滴定法

(B)四氯汞钾溶液吸收-盐酸副玫瑰苯胺分光光度法

(C)紫外荧光法

(D)电导法

88.《中华人民共和国循环经济促进法》规定,餐饮、娱乐、宾馆等服务性企业,应当采用节能、节水、节材和有利于保护环境的产品,减少使用或者不使用浪费资源、(　　)的产品。

(A)污染环境　(B)污染空气　(C)污染水质　(D)污染土壤

89.《中华人民共和国水污染防治法》规定,造成渔业污染事故或者渔业船舶造成水污染事故的,由(　　)主管部门进行处罚;其他船舶造成水污染事故的,由海事管理机构进行处罚。

(A)环保　(B)交通　(C)渔业　(D)公安

90. 对于某一河段,要求设置断面为(　　)。

(A)对照断面、控制断面和消减断面　(B)控制断面、对照断面

(C)控制断面、消减断面和背景断面　(D)对照断面、控制断面和背景断面

91. 噪声污染级是以等效连续声级为基础,加上(　　)。

(A)10 dB　(B)15 dB

(C)一项表示噪声变化幅度的量　(D)两项表示噪声变化幅度的量

92. 在测量交通噪声计算累计百分声级时,将测定的一组数据,例如 200 个,从大到小排列,则(　　)。

(A)第 90 个数据即为 L10,第 50 个数据为 L50,第 10 个数据即为 L90

(B)第 10 个数据即为 L10,第 50 个数据为 L50,第 90 个数据即为 L90

(C)第 180 个数据即为 L10,第 100 个数据为 L50,第 20 个数据即为 L90

(D)第 20 个数据即为 L10,第 100 个数据为 L50,第 180 个数据即为 L90

93. 为了表明夜间噪声对人的烦扰更大,故计算夜间等效声级这一项时应加上(　　)的计权。

(A)20 dB　(B)15 dB　(C)10 dB　(D)5 dB

94. 3 个声源作用于某一点的声压级分别为 65 dB、68 dB 和 71 dB,同时作用于这一点的总声压级为(　　)。

(A)73.4 dB　(B)68.0 dB　(C)75.3 dB　(D)70.0 dB

95. 为测定某车间中一台机器的噪声大小,从声级计上测得声级为 104 dB,当机器停止工作,测得背景噪声为 100 dB,该机器噪声的实际大小为(　　)。

(A)4 dB　(B)97.8 dB　(C)101.8 dB　(D)102 dB

96. 已知某污水总固体含量为 680 mg/L,其中溶解固体为 420 mg/L,悬浮固体中的灰分为 60 mg/L,则污水中的 SS 和 VSS 含量分别为(　　)。

(A)200 mg/L 和 60 mg/L　　(B)200 mg/L 和 360 mg/L

(C)260 mg/L 和 200 mg/L　　(D)260 mg/L 和 60 mg/L

97. 已知某污水处理厂出水 TN 为 18 mg/L,氨氮 2.0 mg/L,则出水中有机氮浓度为(　　)。

(A)16 mg/L　　(B)6 mg/L　　(C)2 mg/L　　(D)不能确定

98. 环境监测质量控制可以分为(　　)。

(A)实验室内部质量控制和实验室外部协作试验

(B)实验室内部质量控制和实验室间质量控制

(C)实验室内部质量控制和现场评价考核

(D)实验室内部质量控制和实验室外部合作交流

99. 测定水中总氰化物进行预蒸馏时,加入 EDTA 是为了(　　)。

(A)保持溶液的酸度　　(B)络合氰化物

(C)使大部分的络合氰化物离解　　(D)络合溶液中的金属离子

100. 环境空气中颗粒物的采样方法主要有滤料法和(　　)。

(A)溶液吸收法　　(B)低温冷凝法　　(C)浓缩法　　(D)自然沉降法

101. 采集的环境空气苯系物样品,两端密封,放入密闭容器中,−20℃冷冻,保存期限为(　　)。

(A)1 d　　(B)7 d　　(C)30 d　　(D)45 d

102. 根据污染物在大气中的存在状态,大气污染物分为(　　)。

(A)分子状污染物和气溶胶态污染物　　(B)分子状污染物和颗粒状态污染物

(C)气体污染物和颗粒状污染物　　(D)气体状污染物和固体状态污染物

103. 下列关于污水水质指标类型的表述正确的是(　　)。

(A)物理性指标、化学性指标　　(B)物理性指标、化学性指标、生物学指标

(C)水温、色度、有机物　　(D)水温、COD、BOD、SS

104. 某水样加标后的测定值为 200 μg,试样测定值为 104 μg,加标值为 100 μg,其加标回收率为(　　)。

(A)99%　　(B)98%　　(C)97%　　(D)96%

105. 职业安全健康管理体系文件应包括职业安全健康方针与(　　)、职业安全健康管理的关键(　　)与职责、主要的职业安全健康风险及其预防与控制措施等内容。

(A)目标、岗位　　(B)计划、领导者　　(C)内容、步骤　　(D)目标、领导者

106. 职业安全健康管理体系的建立包括:①学习与培训;②体系策划;③初始评审;④文件编写;⑤体系试运行;⑥评审完善这六个步骤。下列顺序排列正确的是(　　)。

(A)①③②④⑤⑥　　(B)①②③④⑤⑥

(C)①②④⑤③⑥　　(D)①③②⑤④⑥

107. 配制盐酸溶液 $C=0.1$ mol/L,配 500 mL,应取浓度为 1 mol/L 的盐酸溶液(　　)。

(A)25 mL　　(B)40 mL　　(C)50 mL　　(D)20 mL

108. 将 50 mL 浓硫酸和 100 mL 水混合的溶液浓度表示为(　　)。

(A)(1+2)H_2SO_4　(B)(1+3)H_2SO_4　(C)50%H_2SO_4　(D)33.3%H_2SO_4

109. 测定挥发分时要求相对误差小于±0.1%,规定称样量为10 g,应选用(　　)。

(A)上皿天平　(B)工业天平　(C)分析天平　(D)半微量天平

110. 欲消除水样中余氯对甲基橙指示剂滴定法测定侵蚀性二氧化碳的干扰,可加入(　　)。

(A)$Na_2S_2O_3$　(B)酒石酸钾钠　(C)$NaHCO_3$　(D)碳酸钠

111. 用酚酞指示剂滴定法测定水中游离二氧化碳时,若水样硬度较大,或含大量铝离子或铁离子,可于滴定前加入1 mL 50%(　　)溶液,以消除干扰。

(A)酒石酸钾钠　(B)硫代硫酸钠　(C)氢氧化钠　(D)硫酸钠

112. 测量无规振动时,每个测点连续测量时间至少需要(　　)。

(A)10 s　(B)1 000 s　(C)1 min　(D)10 min

113. 声级计使用的是(　　)。

(A)电动传声器　(B)自动传声器　(C)电容传声器　(D)手动传声器

114. 环境噪声监测不得使用(　　)声级计。

(A)Ⅰ型　(B)Ⅱ型　(C)Ⅲ型　(D)Ⅳ型

115. 工业废水的分析应特别重视水中(　　)对测定的影响,并保证分区测定水样的均匀性和代表性。

(A)油类物质　(B)污泥　(C)有机污染物　(D)干扰物质

116. 下列物质暴露在空气中,质量不会增加的是(　　)。

(A)浓硫酸　(B)无水氯化钙　(C)生石灰　(D)草酸

117. 在我国化学试剂等级中,优级纯(保证试剂)的表示符号为(　　)。

(A)A. R.　(B)G. R.　(C)S. R.　(D)L. R.

118. 电导率仪法测定电导率使用的标准溶液是(　　)溶液。测定电导率常数时,最好使用与水样电导率相近的标准溶液。

(A)氯化钾　(B)氯酸钾　(C)碘酸钾　(D)硫酸钾

119. 测定水中总磷时,采集的样品应储存于(　　)。

(A)聚乙烯瓶　(B)玻璃瓶　(C)硼硅玻璃瓶　(D)橡胶瓶

120.《水质 硝基苯化合物的测定 气相色谱法》(HJ 592—2010)规定,用(　　)检测器测定硝基化合物。

(A)FPD　(B)FID　(C)ECD　(D)NPD

121. 测定水中酸碱度时,若水样中含有游离二氧化碳,则不存在(　　),可直接以甲基橙作指示剂进行滴定。

(A)氢氧化物　(B)碳酸盐和氢氧化物　(C)重碳酸盐　(D)温度

122. 气相色谱法适用于(　　)中三氯乙醛的测定。

(A)地表水和废水　(B)地表水　(C)废水　(D)地下水

123. 下列关于硫酸盐的描述中不正确的是(　　)。

(A)硫酸盐在自然界中分布广泛

(B)天然水中硫酸盐的浓度可能从每升几毫克至每升数十毫克

(C)地表水和地下水中的硫酸盐主要来源于岩石土壤中矿物组分的风化和溶淋

(D)岩石土壤中金属硫化物的氧化对天然水体中硫酸盐的含量无影响

124. 硝酸银滴定法测定水中氰化物时，向样品中加入适量的氨基磺酸是为了消除(　　)的干扰。

(A)硫化物　(B)亚硝酸盐　(C)碳酸盐　(D)硫酸盐

125. (　　)是指除浊度后的颜色。

(A)表面颜色　(B)表观颜色　(C)真实颜色　(D)实质颜色

126. 县级以上地方人民政府(　　)主管部门和其他有关部门，应当采取措施，指导农业生产者科学、合理地施用化肥和农药，控制化肥和农药的过量使用，防止造成水污染。

(A)土地　(B)农业　(C)畜牧　(D)林业

127. 使用家用电器、乐器或者进行其他家庭室内娱乐活动时，应当控制音量或者采取其他有效措施，避免对周围居民造成环境噪声污染。造成严重干扰周围居民生活的环境噪声的，由(　　)给予警告，可以并处罚款。

(A)公安机关　(B)城管部门　(C)环保部门　(D)安全部门

128. 职业安全健康管理体系是指为建立职业安全健康(　　)和(　　)以及实现这些(　　)所制定的一系列相互联系或相互作用的要素。

(A)方针、目标、目标　(B)方针、计划、计划

(C)文化、目标、目标　(D)制度、目标、目标

129. 下列关于重量法分析硫酸盐干扰因素的描述中，不正确的是(　　)。

(A)样品中包含悬浮物、硝酸盐、亚硫酸盐和二氧化硅可使测定结果偏高

(B)水样有颜色对测定有影响

(C)碱金属硫酸盐，特别是碱金属硫酸氢盐常使结果偏低

(D)铁和铬等能影响硫酸盐的完全沉淀，使测定结果偏低

130. 制备无亚硝酸盐的水应使用的方法是(　　)。

(A)过离子交换柱

(B)蒸馏水中加入 $KMnO_4$，在碱性条件下蒸馏

(C)蒸馏水中加入 $KMnO_4$，在酸性条件下蒸馏

(D)蒸馏水中加入活性炭

131. 用导管采集污泥样品时，为了减少堵塞的可能性，采样管的内径不应小于(　　)。

(A)20 mm　(B)50 mm　(C)100 mm　(D)150 mm

132. (　　)是指某方法对单位浓度或单位量待测物质变化所产生的响应量的变化程度。

(A)变化度　(B)准确度　(C)灵敏度　(D)精确度

133. 校准曲线包括标准曲线和(　　)。

(A)分析曲线　(B)平行曲线　(C)作业曲线　(D)工作曲线

134. 最佳测定范围指在(　　)能满足预定要求的前提下，特定方法的下限至测定上限之间的浓度范围。

(A)绝对误差　(B)限定误差　(C)标准偏差　(D)限定偏差

135. 在测定样品的同时，与同一样品的子样中加入一定量的标准物质进行测定，将其测定结果(　　)样品的测定值来计算回收率。

(A)加上　(B)除以　(C)扣除　(D)乘以

136. 气相色谱法测定水中苯系物时,水样中的余氯对测定会产生干扰,可用相当于水样重量(　　)的抗坏血酸除去。

(A)0.1%　　(B)0.5%　　(C)1%　　(D)1.5%

137. 测烟望远镜法测定烟气黑度时,观测者可在离烟囱(　　)远处进行观测。

(A)50～300 m　　(B)1～50 m　　(C)50～100 m　　(D)300～500 m

138. 羊毛铬花箐 R 分光光度法测定烟尘中铍时,铍与羊毛铬花箐 R(ECR)生成的络合物有两个吸收峰,当测定低浓度铍时,波长选用(　　),高浓度时波长选用(　　)。

(A)500 nm,580 nm　　(B)520 nm,580 nm

(C)520 nm,560 nm　　(D)500 nm,560 nm

139. 用气相色谱法定量分析多组分样品时,分离度至少为(　　)。

(A)0.50　　(B)0.75　　(C)1.0　　(D)1.5

140.《室内装饰装修材料溶剂型木器涂料中有害物质限量》(GB 18581—2009)中,用气相色谱法测定苯、甲苯和二甲苯的内标物为(　　)。

(A)苯　　(B)乙苯　　(C)甲苯　　(D)正戊烷

141. 用紫外分光光度法测定样品时,比色皿应选择(　　)材质的。

(A)石英　　(B)玻璃　　(C)橡胶　　(D)铁质

142. 一般常把(　　)波长的光称为紫外光。

(A)200～800 nm　　(B)200～400 nm

(C)100～600 nm　　(D)100～800 nm

143. 碘量法测定水中总氯时,所用的缓冲溶液为乙酸盐,pH 值为(　　)。

(A)4　　(B)7　　(C)5　　(D)3

144. 一般分光光度计吸光度的读数最多有(　　)位有效数字。

(A)3　　(B)4　　(C)2　　(D)1

145. 氨氮以游离氨或铵盐形式存在于水中,两者的组成之比取决于水的(　　)和水温。

(A)还原性物质　　(B)pH 值　　(C)氧化性物质　　(D)色度

146. 淀粉溶液作为碘量法中的(　　)指示剂,以蓝色的出现或消失指示终点。

(A)自身　　(B)氧化还原　　(C)特殊　　(D)显色

147. 碘量法适用于测定总氯含量大于(　　)的水样。

(A)0.1 mg/L　　(B)1 mg/L　　(C)10 mg/L　　(D)100 mg/L

148. 根据《污水排入城市下水道水质标准》(CJ 3082—1999),排入城市下水道的污水水质,pH 最高允许浓度为(　　)。

(A)10.0～12.0　　(B)7.0～10.0　　(C)5.0～8.0　　(D)6.0～9.0

149. 水样中游离氯极不稳定,应在现场采样测定,并自始至终注意(　　)、振摇和温热。

(A)避免保温　　(B)保持酸度　　(C)避免强光　　(D)避免加热

150. 用重铬酸盐法测定水中化学需氧量时,水样加热回流后,溶液中重铬酸钾溶液剩余量应以加入量的 1/5～(　　)为宜。

(A)2/5　　(B)3/5　　(C)4/5　　(D)1

151. 测定水中化学需氧量的快速密闭催化消解法与常规法相比缩短了消解时间,是因为密封消解过程加入了助催化剂,同时是在(　　)下进行的。

(A)催化　(B)加热　(C)加压　(D)低温

152. 在无动力采样中，一般硫酸盐化速率及氟化物的采样时间为(　　)。

(A)5～10 d　(B)10～15 d　(C)15～20 d　(D)7～30 d

153. 应使用经计量检定单位检定合格的大气采样器，使用前必须经过流量校准，流量误差应(　　)。

(A)大于 5%　(B)不大于 5%　(C)10%　(D)小于 10%

154. 环境空气连续采样时，采样流量应设定在(　　)之间，流量计临界限流孔的精度应不低于 2.5 级。

(A)0.2 L/min　(B)(0.20±0.02)L/min

(C)0.15 L/min　(D)(0.15±0.02)L/min

155. 分析有机成分的滤膜采集后应立即放入(　　)保存至样品处理前。

(A)干燥器内　(B)采样盒　(C)－20℃冷冻箱内　(D)冷藏室中

156. 挥发酚一般指沸点在 230℃以下的酚类，通常属(　　)酚，它能与水蒸气一起蒸出。

(A)一元　(B)二元　(C)三元　(D)四元

157. 蒸馏后溴化容量法测定含酚水样时，若存在硫化物等干扰物质，则在(　　)前先做适当的预处理。

(A)加磷酸酸化　(B)加硫酸铜　(C)蒸馏　(D)加温

158. 环境空气中气态污染物监测的采样亭室内温度应维持在(　　)。

(A)(0±5)℃　(B)(10±5)℃　(C)(15±5)℃　(D)(25±5)℃

159. 环境空气 24 h 连续采样器的计时器在 24 h 内的时间误差应小于(　　)。

(A)0　(B)5 min　(C) 6min　(D)7 min

160. 用经过检定合格的流量计校验环境空气 24 h 连续采样系统的采样流量，每月至少 1 次，每月流量误差应小于(　　)。

(A)5%　(B)10%　(C)15%　(D)20%

161. 除分析有机物的滤膜外，一般情况下，滤膜采集样品后，如不能立即称重，应在(　　)保存。

(A)常温条件下　(B)冷冻条件下　(C)20℃　(D)4℃条件下冷藏

162. 产生环境污染和其他公害的单位，必须把(　　)工作纳入计划，建立环境保护责任制度。

(A)环境保护　(B)污染防治　(C)节能减排　(D)节约资源

163. 在集中使用的大型电磁辐射发射设施或者高频设备周围，按(　　)要求划定的规划限制区内，不得修建居民住房、幼儿园、学校和医院等敏感建筑。

(A)卫生防护和辐射安全　(B)环境保护和城市规划

(C)用电安全和防止辐射　(D)辐射防治和环境保护

164. 下列关于水中悬浮物样品采集和贮存的描述中，不正确的是(　　)。

(A)样品采集可以用聚乙烯瓶或硬质玻璃瓶

(B)采样瓶采样前应用洗涤剂洗净，再用自来水和蒸馏水冲洗干净

(C)采集的样品应尽快测定，如需放置，则应低温贮存，并且最长不得超过 7 d

(D)贮存水样时应加入保护剂

165. PM10 采样器是将大于 10 μm 的颗粒物切割除去,但这不是说它将 10 μm 的颗粒物能全部采集下来,它保证 10 μm 的颗粒物的捕集效率在(　　)以上即可。

(A)50%　　(B)60%　　(C)70%　　(D)80%

166. 以硫酸滴定水中铵离子时,到达终点的颜色为(　　)。

(A)绿色　　(B)淡橙红色　　(C)淡紫色　　(D)蓝色

167. 用采气管以置换法采集环境空气样品,如果使用二联球打气,应使通过采气管的被测气体量至少为管体积的(　　)。

(A)1～4 倍　　(B)2～6 倍　　(C)4～8 倍　　(D)6～10 倍

168. 为加强环境管理,锅炉、窑炉、茶炉及其配套除尘设施在明显部位要有(　　)及“操作运行说明”标牌。

(A)安全合格证　　(B)消防合格证

(C)消烟除尘合格证　　(D)计量合格证

169. 大气监测的目的有(　　)。

(A)研究性监测和监督性检测　　(B)研究性监测和污染性检测

(C)标准性监测和研究性监测　　(D)标准性监测和污染性监测

170. 固体废物分为(　　),分别制定目录,实行分类管理。

(A)禁止进口类和自动许可类　　(B)禁止进口类和限制进口类

(C)限制进口类和自动许可类　　(D)禁止进口类、限制进口类和自动许可类

171. 下列有关噪声的叙述中,错误的是(　　)。

(A)当某噪声级与背景噪声级之差很小时,则感到很嘈杂

(B)噪声影响居民的主要因素与噪声级、噪声的频谱、时间特性和变化情况有关

(C)由于各人的身心状态不同,对同一噪声级下的反应有相当大的出入

(D)为保证睡眠不受影响,室内噪声级的理想值为 30 dB

三、多项选择题

1. 环境保护的主要内容有(　　)。

(A)防治由生产和生活活动引起的环境污染

(B)防止由建设和开发活动引起的环境破坏

(C)保护有特殊价值的自然环境

(D)控制水土流失和沙漠化

2. 强化环境管理的主要措施包括(　　)。

(A)环境保护法制建设　　(B)环境保护体制建设

(C)环境保护制度建设　　(D)环境保护意识的培养

3. 下列关于环境法的说法,正确的是(　　)。

(A)是由国家制定或认可,并由国家强制力保证执行的法律规范

(B)目的是通过防治自然环境破坏和环境污染来保护人类的生存环境,维护生态平衡,协调人类和自然环境的关系

(C)环境法中包含环境行政责任及环境民事责任,不包括环境刑事责任

(D)调整的是社会关系的一个特定领域

4. 我国的环境标准分为三级五类,其中的三级是指(　　)。

(A)国家环境标准　　(B)地方环境标准

(C)区域环境标准　　(D)国家环境保护总局标准

5. 常见的大气一次污染物有(　　)。

(A)二氧化硫　　(B)臭氧　　(C)三氧化硫　　(D)一氧化碳

6. 水质污染可以分为(　　)。

(A)放射性污染　　(B)物理性污染　　(C)生物性污染　　(D)化学性污染

7. 按照废弃物来源,可将固体废弃物分为(　　)。

(A)生活废弃物　　(B)危险废物　　(C)工业固体废弃物　　(D)农业固体废弃物

8. 下列选项属于水污染物的是(　　)。

(A)植物营养物　　(B)重金属　　(C)好氧有机物　　(D)悬浮物

9. 水质指标包括(　　)。

(A)物理性　　(B)化学性　　(C)生物性　　(D)营养性

10. 我国《污水综合排放标准》(GB 8978—1996)规定了13种第一类污染物,26类第二类污染物,一般来说(　　)。

(A)第一类污染物危害比第二类污染物大　(B)一次污染物毒性比二次污染物小

(C)第一类污染物危害比第二类污染物小　(D)一次污染物毒性比二次污染物大

11. 水体自净是在(　　)等作用下完成的。

(A)物理　　(B)化学　　(C)生物　　(D)物理化学

12. 造成大气污染的原因包括(　　)。

(A)火山爆发　　(B)工厂排放　　(C)森林失火　　(D)建筑工地的尘土

13. 氮氧化物是指空气中以(　　)形式存在的氮的氧化物的总称。

(A)一氧化氮　　(B)二氧化氮　　(C)三氧化二氮　　(D)一氧化二氮

14. 除了二氧化硫及可吸入颗粒物外,空气质量指数还包括(　　)。

(A)细颗粒物　　(B)臭氧　　(C)二氧化氮　　(D)一氧化碳

15.《大气污染物综合排放标准》(GB 16297—1996)中规定,(　　)。

(A)新污染源的排气筒一般不应低于15 m

(B)一类区禁止新、扩建污染源

(C)现有污染源分为一、二、三级,新污染源分为二、三级

(D)污染物达标指的是污染物排放浓度、排放速率均达标

16. 噪声的特征有(　　)。

(A)局部性　　(B)有残剩的污染物质

(C)危害是慢性的和间接的　　(D)噪声是不需要的声音

17. 环境噪声来源于(　　)。

(A)交通噪声　　(B)工厂噪声　　(C)建筑施工噪声　　(D)社会生活噪声

18. 下列说法正确的是(　　)。

(A)根据《工业企业厂界环境噪声排放标准》(GB 12348—2008),Ⅲ类标准适用于工业区

(B)《工业企业厂界环境噪声排放标准》(GB 12348—2008)属于环境标准体系中的环境监测标准

(C)根据《声环境质量标准》(GB 3096—2008),工业区应执行3类标准

(D)根据《声环境质量标准》(GB 3096—2008),夜间突发的噪声,其最大值不准超过标准值15 dB

19. 放射性污染的来源有(　　)。

(A)核武器试验的沉降物　(B)核燃料循环的"三废"排放

(C)医疗照射　(D)工业放射源

20. 监测数据的特性有(　　)。

(A)准确性　(B)精密性　(C)完整性

(D)代表性　(E)可比性

21. 下列关于灵敏度的说法,正确的是(　　)。

(A)常用标准曲线的斜率来度量灵敏度

(B)灵敏度因实验条件而变

(C)灵敏度是指单位浓度或单位量待测物质变化所产生的响应量的变化程度

(D)灵敏度与检出限密切相关,灵敏度越高,检出限越高

22. 工业废气中含有的污染物是各种各样的,按其存在的状态可分为(　　)。

(A)气溶胶　(B)颗粒物

(C)气体物质　(D)存在于气体中而形成气溶胶的颗粒物

23. 衡量实验室内测试数据精密度的指标常用(　　)表示。

(A)相对误差　(B)标准偏差　(C)相对标准偏差　(D)加标回收率

24. 在大气污染物中,对植物危害较大的是(　　)。

(A)一氧化碳　(B)氟化物　(C)臭氧　(D)二氧化硫

25. 清洁能源有(　　)。

(A)核能　(B)生物能　(C)太阳能　(D)地热能

26. 使用分贝(dB)作单位的是(　　)。

(A)噪声级　(B)响度级　(C)声压级　(D)声功率级

27. 以下有关环境的纪念日名称和时间正确的是(　　)。

(A)地球日(4月22日)　(B)世界环境日(6月5日)

(C)国际臭氧层保护日(9月16日)　(D)中国植树节(3月14日)

28. 环境监测的对象有(　　)。

(A)大气　(B)水体　(C)土壤

(D)生物　(E)噪声

29. 按照人类社会活动功能,可将污染源分为(　　)。

(A)工业污染源　(B)农业污染源　(C)生物污染源　(D)交通运输污染源

30. 环境水体监测的对象有(　　)。

(A)生活污水　(B)地表水　(C)工业废水　(D)地下水

31. 下列需要在排污单位排放口采样测定的污染物是(　　)。

(A)生化需氧量　(B)六价铬　(C)总砷　(D)悬浮物

32. 水污染源采样点的设置原则是(　　)。

(A)监测工业废水二类污染物,应在车间或车间处理设施的废水排放口设置采样点

(B)城市污水处理厂应在污水进口和处理后的总排口布设采样点
(C)水污染源一般经管道或渠、沟排放,截面积比较小,不需要设置监测断面
(D)工业废水排放企业的自控监测频率,一般每个生产周期不得少于3次

33. 大气采样时常用的布点方法有(　　)。
(A)功能区布点法　(B)网格布点法　(C)同心圆布点法　(D)扇形布点法

34. 下列属于我国空气污染物常规监测项目中必测项目的是(　　)。
(A)一氧化碳　(B)二氧化硫　(C)二氧化氮　(D)氯化氢

35. 根据采样的时间和频率,水样的采集类型有(　　)。
(A)瞬时水样　(B)单独水样　(C)混合水样　(D)综合水样

36. 盛水容器的选择原则是(　　)。
(A)容器不能是新污染源
(B)容器不应与待测组分发生反应
(C)容器壁不应吸收或吸附某些待测组分
(D)用于微生物检验的容器能耐受高温灭菌

37. 下列测定项目属于单独采样的是(　　)。
(A)电导率　(B)色度　(C)溶解氧　(D)油类

38. 水质监测中,在采样现场测定的项目除水温、pH值、电导率之外,还包括(　　)。
(A)色度　(B)浊度　(C)溶解氧　(D)油类

39. 盛水容器的材质有(　　)。
(A)聚四氟乙烯　(B)聚乙烯　(C)石英玻璃　(D)硼硅玻璃

40. 保存水样防止变质的主要措施有(　　)。
(A)适当材质的容器
(B)控制水样的pH值
(C)加入化学试剂抑制氧化还原反应和生化作用
(D)冷藏或冷冻降低细菌活性和化学反应速度

41. 水样预处理目的是(　　)。
(A)破坏有机物
(B)溶解悬浮性固体
(C)使欲测组分适合测定方法要求的形态、浓度
(D)消除共存组分干扰

42. 洗涤采样容器应遵循的原则是(　　)。
(A)应按照水样的成分和待测指标确定采样容器的清洗原则
(B)测定一般理化指标的采样容器用水和洗涤剂清洗
(C)测铬的样品容器,采样前应先用10%硝酸或盐酸洗液泡洗
(D)测定有机物指标的采样容器在使用前,应先用重铬酸钾洗液浸泡24 h

43. 文字描述法适用于(　　)中臭的检验。
(A)医疗废水　(B)饮用水　(C)生活污水　(D)工业废水

44. 在环境问题中,振动测量包括(　　)。
(A)对引起噪声辐射的物体的测量　(B)对环境振动的测量
(C)对人体振动的测量　(D)对物体振动的测量

45. 仪器设备维护保养要按仪器使用说明书进行,维护的主要内容是(　　)。
(A)清洁润滑　(B)紧固　(C)通电检查　(D)更换磨损零件
46. 臭阈值法检测水中臭时应注意(　　)。
(A)水样存在余氯时,可在脱氯前、后各检验一次
(B)由于测试水中臭时,应控制恒温条件,所以臭阈值结果报告中不必注明检验时的水温
(C)检验的全过程中,检验人员身体和手不能有异味
(D)闻臭气时从最高浓度开始递减
47. 水温计用于(　　)的温度测定。
(A)湖库　(B)地下水　(C)地表水　(D)污水
48. 工业企业厂界噪声监测点选择原则是(　　)。
(A)一般情况下,测点选在工业企业厂界外 1 m、高度 1.2 m 以上,距任一反射面距离不小于 1.5 m 的位置
(B)当厂界有围墙而且有受影响的噪声敏感建筑物时,测点应选在厂界外 1.5 m、高于围墙 0.5 m 以上的位置
(C)当厂界无法测量到声源的实际排放状况时,测点选在工业企业厂界外 1 m、高度 1.2 m以上,距离任一反射面距离不小于 1 m 的位置,同时在受影响的噪声敏感建筑物户外 1 m 处另设测点
(D)室内噪声测量时,室内测量点位设在距任一反射面至少 0.5 m 以上、距地面 1.2 m 高度处,在受噪声影响方向的窗户开启状态下测量
49. 衡量水的自净能力的指标有(　　)。
(A)pH 值　(B)高锰酸盐指数　(C)化学需氧量生化　(D)生化需氧量
50. 塞氏盘法测定水样透明度时应注意(　　)。
(A)既可在实验室内测定,又可在现场测定
(B)塞氏盘法使用的是透明度盘
(C)用塞氏盘法测定水样的透明度,记录单位为 cm
(D)现场测定透明度时,将塞氏圆盘平放入水中逐渐下沉,至刚好不能看见盘面的白色
51. 空气污染物监测多用动力采样法,其采样器主要由(　　)组成。
(A)收集器　(B)流量计　(C)采样动力　(D)消声器
52. 目视比色法测定浊度时应注意(　　)。
(A)其原理是将水样与用精制的硅藻土(或白陶土)配制的系列浊度标准溶液进行比较来确定水样的浊度
(B)水样必须经悬浮物沉降后方可测定
(C)所用的具塞无色玻璃瓶的材质和直径均需一致
(D)浊度低于 10 度的水样,与浊度标准液进行比较时,应对照有黑线的白纸观察
53.《锅炉烟尘测试方法》(GB 5468—1991)规定,测定除尘器进、出口管道内的烟尘浓度时,应(　　)。
(A)采用等速采样过滤计重法
(B)按等速采样原则测定时,其采样嘴直径不得小于 5 mm,采样嘴轴线与气流流线的夹角不得大于 5°
(C)每个测定断面采样次数不得少于 3 次,每个测点连续采样时间不得少于 3 min

(D)每台锅炉测定时所采集样品累计的总采气量不得少于 2 m^3

54. 关于水的色度，说法正确的是(　　)。

(A)水的颜色分为表色和真色，水的色度一般是指真色

(B)铂钴标准比色法适用于清洁的、带有黄色色调的天然水和饮用水的色度测定

(C)稀释倍数法适用于天然水和受工业废水污染的地面水颜色的测定

(D)如果水样中有泥土或其他分散很细的悬浮物，用澄清、离心等方法处理仍不透明时，则测定表色

55. 在水样运输过程中应注意(　　)。

(A)要塞紧采样容器口塞子，必要时用封口胶、石蜡封口(测油类的水样不能用石蜡封口)

(B)将样瓶装箱，并用泡沫塑料或纸条挤紧

(C)需冷藏的样品，应配备专门的隔热容器，放入致冷剂，将样品瓶置于其中

(D)冬季应采取保温措施，以免冻裂样品瓶

56. 关于水样的消解，下列说法正确的是(　　)。

(A)目的是消除干扰、转化形态、浓缩水样

(B)消解水样的方法有湿式消解法和干式分解法(干灰化法)

(C)消解操作必须在通风橱内进行

(D)干灰化法适用于处理测定易挥发组分(如砷、汞、镉、锡、硒等)的水样

57. 关于水样的富集与分离，下列说法正确的是(　　)。

(A)气提、顶空和蒸馏法适用于测定易挥发组分的水样预处理

(B)水样中有机物测定常用溶剂萃取处理样品

(C)蒸馏法常用于水样中测定挥发酚、氰化物、氟化物、氨氮

(D)固相萃取法常用于组分复杂水样的处理

58. 下列粉尘测定的描述，错误的是(　　)。

(A)测定前应先对滤膜进行干燥和称重

(B)采样位置应设置在工人的呼吸带高度，距底板约 1 m 左右，且在工作面附近下风侧风流较稳定区域

(C)连续产尘点应在作业开始后 15 min 采样，阵发性降尘与工人操作同时采样

(D)所采粉尘量应不少于 1 mg，小号滤膜不大于 20 mg，采样时间不少于 20 min

59. 采用玻璃电极法测定水样 pH 值时，应(　　)。

(A)在测定水样之前不应提前打开水样瓶

(B)测定前先用蒸馏水认真冲洗电极，再用水样冲洗

(C)测定过程中应将玻璃电极的球泡全部浸入溶液中

(D)甘汞电极中的饱和氯化钾液面必须与待测液面齐平

60. 城市区域环境噪声监测的基本方法有(　　)。

(A)网格测量法　　(B)定点测量法　　(C)同心圆测量法　　(D)动态测量法

61. 重量法适用于(　　)中悬浮物的测定。

(A)地下水　　(B)地表水　　(C)生活污水　　(D)工业废水

62. 下列关于重量法分析硫酸盐干扰因素的描述，正确的是(　　)。

(A)样品中包含悬浮物、硝酸盐、亚硫酸盐和二氧化硅可使测定结果偏高

(B)水样有颜色对测定有影响
(C)碱金属硫酸盐,特别是碱金属硫酸氢盐常使结果偏低
(D)铁和铬等能影响硫酸盐的完全沉淀,使测定结果偏低
63. 下列氨氮水质自动分析仪的描述,错误的是(　　)。
(A)气敏电极法是采用氨气敏复合电极,在酸性条件下,水中氨气通过电极膜后对电极内液体 pH 值的变化进行测量,以标准电流信号输出
(B)光度法是在水中加入能与氨离子产生显色反应的化学试剂,利用分光光度计分析得出氨的浓度
(C)电极法的最小测量范围是 0.05～100 mg/L
(D)光度法的最小测量范围是 0.05～200 mg/L
64. 固定污染源烟气排放连续监测系统的主要组成部分有(　　)。
(A)颗粒物监测子系统　　(B)气态污染物监测子系统
(C)烟气排放参数测量子系统　　(D)数据采集、传输与处理子系统
65. 关于碘量法测定水中硫化物的说法,错误的是(　　)。
(A)经酸化—吹气—吸收预处理后,可消除悬浮物、色度、浊度和 SO_3^{2-} 的干扰
(B)经酸化—吹气—吸收处理时,吹气速度不影响测定结果
(C)当水样含有少量硫代硫酸盐、亚硫酸盐等物质能与碘反应产生正干扰,不可直接滴定
(D)该方法适用于硫化物含量在 1 mg/L 以上的水和废水的测定
66. 下列噪声叠加的说法,正确的是(　　)。
(A)声能量是可以代数相加的,但不能直接相加
(B)作用于某一点的两个声源声压级相等,其合成的总声压级比一个声源的声压级增加 5 dB
(C)当声压级不相等时,可以利用噪声源叠加曲线来计算
(D)两个声压级相差 10 dB 叠加增量可以忽略不计
67. 下列关于振动测定仪的说法,正确的是(　　)。
(A)振动测量和噪声测量有关,部分仪器可以通用
(B)用于测量环境振动的仪器,其性能必须符合 ISO/DP 8401—1984 有关条款规定
(C)测量系统每三年送计量部门校准一次
(D)描述振动响应的参数有位移、速度、加速度、频率
68. 测定废(污)水的 COD 的方法有(　　)
(A)重铬酸钾法　　(B)快速密闭消解滴定法或光度法
(C)氯气校正法　　(D)库仑滴定法
69. 下列重铬酸钾法测定 COD 的描述,正确的是(　　)
(A)重铬酸钾测定 COD 在回流过程中,如溶液颜色变绿,说明 COD 值很低,应适当减少取样量,重新测定
(B)用硫酸-硫酸银作催化剂
(C)水样须在强酸性介质中加热回流 1 h
(D)用硫酸亚铁铵回滴时,溶液的颜色由黄色经蓝绿色至红褐色即为终点
70. 在测定 BOD_5 时,不需要接种的废水是(　　)

(A)有机物含量较多的废水　　(B)较清洁的河水
(C)不含或少含微生物的工业废水　　(D)生活污水

71. 测定水中余氯的方法有(　　)。
(A)淀粉碘量法
(B)N,N-二乙基-1,4-苯二胺滴定法
(C)N,N-二乙基-1,4-苯二胺分光光度法
(D)邻联甲苯胺比色法

72. 稀释与接种法测定水中 BOD_5,样品放在培养箱中培养时,应注意的问题有(　　)
(A)温度严格控制在 20℃±1℃
(B)注意添加封口水,防止空气中的氧进入溶解氧瓶内
(C)避光防止试样中藻类产生溶解氧
(D)从样品放入培养箱起计时,培养 5 天后测定

73. 五天培养法测定 BOD_5 的描述,正确的是(　　)。
(A)该方法适用于 BOD_5 大于或等于 2 mg/L、最大不超过 6 000 mg/L 的水样,大于 6 000 mg/L,会因为稀释带来更大误差
(B)如水样为含难降解物质的工业废水,可使用经驯化的微生物接种的稀释水进行稀释
(C)水中的杀菌剂、有毒重金属或游离氯等会抑制生化作用,而藻类和硝化微生物也可能造成虚假的偏离结果
(D)对于游离氯在短时间不能消散的水样,可加入亚硫酸钠以除去

74. 下列城市区域环境振动测量的描述,正确的是(　　)。
(A)用于测量环境振动的仪器,其性能必须符合 ISO/DP 8401—1984 有关条款规定,测量系统每年至少送计量部门校准一次
(B)检测稳态振动,每个测点测量一次,取 5 s 内的平均示数作为评价量
(C)在各类区域建筑物室外 1.5 m 以内振动敏感处设置测量点位,必要时测点置于建筑物室内地面中央
(D)检振器应放置在平坦、坚实的地面上,其灵敏度主轴方向与测量方向相反

75. 测定水样中的酚时,应注意(　　)。
(A)高浓度含酚废水可采用溴化滴定法
(B)水样中含有游离氯时,加入硫酸亚铁还原
(C)一定要进行预蒸馏
(D)《水质 挥发酚的测定 4-氨基安替比林分光光度法》(HJ 503—2009)中工业废水宜用直接分光光度法测定,检出限为 0.01 mg/L,测定下限为 0.04 mg/L,测定上限为 2.50 mg/L

76. 电位滴定法测定水中氯化物时,应当注意(　　)。
(A)进行电位滴定时,水样应是碱性
(B)若水样中含有高铁氰化物,会使测定结果偏高
(C)水样中加入过氧化氢溶液可除去硫化物的干扰
(D)应避光进行

77. 测定水中氰化物的方法及适用范围,下列正确的是(　　)。

(A)硝酸银滴定法适用于污染的地表水、生活污水和工业废水中氰化物的测定
(B)催化快速法适用于突发性氰化钾(钠)污染事故现场的快速定性和定量测定
(C)异烟酸-吡唑啉酮分光光度法适用于饮用水、地面水、生活污水和工业废水中氰化物的测定
(D)异烟酸-巴比妥酸分光光度法,仅适用于饮用水、地表水,不适用于生活污水和工业废水中氰化物的测定

78. 下列测定水中铬的方法描述,错误的是(　　)。
(A)二苯碳酰二肼分光光度法测定水中铬,最低检出浓度为 0.004 mg/L,使用 20 mm 比色皿,测定上限为 1 mg/L
(B)当水样中含铬量大于 1 mg/L 时,采用硫酸亚铁铵滴定法进行测定
(C)火焰原子吸收法适用于地表水和地下水中总铬的测定,最佳测定范围为(0.1～5)mg/L,检测限为 0.03 mg/L
(D)二苯碳酰二肼分光光度法测定六价铬时,水样应在弱碱性条件下保存

79. 电极法测定水中氨氮的操作要点,下列正确的是(　　)。
(A)该方法最低检出浓度为 0.03 mg/L,测定上限为 1 400 mg/L
(B)色度和浊度对测定有影响
(C)应避免由于搅拌器发热而引起被测溶液温度上升,影响电位值的测定
(D)水样可以加氯化汞保存

80. 下列钼酸铵分光光度法测定水中总磷的描述,正确的是(　　)。
(A)该方法最低检出浓度为 0.01 mg/L,测定上限为 0.6 mg/L
(B)该方法适用于地表水、污水和工业废水中总磷的测定
(C)砷大于 2 mg/L 时会干扰测定,可以用硫代硫酸钠去除
(D)磷标准贮备溶液在玻璃瓶中可贮存至少 2 个月

81. 测定水中石油类物质的方法有(　　)。
(A)重量法　　(B)红外分光光度法　(C)荧光法　　(D)非色散红外吸收法

82. 下列测定水中镍的方法和适用范围,对应正确的是(　　)。
(A)石墨炉原子吸收法适用于生活饮用水中镍的测定
(B)石墨炉原子吸收法的最低检测质量为 55 mg
(C)丁二酮肟分光光度法适用于工业废水及受到镍污染的水体中镍的测定
(D)采用丁二酮肟分光光度法时,取样体积 10 mL,测定上限为 10 mg/L,最低检出浓度为 0.25 mg/L

83. 误差按其产生的原因和性质可分为(　　)。
(A)系统误差　　(B)随机误差　　(C)过失误差　　(D)相对误差

84. 防触电而引起火灾时应注意(　　)。
(A)供电线路、照明线路及其他各种用电器的安装均应符合安全用电的要求
(B)电路及用电设备要定期检修
(C)更换熔丝时,不得使用超过规定的熔丝不得用铜、铝线代替
(D)如发生人身触电,首先应断开电源,视情况及时进行人工呼吸,切忌打强心针,必要时送医院救治

85. 实验室内常用的质量控制方法有(　　)。

(A)质量控制图　(B)加标回收率　(C)比较试验　(D)对照分析

86. 下列误差与偏差的表述正确的是(　　)。

(A)绝对误差是测量值与真实值之差($E=x-\mu$)

(B)相对误差是绝对误差占真实值的百分比

(C)绝对偏差是单次测量值与平均值之差

(D)平均偏差是各测量值相对偏差的算术平均值

87. 质量控制图的基本组成包括(　　)。

(A)中心线　(B)上下辅助线　(C)上下警告限　(D)上下控制限

88. 绘制质量控制图时,应注意(　　)。

(A)若连续5点位于中心线的同一侧,表示数据失控,此图不可用

(B)上、下辅助线范围内的点应多于2/3,如少于50%,说明分散度太大,应重做

(C)空白实验值控制图中没有下控制限和下警告限

(D)准确度控制图是直接以环境样品加标回收率测定值绘制而成的

89. 将下列数据修约到只保留一位小数,正确的是(　　)。

(A)修约前14.263 1,修约后14.3　(B)修约前14.050 0,修约后14.0

(C)修约前14.250 0,修约后14.3　(D)修约前14.250 1,修约后14.3

90. 可疑数据的检验方法有(　　)。

(A)Q检验法　(B)格鲁布斯法　(C)标准偏差法　(D)迪克逊检验法

91. 检查去离子水的质量常用(　　)。

(A)电导检测法　(B)化学分析法　(C)原子吸收法　(D)分光光度法

92. 常用于制备蒸馏水的设备有(　　)。

(A)玻璃蒸馏器　(B)金属蒸馏器　(C)石英蒸馏器　(D)亚沸蒸馏器

93. 我国化学试剂一般分为(　　)。

(A)优级纯(G.R.)　(B)分析纯(A.R.)

(C)化学纯(C.P.)　(D)实验试剂(L.R.)

94. 实验室安全制度包括(　　)。

(A)实验室内需设各种必备的安全措施并定期检查,保证随时可供使用

(B)使用易燃、易爆和剧毒试剂时,必须遵照有关规定操作

(C)下班时要有专人负责检查实验室的门、窗、水、电、煤气等,切实关好,不得疏忽大意

(D)实验室的消防器材应定期检查,妥善保管,不得随意挪用

95. 实验室使用过的有机溶剂废液的处理方式有(　　)。

(A)汇集后排放入下水道

(B)回收一部分用于要求较低的实验中

(C)少量残液置于安全的空旷地点充分燃烧排放

(D)将废液分类集中于废液瓶

96. 以下情况不可以用水进行灭火的是(　　)。

(A)电石、过氧化钠着火　(B)实验中汽油、苯、丙酮等着火

(C)电器设备或带电系统着火　(D)衣物着火

97. 下列常用玻璃仪器的使用注意事项,不正确的是(　　)。
(A)量筒不应加热,不能在其中配溶液,不能在烘箱中烘干,不能盛热溶液
(B)圆底烧瓶(蒸馏瓶)可直接加热,无需放在石棉网上
(C)离心试管只能在水浴上加热
(D)容量瓶不能烘烤与直接加热,可用水浴加热,可以存放药品
98. 对玻璃仪器进行干燥时,应当注意(　　)。
(A)常用的干燥方式有晾干、烘干、吹干
(B)不急用的可倒置自然干燥
(C)可用 120～130℃烘箱烘干(量器不可在烘箱烘干)
(D)急于干燥的可用热风吹干(玻璃仪器烘干机)
99. 使用移液管移取液体时,应注意(　　)。
(A)残留在管尖内壁的少量溶液,不可用外力强使其流出,除在管身上标有"吹"字的,可用吸耳球吹出,不允许保留
(B)移液管(吸量管)可以在烘箱中烘干
(C)同一实验中,移取不同液体应尽可能使用不同的移液管
(D)在使用吸量管时,为了减少测量误差,每次都应从最上面刻度(0 刻度)处为起始点,往下放出所需体积的溶液
100. 下列关于电子天平的描述,正确的是(　　)。
(A)电子天平的设计是依据电磁力平衡原理
(B)直接称量法是直接将物品放入天平进行称量
(C)减量称量法是先称取装有试样的称量瓶的质量,再称取倒出部分试样后称量瓶的质量,二者之差即为试样的质量
(D)固定称量法是在天平上称出容器质量,清零后在容器中加入所需质量的样品
101. 使用 pH 计时应注意(　　)。
(A)复合电极严禁沾污,如沾污可用脱脂棉轻擦或用硫酸清洗
(B)在标定过程中,每次插入溶液前电极都要清洗干净,并用滤纸吸去电极上的水分
(C)注意保护电极头部,用完套好电极头帽
(D)使用时避免机身流入液体,损坏元件
102. 使用电导仪时应注意(　　)。
(A)检查一下指针是否指零,如果不指零调节电导率仪上的调零旋钮
(B)将电导率仪调节到校正挡,指针指向零刻度
(C)按照电极常数调节旋钮,测量时调节到测量挡
(D)具体型号的电导率仪需要按照说明书操作
103. 下列分光光度法的描述,错误的是(　　)。
(A)分光光度法主要应用于测定样品中的常量组分含量
(B)应用分光光度法进行样品测定时,同一组比色皿之间的差值应小于测定误差
(C)分光光度计通常使用的比色皿具有方向性,使用前应做好标记
(D)常用碱性重铬酸钾标准溶液进行吸光度校正
104. 气相色谱分析中,柱温的选择主要考虑(　　)因素。

(A)被测组分的沸点　　(B)固定液的最高使用温度
(C)检测器灵敏度　　(D)柱效

105. 原子吸收光谱仪由(　　)组成。
(A)光源　　(B)原子化器　　(C)分光系统　　(D)检测系统

106. 下列原子吸收仪空心阴极灯的描述,正确的是(　　)。
(A)原子吸收光度法用的空心阴极灯是一种特殊的辉光放电管,它的阴极是由金属铜或合金制成
(B)原子吸收仪的空心阴极灯如果长期闲置不用,应该经常开机预热
(C)原子吸收光度法测试样品前,需要对空心阴极灯进行预热
(D)空心阴极灯的光强度与灯的工作电流无关

107. 测定水的浊度时,水样中出现有(　　)时,便携式浊度计读数将不准确。
(A)漂浮物　　(B)沉淀物　　(C)有机物　　(D)无机物

108. 通常可以作为灭火剂使用的是(　　)。
(A)水　　(B)油　　(C)卤代烷　　(D)惰性气体

109. 对触电者进行人工呼吸急救的方法有(　　)。
(A)俯卧压背法　　(B)仰卧牵臂法　　(C)口对口吹气法　　(D)胸外心脏挤压法

110.《安全生产法》规定的从业人员的义务有(　　)。
(A)遵章守规,服从管理　　(B)自觉加班加点
(C)接受安全生产教育和培训　　(D)发现不安全因素及时报告

111. 监测数据的记录要求是(　　)。
(A)及时填写在原始记录表格中,也可以记在纸片或其他本子上再誊抄
(B)带有数据自动记录和处理功能的仪器,将测试数据转抄在记录表上,并同时附上仪器记录纸,如记录纸不能长期保存(如热敏纸),采用复印件,并作必要的注解
(C)原始记录有测试、校核等人员的签名,校核人要求具有3年以上分析测试工作经验
(D)记录内容包括检验过程出现的问题、异常现象及处理方法等说明

112. 有效数字的修约及运算法则是(　　)。
(A)四舍六入五考虑
(B)可以对数字进行多次修约
(C)加减法以小数点后位数最少的数为准
(D)乘除法以有效数字位数最少的数为准

113. 一般溶液的配制方法有(　　)。
(A)直接水溶液法　　(B)介质水溶液法　　(C)稀释法　　(D)标定法

114. 下列配制标准溶液方法描述,正确的是(　　)。
(A)直接配制法是将一定量的物质溶解后准确稀释到一定体积,然后算出该溶液的准确浓度
(B)直接标定法是用适当的基准试剂来准确地标定相应的标准溶液的浓度
(C)间接标定法的原理是有一部分标准溶液,选不到合适的基准试剂,只能用其他已知浓度的溶液来标定
(D)间接标定法的系统误差比直接标定法要小些

115. 职业健康检查分为(　　)。

(A)上岗检查　(B)岗中检查　(C)离岗检查　(D)应急检查

116. 下列关于测定烟气湿度的方法描述,正确的是(　　)。

(A)干湿球温度法适合温度低于 200℃的烟道

(B)冷凝法不受烟温的限制,适用于含湿量较大的烟气

(C)吸附法适用于通过吸湿管的气体温度低于 100℃的条件使用

(D)吸附法测定时,吸湿管可装无水氯化钙、氧化钙、硅胶及氯化钡等并两头塞玻璃棉,防吸湿剂散逸

117. 烟气的压力分为(　　)。

(A)全压　(B)分压　(C)静压　(D)动压

118. 颗粒物的采样方法有(　　)。

(A)预测流速法采样法　(B)皮托管平行测速采样法

(C)动压平衡型采样法　(D)静压平衡型采样法

119. 下列仪器直接采样法采集气态污染物的描述,正确的是(　　)。

(A)仪器应按期送国家授权的计量部门进行检定,并根据仪器的使用频率定期进行校准

(B)采样前应检查并清洁采样预处理器的颗粒物过滤器、除湿器和输气管路,必要时更换滤料

(C)仪器连接管线要尽可能短,当必须使用较长管线时,应防止样气中的水分冷凝,必要时对管线加热

(D)采样时应将采样孔堵严使之不漏气

120. 仪器仪表检验制度是(　　)。

(A)仪器仪表必须定期送检,不得漏检

(B)要设有管理员负责管理、看护及定期进行校验工作

(C)仪器仪表发生故障或误差较大时不得发放使用,必须处理正常及经校验后方可发放使用

(D)计量仪器仪表若有损坏,所维修的费用超过原仪表费用的 80%时无维修价值,应办理报废手续

121. 质量浓度表示一定质量的溶液里溶质和溶剂的相对量,下列属于质量浓度的是(　　)。

(A)物质的量浓度　(B)质量分数　(C)质量摩尔浓度　(D)ppm 浓度

122. 四氯汞钾溶液吸收-盐酸副玫红苯胺分光光度法测定空气中二氧化硫的测定要点是(　　)。

(A)温度、酸度、显色时间等因素影响显色反应

(B)标准溶液和试样溶液操作条件应保持一致

(C)氮氧化物、臭氧及锰、铁、铬等离子对测定有干扰

(D)加入磷酸和乙二胺四乙酸钠盐可消除或减少某些金属离子干扰

123. 碱性过硫酸钾消解紫外分光光度法适用于(　　)中总氮的测定。

(A)地表水　(B)地下水　(C)工业废水　(D)生活污水

124. 气相色谱法测定环境空气或废气中苯系物时,适合测定苯系物的检测器是(　　)。

(A)MSD (B)FID (C)PID (D)ECD

125. 盐酸萘乙二胺分光光度法测定氮氧化物时，应注意(　　)。

(A)该方法采样和显色同时进行

(B)吸收液应为无色，且密闭避光保存

(C)三氧化铬-石英砂氧化管适于相对湿度60%～80%条件下使用

(D)采样时在吸收瓶入口端串联一段15～20 cm长的硅橡胶管，可排除空气中臭氧的干扰

126. 监测仪器与设备的维护与保养，应遵循的原则是(　　)。

(A)属于国家强制检定的仪器与设备，应依法送检，并在检定合格有效期内使用

(B)制定仪器与设备年度核查计划，并按计划执行，保证在用仪器与设备运行正常

(C)监测仪器与设备应定期维护保养，使用时做好仪器与设备使用记录，保证仪器与设备处于完好状态

(D)每台仪器与设备均有责任人负责日常管理

127. 下列声级计的描述正确的是(　　)。

(A)0型：标准声级计，用于校准，固有误差为±0.4 dB

(B)1型：精密声级计，用于实验研究，固有误差为±0.7 dB

(C)2型：普通声级计，用于噪声监测，固有误差为±1.0 dB

(D)3型：普及声级计，用于噪声监测，固有误差为±2.0 dB

128. 下列属于生产工艺过程中职业危害因素的是(　　)。

(A)太阳辐射 (B)有机粉尘 (C)高温 (D)振动

129. 衡量污泥性质的表征参数有(　　)。

(A)含水率与含固率 (B)挥发性固体

(C)污泥中有毒有害物质 (D)污泥脱水性能

130. 污泥中重金属的去除方法有(　　)。

(A)化学法 (B)电化学法

(C)重金属固定技术 (D)生物淋滤法

四、判断题

1. 监测人员在未取得合格证之前，就可报出监测数据。(　　)

2. 凡承担例行监测，污染源监测，环境现状调查、污染纠纷仲裁等任务并报出数据者，均应参加合格证考核，考核合格后方可从事环境监测任务。(　　)

3. 环境监测合格证有效期为5年，期满后持证人员应进行换证复查。(　　)

4. 我国《环境噪声污染防治法》规定："产生环境噪声污染的单位，应当采取措施进行治理，并按照国家规定缴纳超标准排污费。"如果排放噪声的是个人，也需要缴纳排污费。(　　)

5. 环境质量标准、污染排放标准分为国家标准和地方标准。(　　)

6. 环境监测所依据的技术标准均应以最新公布的版本为准，对尚未制定标准的项目无需参考有关的国际标准或国内有关部门的标准。(　　)

7. 国家污染物排放标准分综合性排放标准和行业性排放标准两大类。(　　)

8.《环境空气质量标准》(GB 3095—1996)将环境空气质量标准分为二级。(　　)

9. 标准符号 GB 和 GB/T 含义相同。(　　)

10. 环境保护图形标志——排放口(源)的警告图形符号是用于提醒人们注意污染物排放可能造成危害的符号。警告标志形状为三角形边框。(　　)

11. 环境监测人员合格证考核由基本理论、基本操作技能和实际样品分析三部分组成。(　　)

12. 使用高氯酸进行消解时,可直接向含有机物的热溶液中加入高氯酸,但须小心。(　　)

13. 水中氰化物可分为简单氰化物和络合氰化物两种。(　　)

14. 碱性高锰酸钾洗液可用于洗涤器皿上的油污。(　　)

15. 用样品容器直接采样时,必须用水样冲洗两次后再进行采样。(　　)

16. 碱性高锰酸钾洗液的配制方法是:将 4 g 高锰酸钾溶于少量水中,然后加入 10%氢氧化钠溶液至 100 mL。(　　)

17. 酚酞指示液的配置方法是:称取 0.5 g 酚酞,溶于 100 mL 蒸馏水中。(　　)

18. 用于有机物分析的采样瓶,应使用铬酸洗液、自来水、蒸馏水依次洗净,必要时以重蒸的丙酮、乙烷或三氯甲烷洗涤数次,瓶盖也用同样方法处理。(　　)

19. 任何玻璃量器不得用烘干法干燥。(　　)

20. 滴定管活塞密封性检查:在活塞不涂凡士林的清洁滴定管中加蒸馏水至零标线处,放置 5 min,液面下降不超过 1 个最小分度者为合格。(　　)

21. 在重铬酸钾法测定化学需氧量的回流过程中,若溶液颜色变绿,说明水样的化学需氧量适中,可以继续做实验。(　　)

22. 用铬酸钡法测定降水中 SO_2^{2-} 时,玻璃器皿不能用洗液清洗。(　　)

23. 氢氧化钠摩尔浓度:$C=1$ mol/L,即每升含有 40 g NaOH,其基本单元是氢氧化钠分子。(　　)

24. 配置溶液时为了安全,一定要将浓酸或浓碱缓慢地加入水中,并不断搅拌,待溶液温度冷却到室温后,才能稀释到规定的体积。(　　)

25. 当水样中 S^{2-} 含量大于 1 mg/L 时,可采用碘量法滴定测定。(　　)

26. 水样分析结果用 mg/L 表示,当浓度小于 0.1 mg/L 时,则用 μg/L 表示。(　　)

27. 系统误差能通过提高熟练度来消除。(　　)

28. 具磨口塞的清洁玻璃仪器,如量瓶、称量瓶、碘量瓶、试剂瓶等要衬纸加塞保存。(　　)

29. 测定 DO 的水样要带回实验室后加固定剂。(　　)

30. 根据水的不同用途,水的纯度级别可分为四级,一级水可供配制痕量金属溶液时使用。(　　)

31. 在分析测试中,空白实验值的大小无关紧要,只需以样品测试值扣除空白实验值就可以抵消各种因素造成的干扰和影响。(　　)

32. 标准曲线的相关系数是反映自变量和因变量间的相互关系。(　　)

33. 环境监测质量保证是对实验室分析过程的质量保证。(　　)

34. 空白试验是指除用纯水代替样品外,其他所加试剂和操作步骤,均与样品测定完全相同的操作过程,空白试验应与样品测定同时进行。(　　)

35. 空白实验值的大小只反映实验用水质量的优劣。(　　)

36. 当水样中被测浓度大于 1 000 mg/L 时用百分数表示,当比重等于 1.00 时,1%等于 1 000 mg/L。(　　)

37. 空白实验是指除用纯水代替样品外,其他所加试剂和操作步骤均与样品测定完全相同,同时应与样品测定分开进行。(　　)

38. 实验用水应符合要求,其中待测物质的浓度应低于所用方法的检出限。(　　)

39. 如有汞液散落在地上,要立即将硫磺粉撒在汞上面,以减少汞的蒸发量。(　　)

40. 沸点在 150℃以下的组分蒸馏时,用直形冷凝管,沸点愈低,冷凝管愈短。(　　)

41. 当水样中氯离子含量较多时,会产生干扰,可加入 $HgSO_4$ 去除。(　　)

42. 液-液萃取时要求液体总体积不超过分液漏斗容积的 5/6,并根据室温和萃取溶剂的沸点适时放气。(　　)

43. 绝对误差是测量值与其平均值之差,相对误差是测量值与真值之差对真值之比的比值。(　　)

44. 钾、钠等轻金属遇水反应十分剧烈,应浸没于蒸馏水中保存。(　　)

45. 存储水样的容器都可用盐酸和重铬酸钾洗液洗涤。(　　)

46. 不溶于水,密度小于水的、易燃及可燃物质,如石油烃类化合物及苯等芳香族化合物着火时,不得用水灭火。(　　)

47. 浓硫酸不慎沾到皮肤上,要先用干抹布擦去硫酸,再用大量水清洗,最后涂抹 5%碳酸氢钠溶液。(　　)

48. 实验室内要保持清洁、整齐、明亮、安静,噪声低于 70 dB。(　　)

49. 每次测定吸光度前都必须用蒸馏水调零。(　　)

50. 实验室内质量控制是分析人员在工作中进行自我质量控制的方法,是保证测试数据达到精密度与准确度要求的有效方法之一。(　　)

51. 碳酸盐硬度又称“永硬度”。(　　)

52. 我们通常所称的氨氮是指游离态的氨及有机氨化合物。(　　)

53. 测定硬度的水样,采集后每升水样中应加入硝酸作保护剂。(　　)

54. 当水样在测定过程中,虽加入了过量的 EDTA 溶液亦无法变兰色,出现这一现象的原因可能是溶液的 pH 值偏低。(　　)

55. 用 EDTA 标准溶液滴定总硬度时,整个滴定过程应在 10 min 内完成。(　　)

56. 任何玻璃量器不得用烤干方法干燥。(　　)

57. 水中溶解氧的测定只能碘量法进行测量。(　　)

58. 膜电极法适用于测定天然水、污水、盐水中的溶解氧。(　　)

59. 化学探头法测定水中溶解氧的特点是简便、快捷、干扰少,可用于现场测定。(　　)

60. 水中溶解氧在中性条件下测定。(　　)

61. 配置硫代硫酸钠标准溶液时,加入 0.2 g 碳酸钠,其作用是使溶液保持微碱性抑制细菌生长。(　　)

62. 测定溶解氧所需的试剂硫代硫酸钠溶液需 3 天标定一次。(　　)

63. 溶解氧的测定结果有效数字取 3 位小数。(　　)

64. 样品中存在氧化或还原性物质时需采集 3 个样品。(　　)

65. 测定水中氨氮进行蒸馏预处理时,应使用硫酸作吸收液。(　　)

66. 配好的纳氏试剂要静置后取上清液,贮存于聚乙烯瓶中。(　　)

67. 用纳氏试剂光度法测定氨氮时,水中如含余氯,可加入适当的硫代硫酸钠。(　　)

68. 纳氏试剂应贮存于棕色玻璃瓶中。(　　)

69. 我们所称的氨氮是指游离态的氨和铵离子。(　　)

70. 通常所称的氨氮是指有机氨化合物、铵离子和游离态的氨。(　　)

71. 非离子氨是指以游离态的氨形式存在的氨。(　　)

72. 水中非离子氨的浓度与水温有很大的关系。(　　)

73. 测定氨氮水样,应储存在聚乙烯瓶或玻璃瓶中,常温下保存。(　　)

74. 重量法测定水样中悬浮物硝酸盐可使结果偏高。(　　)

75. 未经过任何处理的做物理化学检验用的清洁的水样,最长存放时间为 72 h。(　　)

76. 重铬酸钾法中,重铬酸钾标准溶液称取预先在 120℃烘干 2 h。(　　)

77. 重铬酸钾法中,硫酸亚铁氨必须精称。(　　)

78. 未经过任何处理的做物理化学检验用的轻度污染的水样,最长存放时间为 48 h。(　　)

79. 重量法测油时需要 200 mL 定溶。(　　)

80. 未经过任何处理的做物理化学检验用的严重污染的水样,最长存放时间为 12 h。(　　)

81. 水样保存的目的是尽量减少存放期间因水样变化而造成的损失。(　　)

82. 空白试验以无氨水代替水样,按样品测定相同步骤进行显色和测量。(　　)

83. 测余氯时,用无分度吸管吸取 50 mL 水样于 300 mL 碘量瓶中加入 5 mL 乙酸溶液进行滴定。(　　)

84. 配置 1%的淀粉溶液不需要新煮沸的蒸馏水。(　　)

85. 配置硫酸-硫酸银溶液于 2 500 mL 浓硫酸中加入 25 g 硫酸银放置 1～2 h,不时摇动使其溶解。(　　)

86. 测定油和脂类物质时,采集的样品保存温度为 4℃。(　　)

87. 测 COD 时,如果化学需氧量很高,则废水样不用稀释。(　　)

88. 测定油和脂类物质时,采集的样品保存剂采用硝酸,使 pH 值小于 4。(　　)

89. 测定悬浮物时,需要采水样 540 mL。(　　)

90. 当水样中硫化物大于 1 mg/L 时,可采用碘量法。(　　)

91. 硫化钠标准溶液配置好后,应贮存于棕色瓶中保存,但应在临用前标定。(　　)

92. 测定硫化物的水样用吹气法预处理,其载气流速对测定结果影响较小。(　　)

93. 我国《生活饮用水卫生标准》(GB 5749—2006)中,氟的标准值为 1.0 mg/L。(　　)

94. 电极法测定氟化物,插入电极后可搅拌也可不搅拌。(　　)

95. 电极法测定氟离子,测定溶液的 pH 值为 10～13。(　　)

96. 测定氯化物的水样,不能用玻璃瓶储存。(　　)

97. 氰化物主要来源于工业污水。(　　)

98. 采集水样必须立即加入 NaOH 固定剂使氰化物固定。(　　)

99. 水样中余氯极不稳定,应现场测试并注意避免振摇。(　　)

100. COD是指水体中含有机物及还原性无机物量的主要污染指标。(　)
101. 我国的安全生产方针是安全第一,预防为主。(　)
102. 新工人进行岗位独立操作前,必须进行安全技术考核。(　)
103. 系统误差可通过增加测定次数来减少。(　)
104. 随机误差可用空白试验来消除。(　)
105. 精密度高的测定结果一定准确。(　)
106. 仪器误差可以用对照试验的方法来校正。(　)
107. 被油脂沾污的玻璃仪器可用铬酸洗液清洗。(　)
108. 滴定管读数时应双手持管,保持与地面垂直。(　)
109. 物质的量相同的两种酸,它们的质量百分浓度不一定相同。(　)
110. 滴定管、移液管和容量瓶的标称容量一般是指15℃时的容积。(　)
111. 国标中的强制性标准,企业必须执行;而推荐性标准,国家鼓励企业自愿采用。(　)
112. 偶然误差就是偶然产生的误差,没有必然性。(　)
113. 滴定度是指每毫升标准溶液相当于被测物质的浓度。(　)
114. 配有玻璃电极的酸度计能测定任何溶液的pH值。(　)
115. 气相色谱仪由气路单元、分析单元、检测器单元、温控单元和数据处理单元等组成。(　)
116. 气相色谱最基本的定量方法是归一化法、内标法和外标法。(　)
117. 电导滴定法是滴定过程中利用溶液电导的变化来指示终点的方法。(　)
118. 原子、离子所发射的光谱线是线光谱。(　)
119. 测量溶液的电导,就是测量溶液中的电阻。(　)
120. 原子发射光谱分析和原子吸收光谱分析的原理基本相同。(　)
121. 处理氧化物或硅酸盐可以使用瓷坩埚。(　)
122. 各种沾污会对分析结果造成负误差。(　)
123. 利用漏斗过滤试样时,加入的液体距滤纸上缘3 mm处。(　)
124. 用EDTA滴定法测定Ca、Mg元素时,选用的指示剂为钙指示剂。(　)
125. 摩尔吸光系数越大,表示该化合物对光的吸收能力越大。(　)
126. 摩尔吸光系数与溶液的浓度及液层的厚度有关。(　)
127. 二氧化碳泡沫灭火器适用于油类着火及高级仪器仪表着火。(　)
128. 利用数字修约规则,保留两位小数0.253 6,应为0.26。(　)
129. 一个样经过10次以上的测试,可以去掉一个最大值和一个最小值,然后求平均值。(　)
130. 随机误差的分布遵从正态分布规律。(　)
131. 由于仪器设备有缺陷、操作者不按规程进行操作以及环境等的影响均可引起系统误差。(　)
132. 用对照分析法可以校正由仪器不够准确所引起的误差。(　)
133. 配制I_2标准溶液时,应加入过量的KI。(　)
134. 间接碘量法滴定时速度应较快,不要剧烈振荡。(　)

135. 配位滴定法指示剂称为金属指示剂,它本身是一种金属离子。(　　)

136. 莫尔滴定可用来测定试样中的 I^- 离子含量。(　　)

137. 分光光度计的单色器,其作用是把光源发出的复合光分解成所需波长的单色光。(　　)

138. 不同浓度的高锰酸钾溶液,它们的最大吸收波长也不同。(　　)

139. 物质呈现不同的颜色,仅与物质对光的吸收有关。(　　)

140. 有色物质的吸光度 A 是透光度 T 的倒数。(　　)

141. 色谱柱的寿命与操作条件有关,当分离度下降时说明柱子失效。(　　)

142. 滴定时,溶液的流出速度可快可慢。(　　)

143. 凡见光会分解的试剂,与空气接触易氧化的试剂及易挥发的试剂应贮存于棕色瓶中。(　　)

144. 洗涤带有磨口的器皿时,不要用去污粉擦洗磨口部位。(　　)

145. 配制硫酸、磷酸、硝酸、盐酸溶液时,都采用水倒入酸中的方式。(　　)

146. 721 型分光光度计接通电源,不须预热即可进行比色测定。(　　)

147. 为减小误差称量时使用同一组砝码,应先用带点的,然后用不带点的。(　　)

148. 只要是优质级纯试剂都可作基准物。(　　)

149. 我国关于"质量管理和质量保证"的国家系列标准为 GB/T 19000。(　　)

150. 毛细管法测定有机物熔点时,只能测得熔点范围不能测得其熔点。(　　)

151. 空白实验值的大小仅反映实验用纯水质量的优劣。(　　)

152. 有机物的折光指数随温度的升高而减小。(　　)

153. 有机物中同系物的熔点总是随碳原子数的增多而升高。(　　)

154. pH 值只适用于稀溶液,当$[H^+]>1$ mol/L 时,就直接用 H^+ 离子的浓度表示。(　　)

155. 无水硫酸不能导电,硫酸水溶液能导电,所以无水硫酸是非电解质。(　　)

156. 1 mol 的任何酸可能提供的氢离子个数都是 6.02×10^{3}。(　　)

157. pH=7.00 的中性水溶液中,既没有 H^+,也没有 OH^-。(　　)

158. 用强酸滴定弱碱,滴定突跃在碱性范围内,所以 CO_2 的影响比较大。(　　)

159. 混合碱是指 NaOH 和 Na_2CO_3 的混合物,或者是 NaOH 和 $NaHCO_3$ 的混合物。(　　)

160. 测定混合碱的方法有两种:一是 $BaCO_3$ 沉淀法,二是双指示剂法。(　　)

161. 醋酸钠溶液稀释后,水解度增大,OH^- 离子浓度减小。(　　)

162. 高锰酸钾滴定法应在酸性介质中进行,从一开始就要快速滴定,因为高锰酸钾容易分解。(　　)

163. 间接碘量法,为防止碘挥发,要在碘量瓶中进行滴定,不要剧烈摇动。(　　)

164. 重铬酸钾法测定铁时,用二苯胺磺酸钠为指示剂。(　　)

165. 莫尔法一定要在中性和弱酸性中进行滴定。(　　)

166. 测定水的硬度时,用 HAc-NaAc 缓冲溶液来控制 pH 值。(　　)

167. 金属离子与 EDTA 形成配合物的稳定常数 $K_{稳}$ 较大的,可以在较低的 pH 值下滴定;而 $K_{稳}$ 较小的,可在较高的 pH 值下滴定。(　　)

168. 纯碱中 NaCl 的测定，是在弱酸性溶液中，以 $K_2Cr_2O_2$ 为指示剂，用 $AgNO_3$ 滴定。（ ）

五、简 答 题

1. 什么是环境监测？
2. 什么是环境标准？
3. 固体废物的危害表现在哪些方面？
4. 废水监测的目的是什么？
5. 什么是大气中的二次污染物？
6. 环境空气自动监测系统监测的主要项目是什么？
7. 大气环境质量标准分为哪三级？
8. 确定地下水采样频次和采样时间的原则是什么？
9. 地下水现场检测项目有哪些？
10. 环境空气样品的间断采样的含义是什么？
11. 水样的类型有几种？
12. 选择采集地下水的容器应遵循哪些原则？
13. 如何从管道中采集水样？
14. 水样为什么要进行预处理？
15. 采样保存一般采用哪些措施？其功能是什么？
16. 水体的哪些物理化学性质与水的温度有关？
17. pH 值的定义是什么？
18. 测定悬浮物时，采集的水样是否要加入保护剂，为什么？
19. 采用碘量法测定水中硫化物时，水样应如何采集和保存？
20. 化学需氧量作为一个条件性指标，有哪些因素会影响其测定值？
21. 4-氨基安替比林分光光度法或溴化容量法测定水中挥发酚的主要干扰物质有哪些？
22. 简述测定水样 BOD_5 的原理。
23. 水中氰化物可分为哪几种？
24. 简述钼酸铵分光光度法测定水中总磷的原理。
25. 水中有机氮化合物主要是哪些物质？
26. 简述电极法测定水中氨氮的主要干扰物。
27. 重量法测油适用于含油量多少的水？
28. DPD 滴定法测定水中游离氯时，为何要严格控制 pH 值？
29. 环境空气中颗粒物采样结束后，取滤膜时，发现滤膜上尘的边缘轮廓不清晰，说明什么问题？应如何处理？
30. 采用碘量法测定烟气中二氧化硫时，配制碘标准滴定溶液时，为什么要加入碘化钾？
31. 什么是氮氧化物？（以 NO_2 计）
32. 简述在锅炉烟尘测试时，鼓风、引风和除尘系统应达到的要求。
33. 简述气相色谱法测定空气中苯系物时样品的采集方法。
34.《城市区域环境振动测量方法》(GB/T 10071—1988)中，稳态振动的测量量、读数方法和评价量分别是什么?

35. 实验室内质量控制手段主要有哪几种?(至少回答出5种)

36. 如何制备不含氯和还原性物质的水?

37. 怎样稀释浓硫酸,为什么?

38. 可以直接配制标准溶液的基准物质,应满足什么要求?

39. 配制氢氧化钠标准溶液时应注意什么?

40. 简述水样电导率测定中的干扰及其消除方法。

41. 分光光度法是环境监测中常用的方法,简述分光光度法的主要特点。

42. 评价气相色谱检测器性能的主要指标有哪些。

43. 简述原子吸收光度法的工作原理。

44. 如何保养噪声测量仪器?

45. 测含氟废水时,一般用什么样的容器,为什么?

46. 简述重铬酸钾-硫酸洗液的配置方法。

47. 721分光光度计由哪几个主要组成部分?

48. 常压蒸馏应注意哪些问题?

49. 保存水样的基本要求是什么?

50. 测定pH值的国家标准分析方法适用于哪几种水质pH值的测定?

51. 对环境要求高的实验室,记录环境条件的主要项目是什么?

52. 重铬酸钾测定COD在回流规程中,如溶液颜色变绿,说明什么问题?应如何处理?

53. 测定溶解氧时,对硫酸汞溶液有何要求?

54. 如何配置10%的碘化钾溶液?

55. 1%淀粉溶液怎么配置?

56. 影响大气采样效率的因素有哪几个方面?

57. 什么是大气降尘?

58. 化学需氧量的定义是什么?

59. 碘量瓶的磨口塞的作用是什么?

60. 水质指标可分为哪几种?

61. 根据采样时间和频率,水样采集类型有哪几种?

62. 大气监测可分为哪几种?

63. 我国化学试剂一般分为哪几种规格?

64. 反映天平的基本计量性能有哪些?

65. 什么是二次污染物?

66. 如何合理的布置某个河段的水质监测断面?

67. 产生随机误差的主要因素有哪些?

68. 什么是滴定剂?什么是指示剂?

69. 什么是标准溶液?有几种配制方法?

70. 标定标准溶液的方法有哪几种?

71. 什么是基准物?基准物应具备哪些条件?

72. 什么是缓冲溶液？缓冲溶液的 pH 值由什么决定？
73. 滴定管为什么要进行校正？怎样进行校正？
74. 什么叫滴定分析法？
75. 什么叫配位滴定法？
76. 什么叫沉淀滴定法？
77. 什么是酸碱滴定曲线？它的突跃范围与酸(碱)的强度及溶液的浓度有什么关系？
78. 酸碱滴定时为什么要用混合指示剂？
79. 什么是标准氧化还原电位？怎样判断氧化剂和还原剂的强弱？
80. 什么叫显色反应？影响显色反应的因素有哪些？
81. 我国强制性标准包括哪些范围？
82. 什么叫相对浓度？
83. 为什么增加平行测定的次数能减少随机误差？
84. 影响沉淀溶解的因素有哪些？
85. 什么是摩尔吸光系数？
86. 在分光光度分析中消除干扰的方法有哪些？
87. 色谱分析中采用归一法的必要条件是什么？
88. 气相色谱中怎样选择热导和氢焰检测器的温度？
89. 色谱分析中进样量过多或过少时有什么影响？
90. 气相色谱中常用的固体固定相有哪几种？
91. 液相色谱中,什么叫等度洗脱和梯度洗脱？
92. 用 H_2S 来沉淀溶液中的某些金属离子,当溶液的 pH 值增加时,[S^{2+}]是增加还是减小？请说明理由。
93. 简述金属蒸馏器及玻璃蒸馏器制得的蒸馏水的用途。
94. 实验室常见试剂的规格是什么？
95. 引起试剂变质的因素主要有哪些？

六、综 合 题

1. 某厂烟道测量时,测得的平均流速为 15.8 m/s,烟道截面积为 1.2 m^2,求该厂每小时排气量？

2. 在 1 L 溶液中含 7.448 g EDTA,其摩尔质量为 372.4 g/mol,求该溶液含 EDTA 的体积摩尔浓度？

3. 欲配制 1 500 mL,0.250 M 硫酸,求需用 56.5 M 硫酸多少 mL？

4. 滴定 10 mL 0.05 M 重铬酸钾溶液至等量点,问需 0.025 M 硫酸亚铁铵溶液多少毫升？

5. 标定酚贮存液时,取该贮备液 10.00 mL 于碘量瓶中,加 100 mL 水、10.00 mL 0.1 mol/L溴化钾-溴酸钾溶液、5 mL 浓盐酸、1 g 碘化钾。反应完成后用 0.024 73 mol/L 硫代硫酸钠标准液滴定,消耗硫代硫酸钠标准液 11.61 mL。同法做空白滴定,消耗硫代硫酸钠标准液 40.10 mL。求酚贮备液的浓度(酚的分子量:94.113)。

6. 已知空气中二氧化硫的浓度为 2.0 ppm,换算成标准状态下的二氧化硫浓度。

7. 已知某监测点空气中氮氧化物样品测试的吸光度为 0.133，试剂空白的吸光度为 0.002，采样流量为 0.30 L/min，采样 20 min。同时测得标准曲线的斜率为 0.192，截距为 0.005。采样时，监测点的环境温度为 15℃，气压为 100.4 kPa。试计算标准状态(0℃，101.3 kPa)下该监测点空气中氮氧化物的浓度。

8. 用重量法测定某水样中金属钡的含量，向水样中加入硫酸至不产生沉淀为止，经过滤、洗涤、干燥后，得到沉淀物为 21.00 g，计算此水样中钡的重量。

9. 将 5 g 氯化钠溶于 45 g 水中，求溶液的质量百分比浓度。

10. 配制 10%的氯化钠 600 kg，需要氯化钠和水各多少千克?

11. 配制浓度为 50 mg/L 的 Cr^{6+} 的标准溶液 500 mL，应取多少 $K_2Cr_2O_7$？(已知 $K_2Cr_2O_7$ 分子量为 294.2)

12. 吸取水样 25.0 mL，加蒸馏水 25.0 mL，用 0.010 98 mol/L 的 EDTA 标准溶液滴定，消耗 EDTA 溶液 5.87 mL，计算此水样的硬度(以 $CaCO_3$ 表示)。

13. 某水样中钙、镁的浓度分别为 2.50 mg/L 和 1.60 mg/L，计算该水样的硬度(以碳酸钙计，原子量 Ca=40，Mg=24，O=16，C=12)。

14. 写出溶解氧的计算公式及各符号表示的意义。

15. 吸收现场固定并酸化后吸出碘的水样 100.0 mL，用 0.009 6 mol/L 的 $Na_2S_2O_3$ 溶液滴定呈淡黄色，加入 1 mL 淀粉继续滴定至蓝色刚好褪去，消耗 $Na_2S_2O_3$ 的体积为 9.12 mL，请计算水样的溶解氧含量。

16. 论述怎样稀释浓硫酸，为什么?

17. 取酸化水样 100 mL 于 250 mL 锥形瓶中，用刚标定的 0.011 mol/L 的硫代硫酸钠溶液进行滴定，消耗 $Na_2S_2O_3$ 刚好为 8.0 mL，请计算此水样的溶解氧浓度并指出符合地表水几级标准。

18. 用 N，N-二乙基对苯二胺-硫酸亚铁铵滴定法测定水中余氯，结果为 4.64 mmol/L，试计算此水中余氯为多少 mg/L?

19. 已知 CO 的浓度为 3 mg/m³，问换算成 ppm 是多少?(CO 的分子量为 28)

20. 温度对流量计读数的影响可通过 $Q_{20}=Q_t[(273+20)/(273+t)]^{1/2}$ 来校正，当使用温度为 40℃时，温度校正系数是多少?

21. 配制 10%(比重 1.08)KOH 溶液 1 000 mL，需要 40%比重 1.41 的 KOH 溶液多少毫升?

22. 配制 2 M 碳酸钠溶液 500 mL，需称取多少克碳酸钠?(碳酸钠的分子量为 106)

23. 某水样的氢离子活度为 5×10^{-5} mol/L，其 pH 值是多少?

24. 测得某锅炉除尘器入口烟尘标态浓度为 1 805 mg/m³，除尘器出口烟尘标态浓度为 21 mg/m³，试求除尘器在无漏风时的除尘器效率。

25. 已知某固定污染源烟道截面积为 1.181 m²，测得某工况下湿排气平均流速为 15.3 m/s，试计算烟气湿排气状况下的流量。

26. 在固定污染源的监测中，采样位置选择的原则是什么? 以下有几个不同形状的烟道断面，根据所给条件在烟道断面上绘出采样点的位置。

(1)方形烟道长 5 m，宽 5 m。

(2)圆形烟道直径 0.5 m。(注意：在图中绘出采样点位置时要标注出采样点的尺寸)

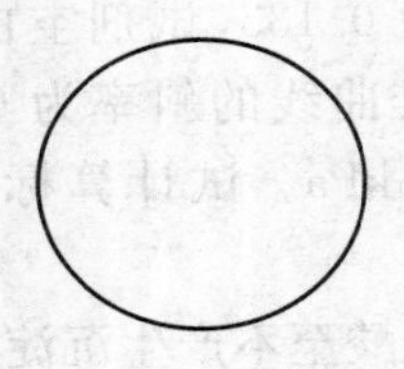

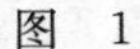
图 1

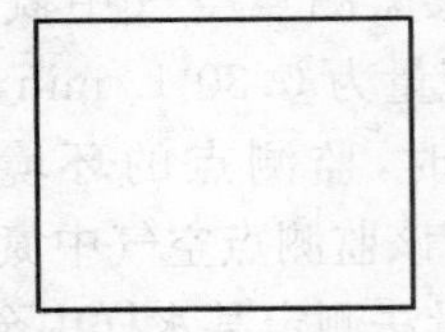
图 2

27. 波长为 20 cm 的声波，在空气、水、钢中的频率分别为多少赫兹？其周期分别为多少秒？（已知空气中声速 C=340 m/s，水中声速 C=1 483 m/s，钢中声速 C=6 100 m/s）

28. 某一机动车在某地卸货，距离该车 20 m 处测得的噪声级为 80 dB，求距离车辆 200 m 处居民住宅区的噪声级。

29. 欲配制 As 浓度为 1.00 mg/mL 的溶液 100.0 mL，需称取多少克的 As_2O_3？（已知 As 的原子量为 74.92）

30. 测定某工厂的污水，取样 20.0 mL，从校准曲线上查得 LAS 的量为 0.180 mg。试计算该水样中阴离子表面活性剂的浓度。

31. 怎样写试验总结，试验总结包括哪些内容？

32. 玻璃仪器常用的洗涤剂有哪些？都适用于哪些污物？

33. 试简述国家标准规定的实验用水等级。

34. 采用校准曲线法测定钢铁中锰的含量，测得的数据见表 1，绘制校准曲线，试求试样中锰的百分含量。

表 1

样品编号	Mn(%)	光谱强度	样品编号	Mn(%)	光谱强度
标 1	0.12	1 240	标 5	0.62	6 540
标 2	0.24	2 500	样品 A		3 600
标 3	0.37	3 702	样品 B		1 880
标 4	0.51	5 230			

环境监测工(初级工)答案

一、填 空 题

1. pH<5.6
2. 循环使用
3. 作用时间长
4. 生物性
5. 碱
6. 三价
7. 镁离子
8. COD
9. 空间
10. 天然
11. 频率
12. 三
13. 10 mg/L
14. 瞬时
15. 冷藏或冷冻
16. 2～3
17. 当场
18. 浓硫酸和浓盐酸
19. 8
20. 固定
21. 氧化
22. ±0.000 5
23. 碘量法
24. 百万
25. 碱性
26. 白色沉淀
27. 150 mg/L
28. 规定
29. 时间
30. 玻璃电极法
31. 二苯碳酰二肼
32. 愈高
33. 100
34. 重量法
35. 103～105℃
36. 玻璃球
37. 不能
38. 称重
39. 石油醚
40. 纳氏
41. 化学需氧量
42. 电热板
43. 爆炸
44. 负
45. 风
46. 非可溶性
47. 离子交换
48. 精制
49. 明火直接
50. 阴离子
51. 化学纯
52. 标定法
53. 棕
54. ±0.01
55. 外部
56. 锌
57. 灵敏性
58. 烘干
59. 橡胶或木头
60. 酸式滴定管
61. 上方
62. 无分度移液管
63. 安全
64. 严禁饮酒
65. 干式灭火器
66. 金属连接
67. 工
68. 同时
69. 书面劳动合同
70. 例保
71. 20～20 000 Hz
72. 环境监测
73. 各种污染物
74. 地方
75. 废渣
76. 6 月 5 日
77. 汽车尾气
78. 准确度
79. 国际单位制
80. 玻璃
81. 400℃
82. 1/1
83. 二苯碳酰二肼
84. 变色
85. 0、Ⅰ、Ⅱ、Ⅲ
86. 肥皂
87. 凡士林
88. 电
89. 器皿
90. 拔下插头
91. 硫磺粉
92. 65 dB
93. 实验器皿
94. 下水道
95. 颗粒物
96. 空气污染
97. 一级
98. 1 h
99. $120\ mg/m^3$
100. 75 μm
101. 不间断
102. 垂直
103. 0.5 m
104. 物理
105. 溶解氧
106. 流速
107. 精密
108. 0.000 1 g
109. 吸光度
110. $Na_2S_2O_3$
111. 化合氯
112. 无机磷
113. 工业废水
114. 四级
115. 稳态
116. 整体暴露
117. 10 μm
118. 滤料
119. 12 km
120. U 形
121. 相等
122. 直角
123. 显色
124. 固定源

125. 105 ℃　126. 灰分　127. 污染物排放
128. 环境影响报告书(表)　129. 相同　130. 20
131. 金属离子　132. 滴定终点　133. 浓度　134. 聚乙烯
135. 酚酞　136. 单质氯　137. 氨　138. 砖红
139. 棕　140. S^{2-}　141. 无机氮　142. 中毒
143. 0.024 8 mol/L　144. 4.4～4.5　145. 降低　146. 300
147. 风速　148. 环境振动　149. 二氧化氮　150. 越小
151. 蒸汽　152. 盐酸　153. 建筑施工

二、单项选择题

1. B　2. D　3. D　4. B　5. A　6. A　7. B　8. B　9. A
10. B　11. A　12. A　13. B　14. D　15. A　16. D　17. D　18. C
19. B　20. D　21. C　22. A　23. B　24. C　25. C　26. A　27. A
28. A　29. C　30. B　31. C　32. B　33. C　34. C　35. B　36. A
37. A　38. A　39. C　40. B　41. A　42. B　43. C　44. A　45. A
46. B　47. D　48. C　49. A　50. B　51. A　52. B　53. A　54. A
55. A　56. C　57. B　58. A　59. C　60. A　61. B　62. B　63. A
64. A　65. B　66. A　67. B　68. B　69. B　70. A　71. B　72. C
73. B　74. C　75. B　76. B　77. C　78. A　79. D　80. D　81. C
82. D　83. C　84. B　85. C　86. B　87. B　88. A　89. C　90. A
91. C　92. D　93. C　94. A　95. C　96. C　97. D　98. B　99. C
100. D　101. A　102. A　103. B　104. D　105. A　106. A　107. B　108. A
109. A　110. A　111. A　112. B　113. C　114. C　115. D　116. D　117. B
118. A　119. C　120. B　121. B　122. B　123. D　124. B　125. C　126. B
127. A　128. A　129. B　130. B　131. B　132. C　133. D　134. B　135. C
136. B　137. A　138. B　139. C　140. D　141. A　142. B　143. A　144. A
145. B　146. C　147. B　148. D　149. C　150. C　151. C　152. D　153. B
154. B　155. C　156. A　157. C　158. D　159. B　160. A　161. D　162. A
163. B　164. D　165. A　166. C　167. D　168. C　169. A　170. D　171. A

三、多项选择题

1. ABCD　2. ABC　3. ABD　4. ABD　5. AD　6. BCD
7. ACD　8. ABCD　9. ABCD　10. AB　11. ABCD　12. ABCD
13. AB　14. ABCD　15. ABCD　16. ACD　17. ABCD　18. ACD
19. ABCD　20. ABCDE　21. ABC　22. CD　23. BC　24. AD
25. BCD　26. ACD　27. ABC　28. ABCDE　29. ABCD　30. BD
31. AD　32. BCD　33. ABCD　34. BC　35. ACD　36. ABCD
37. CD　38. BC　39. ABCD　40. ABCD　41. ABCD　42. ABD
43. BCD　44. AB　45. ABCD　46. AC　47. CD　48. BCD

49. ABCD 50. BCD 51. ABC 52. AC 53. AC 54. ABD
55. ABCD 56. ABC 57. ABCD 58. BC 59. ABC 60. AB
61. ABCD 62. ACD 63. AD 64. ABCD 65. AB 66. ACD
67. AB 68. ABCD 69. BD 70. ABD 71. ABCD 72. ABCD
73. ABCD 74. AB 75. ABCD 76. BCD 77. ABC 78. AC
79. AC 80. ABC 81. ABCD 82. ACD 83. ABC 84. ABCD
85. ABCD 86. ABC 87. ABCD 88. BCD 89. ABD 90. ABCD
91. AB 92. ABCD 93. ABCD 94. ABCD 95. BCD 96. ABC
97. BD 98. ABD 99. AD 100. ABCD 101. BCD 102. ACD
103. AB 104. ABCD 105. ABCD 106. BC 107. AB 108. ACD
109. CD 110. ACD 111. BD 112. ACD 113. ABC 114. ABC
115. ABCD 116. BD 117. ACD 118. ABCD 119. ABCD 120. ABC
121. BCD 122. ABCD 123. AB 124. ABC 125. ABD 126. ABCD
127. ABC 128. BCD 129. ABCD 130. ABCD

四、判 断 题

1. × 2. √ 3. √ 4. × 5. √ 6. × 7. √ 8. × 9. ×
10. √ 11. √ 12. × 13. √ 14. √ 15. × 16. √ 17. × 18. √
19. √ 20. × 21. × 22. √ 23. √ 24. √ 25. × 26. √ 27. √
28. √ 29. × 30. √ 31. × 32. √ 33. × 34. √ 35. × 36. ×
37. √ 38. √ 39. √ 40. × 41. √ 42. × 43. √ 44. × 45. ×
46. √ 47. √ 48. × 49. × 50. × 51. × 52. × 53. √ 54. √
55. × 56. √ 57. × 58. √ 59. √ 60. √ 61. √ 62. × 63. ×
64. × 65. √ 66. √ 67. √ 68. × 69. √ 70. × 71. √ 72. √
73. × 74. √ 75. √ 76. √ 77. × 78. √ 79. × 80. √ 81. √
82. √ 83. × 84. × 85. √ 86. √ 87. × 88. × 89. × 90. √
91. √ 92. × 93. √ 94. × 95. × 96. √ 97. √ 98. √ 99. √
100. √ 101. √ 102. √ 103. × 104. × 105. × 106. × 107. √ 108. ×
109. √ 110. × 111. √ 112. × 113. × 114. × 115. √ 116. √ 117. √
118. √ 119. √ 120. × 121. × 122. × 123. × 124. × 125. √ 126. ×
127. √ 128. × 129. × 130. √ 131. × 132. √ 133. √ 134. √ 135. ×
136. × 137. √ 138. × 139. × 140. × 141. √ 142. × 143. √ 144. √
145. × 146. √ 147. × 148. × 149. √ 150. √ 151. × 152. √ 153. √
154. √ 155. × 156. × 157. × 158. × 159. × 160. √ 161. √ 162. ×
163. √ 164. √ 165. √ 166. × 167. √ 168. ×

五、简 答 题

1. 答:环境监测是通过对描述环境质量因素的代表值的测定,确定环境质量(或污染程度)及其变化趋势(5 分)。

2. 答:环境标准是标准的一类,目的是为了防止环境污染,维护生态平衡,保护人群健康,对环境保护工作中需要统一的各项技术规范和技术要求所作的规定(3 分)。环境标准是政策、法规的具体体现,是环境管理的技术基础(2 分)。

3. 答:(1)引起或导致人类和动物死亡率增加(1 分)。

(2)引起各类疾病的增加(1 分)。

(3)降低对疾病的抵抗力(1 分)。

(4)在处理存储和运输过程中管理不当,对人或环境造成现实或潜在危害的(2 分)。

4. 答:对废水进行监测,掌握废水污染排放情况,为执行污染防治法提供依据(5 分)。

5. 答:一次污染物在空气中相互作用或它们与空气中的正常组分发生反应所产生的新污染物(5 分)。

6. 答:SO_2(1 分)、NO_2(1 分)、O_2(1 分)、CO(1 分)、PM10(1 分)。

7. 答:一级标准:为保护自然生态和人群健康,在长期接触情况下,不发生任何危害影响空气质量要求(1 分)。

二级标准:为保护人群健康和城市、乡村的动植物,在长期和短期的情况下,不发生伤害的空气质量要求(2 分)。

三级标准:为保护人群不发生急、慢性中毒和城市一般植物(敏感者除外)能正常生长的空气质量要求(2 分)。

8. 答:(1)依据不同的水文地质条件和地下水监测井使用功能,结合当地污染源、污染物排放实际情况,力求以最低的采样频次,取得最有时间代表性的样品,达到全面反映区域地下水质状况、污染原因和规律的目的(3 分)。

(2)为反映地表水与地下水的联系,地下水采样频次与时间尽可能与低标准相一致(2 分)。

9. 答:包括水位、水量、水温、pH 值、电导率、浑浊度、色、嗅和味、肉眼可见物等指标(3 分),同时还应测定气温、描述天气状况和近期降水情况(2 分)。

10. 答:指在某一时段或 1 h 内采集一个环境空气样品,监测该时段或该小时环境空气中污染物的平均浓度所采用的采样方法(5 分)。

11. 答:(1)瞬时水样(1.5 分);(2)混合水样(1.5 分);(3)综合水样(2 分)。

12. 答:(1)容器不能引起新的沾污(1 分)。

(2)容器器壁不应吸收或吸附某些待测组分(1 分)。

(3)容器不应与待测组分发生反应(1 分)。

(4)能严密封口,且易于开启(1 分)。

(5)深色玻璃能降低光敏作用(0.5 分)。

(6)容易清洗,并可反复使用(0.5 分)。

13. 答:用适当大小的管子从管道中抽取样品(1 分),液体在管子中的线速要大(1 分),保证液体呈湍流的特征(1 分),避免液体在管子内水平方向流动(2 分)。

14. 答:环境水样所含组分复杂(1 分),并且多数污染组分含量低,存在形态各异,所以在分析测定之前,往往需要进行预处理(2 分),以得到欲测组分适合测定方法要求的形态、浓度和消除共存组分干扰的试样体系(2 分)。

15. 答:(1)选择适当材质的容器,保证水样在保存期间不影响各组分(2 分)。

(2)控制水样 pH 值(1 分)。

(3)加入化学试剂,抑制氧化还原反应和生化作用(1 分)。

(4)冷藏或冷冻,降低细菌活性和化学反应速度(1 分)。

16. 答:水中溶解性气体的溶解度(1 分),水中生物和微生物活动(1 分),非离子氨(1 分),盐度、pH 值(1 分)以及碳酸钙饱和度(1 分)等都受水温的影响。

17. 答:pH 值表示为溶液中氢离子活度的负对数(5 分)。

18. 答:不能加入任何保护剂(2 分),以防破坏悬浮物质在固、液间的分配平衡(3 分)。

19. 答:(1)先加入适量的乙酸锌溶液,再加水样,然后滴加适量的氢氧化钠溶液使 pH 值在 10~12(1 分)。

(2)遇碱性水样时,先小心滴加乙酸溶液调至中性,再从事"(1)"操作(1 分)。

(3)硫化物含量高时,可酌情多加固定剂,直至沉淀完全(1 分)。

(4)水样充满后立即密塞,不留气泡,混匀(1 分)。

(5)样品应在 4℃避光保存,尽快分析(1 分)。

20. 答:影响因素包括氧化剂的种类(1 分)及浓度(1 分),反应溶液的酸度(1 分)、反应温度和时间(1 分)以及催化剂的有无(1 分)等。

21. 答:氧化性或还原性物质(1 分)、金属离子(1 分)、油分(1 分)和焦油类(1 分)、芳香胺类(1 分)。

22. 答:在强酸性溶液中(1 分),用重铬酸钾氧化水中的还原性物质(1 分),过量的重铬酸钾以试亚铁灵作指示剂(1 分),用硫酸亚铁标准溶液回滴(1 分),根据其用量计算水样中还原性物质所消耗氧的量(1 分)。

23. 答:分为简单氰化物(2 分)和络合氰化物(3 分)两种。

24. 答:在中性条件下用过硫酸钾(或用硝酸-高氯酸)使试样消解(1 分),将各种形式的磷全部氧化为正磷酸盐(1 分),在酸性介质中,正磷酸盐与钼酸铵反应(1 分),在锑盐存在下生成磷钼杂多酸后,立即被抗坏血酸还原(1 分),生成蓝色的络合物(1 分)。

25. 答:主要是蛋白质、肽(1 分)、氨基酸(1 分)、核酸(1 分)、尿素以及化合的氮(1 分),主要为负三价态的有机氮化合物(1 分)。

26. 答:主要干扰物为挥发性胺(2 分)、汞(1 分)和银(1 分)以及高浓度溶解离子(1 分)。

27. 答:重量法测油只适用于 5 mg/L 以上(3 分)的含油水样(2 分)。

28. 答:DPD 滴定法测定游离氯时,在 pH 值为 6.2~6.5 时,反应产生的红色可准确地表现游离氯的浓度(2 分)。若 pH 太低,往往使用总氯中一氯胺在游离氯测定时出现颜色(2 分);若 pH 太高,会由于溶解氧产生颜色(1 分)。

29. 答:表示采样时漏气(2 分),则本次采样作废(2 分),需重新采样(1 分)。

30. 答:因为碘不溶于水(1 分),易溶于碘化钾溶液中(1 分),生成 I_3^-(1 分),这样即可使碘很容易溶解在水中。另外碘易挥发(1 分),生成 I_3^- 后可减少碘的挥发(1 分),所以配制碘标准滴定溶液时要加入碘化钾。

31. 答:指空气中主要以一氧化氮(2 分)和二氧化氮(2 分)形式存在的氮的氧化物(1 分)。

32. 答:鼓风、引风系统应完整(1 分)、工作正常、风门的调节应灵活、可调(2 分)。除尘系统运行正常、不堵灰、不漏风、耐磨涂料不脱落(2 分)。

33. 答:将经加热处理的采样管去掉两侧的硅橡胶塞和封闭针头(2 分),管与针头连接侧用采样器相连接(1 分),采集样品,同时记录采样器流量、流量计前温度、压力及采样时间和地点(2 分)。

34. 答:测量量为铅垂向 Z 振级(2 分),稳态振动读数方法评价量为:每个测点测量一次(1 分),取 5 s 内(1 分)的平均示数(1 分)作为评价量。

35. 答:实验室基础工作(0.5 分);空白试验(0.5 分);检出限测定(1 分);标准曲线(1 分);平行双样(0.5 分);加标回收(0.5 分);质量控制图(1 分)。

36. 答:去离子水或蒸馏水经氯化(1 分)至约 0.14 mmol/L(10 mg/L)的水平(1 分),储存在密闭的玻璃瓶中约 16 h(1 分),再暴露于紫外线或阳光下数小时(1 分),或用活性炭处理使之脱硫(1 分)。

37. 答:稀释浓硫酸时应将硫酸沿玻璃棒慢慢倒入蒸馏水中(2 分),并不断搅拌,以均匀散热(1 分),待溶液温度冷却到室温后,才能稀释到规定的体积(1 分)。如果相反操作(水倒入浓硫酸中),则易发生因大量放热致液体崩溅,引起化学烧伤事故(1 分)。

38. 答:(1)纯度高,杂物含量可忽略(1 分)。

(2)组成(包括结晶水)与化学式相符(1 分)。

(3)性质稳定,反应时不发生副反应(1 分)。

(4)使用时易溶解(1 分)。

(5)所选用的基准试剂中,目标元素的质量应比较小,使称样量大,可以减少称量误差(1 分)。

39. 答:(1)应选用无二氧化碳水配制(1 分),溶解后立即转入聚乙烯瓶中(1 分)。

(2)冷却后须用装有碱石灰管的橡皮塞子塞紧(1 分)。

(3)静置 24 h 后,吸取一定量上清液用无二氧化碳水稀释定容(1 分)。

(4)必须移入聚乙烯瓶内保存(1 分)。

40. 答:水样中含有粗大悬浮物质、油和脂将干扰测定(2 分)。可先测定水样,再测定校准溶液,以了解干扰情况(1 分)。若有干扰,应过滤或萃取除去(2 分)。

41. 答:(1)灵敏度高(1 分);(2)准确度高(1 分);(3)适用范围广(1 分);(4)操作简便、快速(1 分);(5)价格低廉(1 分)。

42. 答:灵敏度(1 分)、检测度(1 分)、线性范围(2 分)和选择性(1 分)。

43. 答:由光源发出的特征谱线的光被待测元素的基态原子吸收(2 分),使特征谱线的能量减弱(1 分),其减弱程度与基态原子的浓度成正比(2 分),依此测定试样中待测元素的含量。

44. 答:(1)保持仪器外部清洁(1 分)。

(2)传声器不用时应干燥保存(1 分)。

(3)传声器膜片应保持清洁,不得用手触摸(1 分)。

(4)仪器长期不用时,应每月通电 2 h,梅雨季节应每周通电 2 h(1 分)。

(5)仪器使用完毕应及时将电池取出(1 分)。

45. 答:测含氟废水实验时,一般用塑料(如聚乙烯)容器(2 分),不能用玻璃容器(1 分),由于水中氟对玻璃有腐蚀作用(2 分)。

46. 答:于 2 L 硬质烧杯(1 分)中放入 50 g 工业用重铬酸钾(1 分)配置成水饱和溶液(1 分),在把粗硫酸慢慢导入溶液中(1 分),用玻璃棒搅拌,直到体积为 1 L(1 分)。

47. 答:主要有光源(1 分)、单色器(2 分)、样品室(1 分)和光测量部分组成(1 分)。

48. 答:(1)暴沸(1分)。(2)倒吸(2分)。(3)蒸馏时产生泡沫(1分)。(4)测量蒸馏温度用的温度计的水银球位置(1分)。

49. 答:(1)抑制微生物的作用(1分)。

(2)减缓化合物的水解及氧化还原作用(2分)。

(3)减少组分的挥发和吸附损失(2分)。

50. 答:标准分析方法适用于饮用水(1分)、地面水(2分)及工业废水(2分)的pH值的测定。

51. 答:温度(2.5分)和湿度(2.5分)。

52. 答:表明COD值很高(2分),应适当减少取样量重新测定(3分)。

53. 答:此溶液加至酸化过的(2分)碘化钾溶液(1分)中,淀粉不得产生蓝色(2分)。

54. 答:称量碘化钾10 g(3分),溶于100 mL蒸馏水(2分)。

55. 答:称取1 g可溶性淀粉(1分),用少量水调成糊状,再用刚煮沸的蒸馏水(1分)稀释至100 mL,冷却后(1分),加入0.1 g水杨酸(1分)或0.4 g氯化锌(1分)防腐。

56. 答:(1)收集器和吸收剂(2分)。(2)采样的速度(1分)。(3)采气量和采样时间(2分)。

57. 答:大气降尘是指在空气环境条件下(2分),靠重力自然沉降(2分)在集尘缸中的颗粒物(1分)。

58. 答:是指在一定条件下(1分),用强氧化剂处理水样时(2分),所消耗氧化剂的量(2分)。

59. 答:是为了防止液体蒸发(2.5分)和固体升华的损失(2.5分)。

60. 答:分为物理性(2分)、化学性(2分)、生物性(1分)三大类。

61. 答:有瞬时水样(2分)、混合水样(1.5分)、综合水样(1.5分)。

62. 答:有环境污染监测(2分)、污染源监测(1.5分)和特定目的的监测(1.5分)。

63. 答:有优级纯(1分)、分析纯(2分)、化学纯(1分)和实验试剂(1分)。

64. 答:有不等臂性(2分)、示值变动性(2分)和灵敏性(1分)。

65. 答:二次污染物是指排入环境中的一次污染物在物理、化学因素或生物的作用下发生变化(2.5分),或与环境中的其他物质发生反应所形成的物理、化学性状与一次污染物不同的新污染物(2.5分)。

66. 答:为评价完整的江湖水系水质,要设置背景断面、对照断面、控制断面和削减断面。对于一个河段,只需设置对照断面、控制断面和削减断面(5分)。

67. 答:测量时环境温度、湿度和气压的微小波动(1分),仪器性能的微小变化(1分),分析人员处理试样时的微小差别(1分),以及其他的不确定因素都能带来随机误差(2分)。

68. 答:滴定剂是滴加到被测物溶液中(2分)的已知标准浓度的溶液(1分);指示剂是指示等量点到来的外加试剂(2分)。

69. 答:标准溶液是滴定分析中用的已知准确浓度的溶液(3分)。有直接配制法(1分)、标定法(1分)。

70. 答:用基准物标定(1分);用已知准确浓度的标准溶液标定(2分);用已知准确含量的标准样品标定(2分)。

71. 答:基准物是用来标定标准溶液浓度的基准试剂(1分)。具备的条件有纯度高

(1分);组成与化学式相符(1分);化学性质稳定(1分);易溶于水(1分)。

72. 答:缓冲溶液是能维持溶液酸度基本不变的溶液(3分)。它的pH值由组成它的弱酸或弱碱的电离常数决定(2分)。

73. 答:滴定管标示的容积和真实的容积之间会有误差,因此要进行校正(1分)。校正的方法是,正确放出某刻度的蒸馏水(1分),称量其质量(1分),根据该温度下水的密度计算出真实容积(2分)。

74. 答:将已知准确浓度的标准溶液滴加到被测物质的溶液中(1分),直到化学反应定量地完成为止(2分),根据标准溶液的浓度和用量计算被测物质的含量(2分)。

75. 答:以配位反应为基础(2分),利用配位剂(1分)或金属离子的标准溶液(1分)进行滴定的滴定分析方法(1分)。

76. 答:以沉淀反应为基础(2分),利用沉淀剂标准溶液(2分)进行滴定的滴定分析法(1分)。

77. 答:被滴溶液的pH值随标准溶液的滴入量而变化(1分),溶液的pH值和标准溶液的体积的关系曲线称滴定曲线(2分)。随着酸碱强度的增大和浓度的增加(1分),滴定曲线的突跃范围也增大(1分)。

78. 答:混合指示剂是指示剂和指示剂(1分)或指示剂和一种惰性染料(1分)混合而成,它利用颜色互补的原理(1分)使指示剂的变色范围缩小,指示终点更敏锐(2分)。

79. 答:在氧化还原电位中,氧化型和还原型物质的量浓度为1 mol/L(1分)时的电位叫标准电极电位。标准电极电位越高时,其氧化型的氧化能力越强(2分);电位越低时,其还原型的还原能力越强(2分)。

80. 答:把无色的被测物质转化成有色化合物的反应叫显色反应(1分)。影响因素有显色剂的用量(1分);溶液的酸度(1分);显色温度(1分);显色时间(1分)。

81. 答:为保障人体健康(1分)、人身、财产安全(1分)的标准和法律(1分),行政法规规定要强制执行的标准(2分),都属于强制性标准范围。

82. 答:相对密度是指在20℃时(1分),一定体积的液体(1分)或固体物质(1分)与等体积的纯水(1分)4℃时的质量之比(1分)。

83. 答:随机误差服从正态分布的统计规律(1分),大小相等(1分)方向相反的误差(1分)出现的几率相等(1分),测定次数多时正负误差可以抵消,其平均值越接近真值(1分)。

84. 答:影响溶解度的因素主要是:同离子效应(1分);盐效应(0.5分);酸效应(0.5分);配位效应(1分)。其次如温度(0.5分)、溶剂的极性(0.5分)、沉淀的颗粒和结构等(1分)也影响沉淀的溶解度。

85. 答:摩尔吸光系数指有色溶液(1分)浓度为1 mol/L(1分),透光液层(1分)厚度为1 cm时的透光度(2分)。

86. 答:控制显色条件(0.5分);加入掩蔽剂(0.5分);利用氧化还原反应改变干扰离子的价态(1分);选择适当的测量条件(1分);利用校正系数(1分);采用预先分离等(1分)。

87. 答:样品中的所有组分必须出峰(2分);各组分分离较好(2分);要已知校正因子(1分)。

88. 答:检测器的温度不能低于柱温(1分),防止样品冷凝(1分);氢焰检测器不能低于100℃(1分),防止蒸汽冷凝(1分);热导检测器温度太高时灵敏度降低(1分)。

89. 答:进样量过大会使峰形变坏(2 分),柱效降低(1 分);进样量太小使微量组分检测不出来(2 分)。

90. 答:固体固定相是由固体吸附剂组成的固定相(2 分)。主要有活性炭类(0.5 分);活性氧化铝(0.5 分);硅胶(0.5 分);分子筛(0.5 分);高分子微球(1 分)等。

91. 答:等度洗脱是用单一的或组成不变的流动相连续洗脱的过程(2.5 分)。

梯度洗脱是用组成连续变化的流动相进行洗脱的过程(2.5 分)。

92. 答:H_2S 在水中解离存在如下平衡(1 分):

$H_2S \longleftrightarrow 2H^+ + S^{2-}$(2 分)

溶液 pH 值增加,$[H^+]$降低,上述平衡朝右边移动,故$[S^{2-}]$增大(2 分)。

93. 答:金属蒸馏器制得的蒸馏水含有微量金属杂质(1 分),只适用于清洗容器和配置一般试液(1 分);玻璃蒸馏器制得的水中含痕量金属(1 分),适用配制一般定量分析试液,不宜用于配制分析重金属或痕量非金属试液(2 分)。

94. 答:优级纯(G·R) (1 分)、分析纯(A·R) (2 分)、化学纯(C·P) (1 分)、实验试剂(L·R) (1 分)。

95. 答:(1)空气对试剂有影响(1 分)。

(2)光线对试剂有影响(2 分)。

(3)温度对试剂有影响(1 分)。

(4)湿度对试剂有影响(1 分)。

六、综 合 题

1. 解:已知 $v=15.8$ m/s,$F=1.2\text{m}^2$ 代入下式得:

$Q=3\,600vF=15.8\times1.2\times3\,600=68\,256\ \text{m}^3/\text{h}$。(10 分)

2. 解:$C_{EDTA}=7.448/372.4=0.020\,00$(mol/L)。(10 分)

3. 解:设需 56.5 M 浓度硫酸毫升数为 V_1,把各数代入公式:

$M_1V_1=M_2V_2$(5 分)

$56.6V_1=0.250\times1\,500$(2 分)　　$V_1=\dfrac{0.250\times1\,500}{56.5}=6.64$ mL(3 分)

4. 解:设需 0.025 M 硫酸亚铁铵溶液 x,则

$10\times0.05=0.025x$(5 分)　　$x=20$ mL(5 分)

5. 解:酚(mg/mL)$=\dfrac{(40.10-11.61)\times0.024\,73\times15.68}{10.00}=1.105$。(10 分)

6. 解:$C=64\times2/22.4=5.7$(mg/m³·标)。(10 分)

7. 解:标准状态下的体积:

$$V=\frac{273\times100.4}{(273-15)\times101.3}\times0.30\times20=5.64(\text{L})。(5\text{ 分})$$

氮氧化物的浓度:

$$NO_2(\text{mg/m}^3)=\frac{(0.133-0.002)-0.005}{0.76\times0.192\times5.64}=0.153。(5\text{ 分})$$

8. 解:$Ba_{重}=21.00\times37.32/233.39=12.36$(g)。(10 分)

9. 解：浓度为$\frac{5}{5+45}\times 100\%=10\%$。(10分)

10. 解：氯化钠质量$=600\times 10\%=60$ kg。(5分)

水质量$=600-60=540$ kg。(5分)

11. 解：50 mg/L×0.5 L=25 mg。(5分)

$$W_{K_2Cr_2O_7}=\frac{25\times 294.2}{104}=70.72(mg)=0.070\,72(g)。(5分)$$

12. 解：总硬度$=\frac{C_1V_1}{V_0}=\frac{0.010\,98\times 5.87\times 1\,000}{25.0}=2.58$ mol/L=258(mg/L,$CaCO_3$)。(10分)

13. 解：$Ca^{2+}=\frac{2.50}{40}=0.062\,5$(mmol/L)。(3分)

$Mg^{2+}=\frac{1.6}{24}=0.066\,7$(mmol/L)。(3分)

$Ca^{2+}+Mg^{2+}=0.062\,5+0.066\,7=0.129$(mmol/L)。(2分)

水样硬度$=0.129\times 100=12.9$(mg/L,$CaCO_3$)。(2分)

14. 解：溶解氧(以O_2计,mg/L)$=\frac{m\cdot V\times 8\times 1\,000}{100}$。(4分)

m——$Na_2S_2O_3$溶液的浓度(mol/L)(3分)；V——滴定时消耗$Na_2S_2O_3$溶液的体积(mL)(3分)。

15. 解：溶解氧(以O_2计,mg/L)$=\frac{0.009\,6\times 9.12\times 8\times 1\,000}{100}=7.0$ mg/L。(10分)

16. 答：稀释浓硫酸时应将硫酸沿玻璃棒慢慢倒入蒸馏水中，并不断搅拌，以均匀散热，待溶液温度冷却到室温后，才能稀释到规定的体积(5分)。如果相反操作(水倒入浓硫酸中)，则易发生因大量放热致液体崩溅，引起化学烧伤事故(5分)。

17. 解：溶解氧(以O_2计,mg/L)$=\frac{0.011\times 8.0\times 8\times 1\,000}{100}=7.0$ mg/L。(5分)

符合地表水Ⅱ级标准(5分)。

18. 解：4.64×70.91=3.29(mg/L)。(10分)

19. 解：$C_p=\frac{22.4}{28}\times 3=2.4$(ppm)。(10分)

20. 解：$Q_{20}/Q_{40}=\left(\frac{273+20}{273+40}\right)^{1/2}=0.97$。(10分)

21. 解：$V=\frac{1.08\times 1\,000\times 10\%}{1.41\times 40\%}=191$ mL。(10分)

22. 解：$g=2\times 106\times \frac{500}{1\,000}=106$ g。(10分)

23. 解：$pH=-\lg[H^+]=-\lg(5\times 10^{-5})=5-0.699\,0=4.301=4.30$。(10分)

24. 解：$\eta=(C_j\cdot C_c/C_j)\times 100\%=(1\,805-21)/1\,805=98.8\%$。(10分)

25. 解：$Q_S=15.3\times 1.181\times 3\,600=6.50\times 10^4(m^3/h)$。(10分)

26. 答：如图1、图2所示。(每绘出一图得1分)

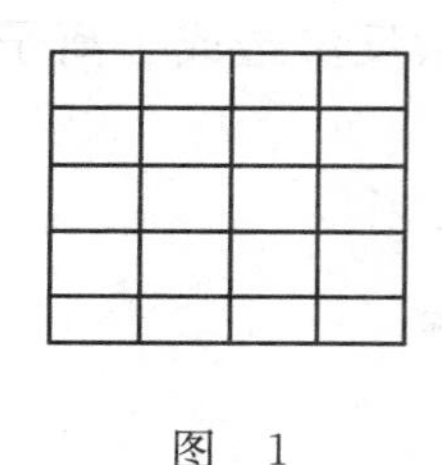

图 1

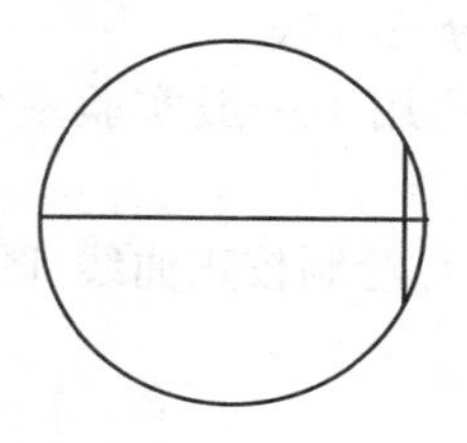

图 2

(1)方形烟道绘制面积不大于 0.6 m^2 的小矩形,每个矩形的中心就是采样点的位置(2 分)。

(2)圆形烟道的采样点的位置是直径上分别距离边缘 $0.067D=0.035\ 5$ m;$0.250D=0.125$ m;$0.750D=0.375$ m;$0.933D=0.467$ m 处(2 分)。

(3)采样位置选择的原则:①应该选在气流分布均匀稳定的平直管道上,避开阻力构件(1 分)。②按照废气流向,将采样断面设置在阻力构件下游方向大于 6 倍管道直径处或者上游方向大于 3 倍管道直径处,采样断面与阻力构件的距离也不应小于管道直径的 1.5 倍(1 分)。③采样断面的气流流速最好在 5 m/s 以下(1 分)。④优先选择垂直管道(1 分)。

27. 解:频率 $f=c/\lambda$(2 分);周期 $T=1/f$(2 分)

在空气中:$f=c/\lambda=340/(20/100)=1\ 700$(Hz);$T=1/f=1/1\ 700$(s)。(2 分)

在水中:$f=c/\lambda=1\ 483/(20/100)=741.50$(Hz);$T=1/f=1/741.5$(s)。(2 分)

在钢中:$f=c/\lambda=6\ 100/(20/100)=30\ 500$(Hz);$T=1/f=1/30\ 500$(s)。(2 分)

28. 解:$L_2=L_1-20\lg(r_2/r_1)=80-20\lg(200/20)=60$(dB)。(10 分)

29. 解:$m=\dfrac{197.84\times100.0\times1.00}{149.84\times1\ 000}=0.132\ 0$(g)。(10 分)

30. 解:$C(\text{LAS})=0.180\times1\ 000/20.0=9.00$(mg/L)。(10 分)

31. 答:(1)方法的历史(前人的工作),方法依据及基本概念,应包含理论依据,主要反应,方法适用范围(2 分)。

(2)测试方法,是设计或改进的分析方法通过条件试验和考核后得出的分析操作规程(2 分)。

(3)条件实验,详细叙述各种条件实验的过程,并列出所得的数据和得到的有关结论(2 分)。

(4)方法考核,列出各种不同含量的基准物质或标准试样所测得的数据,并由此得出的所拟订的分析方法评价(结论)(2 分)。

(5)参考文献,列出所参阅的有关文献的名称和作者(2 分)。

32. 答:肥皂、去污粉、洗衣粉等(2 分),适用于能用毛刷直接刷洗的烧杯、三角瓶、试剂瓶等(2 分);酸性或碱性洗液(2 分),适用于滴定管、移液管、容量瓶、比色管、比色皿等(2 分);有机溶剂(1 分),适用于除去各种有机污染物(1 分)。

33. 答:国家标准规定的实验用水分为三级(1 分):

一级水,基本上不含有溶解或胶态离子杂质及有机物。它可以用二级水经进一步加工处理而制得(3 分)。

二级水,可含有微量的无机、有机或胶态杂质,可采用蒸馏、反渗透或去离子后再行蒸馏等方法制备(3分)。

三级水,适用于一般实验室实验工作。它可以采用蒸馏、反渗透或去离子等方法制备(3分)。

34. 答:(1)绘制校正曲线(图3):(6分)

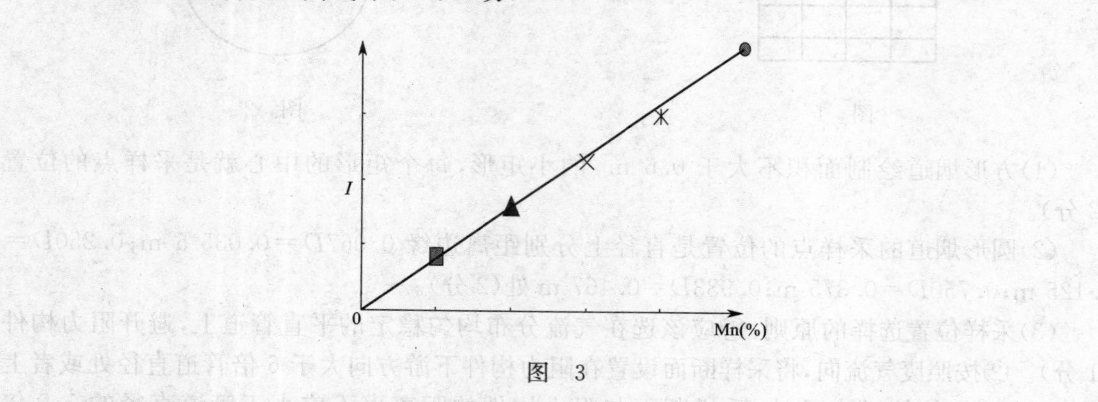

图 3

(2)从校正曲线(图3)上查得:样品A含Mn:0.36%(2分);样品B含Mn:0.18%(2分)。

环境监测工(中级工)习题

一、填 空 题

1. 人耳可听的频率范围是(　　)。
2. 用于测试 COD 的水样的保存,须加入硫酸使 pH 值小于(　　)。
3. 悬浮物采样后的冷藏温度一般为(　　)。
4. 对采集到的每一个水样都要做好记录,并在每一个瓶子上做上相应的(　　)。
5. 为保存水样,采集样品时,可向采集瓶内加(　　),以控制微生物活动。
6. 在环境监测中,pH 值的测定方法有玻璃电极法和(　　)。
7. 因 pH 值受水温的影响而变化,测定时应在(　　)温度进行。
8. 将 pH 等于 10 的水溶液稀释 100 倍,则得 pH 等于(　　)的水溶液。
9. 一般来说,对稳定性不好的试剂需(　　)。
10. 空白试验应与(　　)测定同时进行。
11. 浓硫酸接触木质器皿时,会使接触面变黑,这是由于浓硫酸具有(　　)。
12. 在取浓硫酸时,常常看到瓶口冒白烟,白烟中含有(　　)。
13. 气温高时,氢氧化钠-氰化钾配制后,被放置(　　)天后才能使用。
14. 液体试剂取用应规定“只准倾出,不准(　　)”。
15. 向石油醚萃取液中加入适量无水硫酸钠,加盖后,放置 0.5 h 以上,以便(　　)。
16. 用蒸馏法制备无离子纯水的优点是操作简单,可以除去非离子杂质和(　　)。
17. 制备好的纯水要妥善保存,不要暴露在(　　)中。
18. 大多数氰化物是有毒的,(　　)入口。
19. 严禁将氰化物直接倒入(　　)。
20. 处理氰化物的样品时要在(　　)内进行。
21. 使用有毒药品要特别小心,注意避免通过口、肺或皮肤而引起(　　)。
22. S 形皮托管在测定中的误差(　　)标准皮托管。
23. 分光光度计测试总铬用(　　)显色剂。
24. 分光光度计法测定铬波长为(　　)nm。
25. 24 h 恒温自动连续空气采样器连续采样,当蓝色硅胶干燥剂(　　)时应及时更换。
26. 玻璃容器不能长时间存放(　　)液。
27. 测定油和脂类的容器不宜用(　　)洗涤。
28. 分液漏斗的活塞不要涂(　　)。
29. 滤纸可分为(　　)用滤纸和层析用滤纸。
30. 用玻璃瓶装碱性溶液应用(　　)塞。
31. 影响酸碱指示剂变色范围的因素有指示剂用量、(　　)和盐类。

32. 氧化还原滴定中的指示剂有自身和特殊指示剂、(　　)指示剂。

33. 环境监测氧化还原的反应有(　　)、重铬酸钾法和碘量法。

34. 湿润的淀粉碘化钾试纸,遇氯气变(　　)色。

35. 酚酞在酸性溶液中显(　　)色。

36. 甲基橙在酸性溶液中显(　　)色。

37. 用酚酞试纸测溶液酸碱性时,使试纸变红的溶液是(　　)性溶液。

38. 摩尔浓度是指 1 L 溶液中含溶质的(　　)。

39. 用奥氏气体分析仪分析烟气中的一氧化碳、氧气、二氧化碳时,应按(　　)顺序进行。

40. 玻璃纤维滤筒采样管,用于(　　)℃以下烟尘采样。

41. 环境噪声监测一般常用(　　)倍频程滤波器。

42. 浊度是由于水中含有泥砂、黏土、有机物、无机物、浮游生物和微生物等悬浮物质所造成的,可使光被(　　)或吸收。

43. 大气监测可分为(　　)、污染源监测、特定目的监测。

44. 对排入水环境中的(　　)必须进行监视性监测。

45. 细菌学监测适用于饮用水、水源水、地表水和(　　)废水、生活污水中细菌的监测。

46. 酸雨的 pH 值范围(　　)。

47. 流量较大而污染较轻的废水,应经适当处理(　　),不宜排入下水道,以免增加城市下水道和城市污水处理负荷。

48. 环境中有毒物质对人体的危害作用较大,主要是因为环境毒物的特点是(　　)。

49. pH 值表示水溶液的酸碱度。pH<7 时,溶液为(　　)性。

50. 化学需氧量简称(　　)。

51. 采样涉及采样的时间、地点和(　　)三个方面。

52. 采集的样品必须有(　　)。

53. 根据采样时间和频率,水样采集类型有:瞬时水样、混合水样和(　　)水样。

54. 采集水样前,应先用水样洗涤取样瓶及塞子(　　)次。

55. pH 值、余氯采集后必须(　　)测定。

56. 六价铬与二苯碳酰二肼反应时温度和(　　)对显色有影响。

57. 测量悬浮物时,恒重烘干用的温度是(　　)。

58. 测定废水中的石油类时,若含有大量动植物油脂,用氧化铝活化后,用 10 mL 的(　　)清洗。

59. 氨氮的测试方法通常用(　　)法、苯酚-次氯酸盐比色法和电极法。

60. 重铬酸钾法中加热装置一般为(　　)或变阻电炉。

61. 含酚废水中含有大量硫化物,对酚的测定产生(　　)误差。

62. 风罩用于减少(　　)对室外噪声测量的影响,户外测量必须加风罩。

63. 环境监测实验室质量控制分为实验室内部和实验室(　　)质量控制。

64. 任何量器不准采用(　　)法干燥。

65. 天平的不等臂性、示值变动性和(　　)是它的三项基本计量性能。

66. 一滴定管是磨口的玻璃塞滴头,该滴定管为(　　);另一滴定管下部为一段带有尖嘴玻璃滴管的胶管,管中有一玻璃球,该滴定管为碱式滴定管。

67. 交接班时,有关生产、设备、(　　)等情况必须交待清楚。

68. 工作中要保证足够的休息和睡眠,(　　),要以充沛的精力进行生产和工作。

69. 带电设备着火时,应使用(　　)进行灭火。

70. 保护接地是将设备上不带电的金属部分通过接地体与大地做(　　),目的是当设备带电部分绝缘损坏而使金属结构带电时,通过接地装置来保护人身安全,避免发生危险。

71. 劳动者患病或因(　　)负伤,医疗期满后,劳动者可以上班的,用人单位应安排工作。

72. 劳动合同双方主体(　　)变更,意味着原合同关系消灭。

73. 建立劳动合同,应当订立(　　)。

74. 设备的三级保养是(　　)、一保、二保。

75. 环境质量标准、污染排放标准分为国家标准和(　　)标准。

76. 工业"三废"通常指的是废气、废水、(　　)。

77. pH 值定义为水中氢离子活度的(　　)。

78. 总硬度是指(　　)的总浓度。

79. 水中氰化物分为简单氰化物和(　　)氰化物两类。

80. 细菌监测中玻璃器皿一般采用(　　)方法灭菌。

81. 交通路口的大气污染主要是由于(　　)污染造成的。

82. 衡量实验室内测定结果质量的主要指标是精密度和(　　)。

83. 我国的法定计量单位以(　　)的单位为基础,同时选用了一些非国际单位制单位所构成。

84. 在进行大气环境监测的同时,还要进行(　　)观测。

85. 锅炉排放二氧化硫浓度应在锅炉设计出力(　　)以上时测定。

86. 油类物质应(　　)采样,不允许在实验室内分样。

87. EDTA 滴定法测定水的总硬度适用于测定地表水和(　　)。

88. 测量工业企业厂界噪声,测点应选在法定厂界外 1 m 处、高度(　　)的噪声敏感处,如厂界有围墙,测点应高于围墙。

89. 高压钢瓶中,氧气钢瓶为(　　)色。

90. 在称标准样时,标准样吸收了空气中的水分,将引起(　　)误差。

91. 不准在(　　),如烧杯、三角瓶之类的容器中加热和蒸发易燃液体。

92. 测定样品 pH 值时,先用(　　)认真冲洗电极,再用水样冲洗。

93. 蛇行冷凝管的冷凝面积最大,适用于冷凝沸点(　　)的物质。

94. 实验室内要保持清洁、整齐、明亮、安静。噪声低于(　　)。

95. 严禁在实验室内饮、食和吸烟,不准用(　　)做饮食用具。

96. 碱性高锰酸钾洗液可用于洗涤(　　)上的油污。

97. 有固定位置的精密仪器用毕后,除关闭电源,还应(　　),以防长期带电损伤仪器,造成触电。

98. 如有汞液散落在地上要立即将(　　)撒在汞面上以减少汞的蒸发量。

99.《大气污染物综合排放标准》(GB 16297—1996)中苯最高允许排放浓度是(　　)。

100.《锅炉大气污染物排放标准》(GB 13271—2014)中燃煤锅炉二类区Ⅱ时段锅炉烟尘最高允许排放浓度是 (　　)。

101.《污水综合排放标准》(GB 8978—1996)中其他排污单位氨氮二级标准排放限值为(　　)。

102.《污水综合排放标准》(GB 8978—1996)中其挥发酚二级标准排放限值为(　　)。

103. 除尘器是除去气体介质中(　　)的一种装置。

104. 废气污染源监测采样断面的气体流速最好在(　　)以上。

105. 测溶解氧、生化需氧量和有机污染物等项目时,采样时水样必须(　　)容器,上部不留空间,并有水封口。

106. 在建设项目竣工环境保护验收监测中,对生产稳定且污染物排放有规律的排放源,应以生产周期为采样周期,采样不得少于 2 个周期,每个采样周期内采样次数一般应为 3～5 次,但不得少于(　　)次。

107. 水质采样时,通常分析有机物的样品使用简易(　　)(材质)采样瓶。

108. 水样采集后,对每一份样品都应附一张完整的(　　)。

109. 采集水质样品时,在同一采样点上以流量、时间、体积或是以流量为基础,按照(　　)混合在一起的样品,称为混合水样。

110. 在冬季的东北地区用水温计测水温时,读数应在(　　)s 内完成,避免水温计表面形成薄冰,影响读数的准确性。

111. 为了某种目的,把从不同采样点同时采得的(　　)混合为一个样品,这种混合样品称为综合水样。

112. 为测定水的色度而进行采样时,所用与样品接触的玻璃器皿都要用(　　)或表面活性剂溶液加以清洗,最后用蒸馏水或去离子水洗净、沥干。

113. 纳氏试剂比色法测定水中氨氮的方法原理是:氨与纳氏试剂反应,生成(　　)色胶态化合物,此颜色在较宽的波长内具强烈吸收,通常在 410～425 nm 下进行测定。

114. 根据《水质 氰化物的测定 容量法和分光光度法》(HJ 484—2009),样品采集后,如果不能及时测定,必须将样品存放在 4℃的暗处,并在采样后(　　)h 内进行样品分析。

115. 酚类化合物由苯酚及其一系列酚的衍生物构成。因其沸点不同,根据酚类能否与水蒸气一起蒸出,分为挥发性酚和不挥发性酚,挥发性酚多指沸点在(　　)℃下的酚类,通常属一元酚。

116. 离子色谱分析样品时,样品中离子价数越高,保留时间越长,离子半径越大,保留时间(　　)。

117. 气相色谱法分离过程中,一般情况下,沸点差别越小、极性越相近的组分其保留值的差别就越小,而保留值差别最小的一对组分就是(　　)物质对。

118. 挥发性有机物指(　　)下能够挥发或气态的有机物。

119. 凡是干扰人们休息、学习和工作的声音,即不需要的声音,统称为(　　)。

120. 声级计按其精度可分为 4 种类型,其中Ⅱ型声级计为(　　)声级计。

121. 在环境问题中,振动测量包括两类:一类是对引起噪声辐射的物体的测量;另一类是对(　　)的测量。

122. 氮氧化物是指空气中主要以(　　)和二氧化氮形式存在的氮的氧化物的总称。

123. 气态污染物的直接采样法包括注射器采样、采气袋采样和(　　)采样。

124. 影响空气中污染物浓度分布和存在形态的气象参数主要有风速、风向、(　　)、湿度、压力、降水以及太阳辐射等。

125. 短时间采集环境空气中氮氧化物样品时，取两支内装10.0 mL吸收液的多孔玻板吸收瓶和一支内装(　　)mL酸性高锰酸钾溶液的氧化瓶(液柱不低于80 mm)，以0.4 L/min的流量采气4～24 L。

126. 按等速采样原则测定锅炉烟尘浓度时，每个断面采样次数不得少于(　　)次。

127. 在烟尘采样中，形状呈弯成90°的双层同心圆管皮托管，也称(　　)型皮托管。

128. 测定锅炉烟尘时，测点位置应在距弯头、接头、阀门和其他变径管段的下游方向大于(　　)倍直径处。

129. 烟气温度的测定中，常用水银玻璃温度计、电阻温度计和(　　)温度计。

130. 林格曼黑度图法测定烟气黑度时，观察烟气的仰视角不应太大，一般情况下不宜大于45°，应尽量避免在过于(　　)的角度下观测。

131. 根据《环境空气 总悬浮颗粒物的测定 重量法》(GB/T 15432—1995)，大流量采样法采样，进行大气中总悬浮颗粒物样品称重时，如“标准滤膜”称出的重量在原始重量±(　　)mg范围内，则认为该批样品滤膜称量合格。

132. 分光光度法测定环境空气或废气中二氧化硫时，用过的比色管和比色皿应及时洗涤，否则有色物质难以洗净。具塞比色管用(1+1)盐酸(溶液)洗涤，比色皿用(1+4)盐酸(溶液)加1/3体积(　　)的混合液洗涤。

133.《固定污染源排气中氮氧化物的测定 紫外分光光度法》(HJ/T 42—1999)的测定原理为：将样品气体收集于一个盛有稀硫酸-过氧化氢吸收液的瓶中，气体中的氮氧化物被氧化并被吸收，生成(　　)，于210 nm处测定其吸光度。

134. 容量法测定固体废物中六价铬或总铬时，用硫酸亚铁铵滴定使六价铬还原成三价铬，过量的硫酸亚铁铵与指示剂反应，溶液呈(　　)色为终点。

135. 采用硫酸亚铁铵滴定法测定固体废物中的总铬，处理样品时，于煮沸液中加入氯化钠，不仅可以除去反应中生成的高锰酸盐，还可以除去过量的(　　)。

136. 煤的主要燃烧法技术有两种，即悬浮燃烧和层式燃烧。煤粉炉沸腾炉属于(　　)燃烧方式。

137. 在水污染物排放总量的实验室分析中，对有些斜率较为稳定的校准曲线，在实验条件没有改变的情况下，使用以前的校准曲线时，必须测定(　　)个标准点，测定结果与原曲线相应点的相对偏差均应小于5%，否则应重新制备曲线。

138.《电磁环境控制限值》(GB/T 8702—2014)中规定了电磁环境中控制公众暴露的电场、磁场、电磁场频率为1 Hz～(　　)GHz的场量限值、评价方法和相关设备(设施)的豁免范围。

139. 在频率小于100 MHz的工业、科学和医学等辐射设备附近，职业工作者可以在小于(　　)A/m的磁场下8 h连续工作。

140. 电磁辐射环境影响报告书是一个独立的、完整的、正式的有法律效力的技术文件，须由持有(　　)环境影响评价专项证书的单位和有资格的技术人员编写。

141. 电导率仪法测定水的电导率时，实验用水的电导率应小于(　　)，一般是蒸馏水再经过离子交换柱制得的纯水。

142. 酸式滴定管主要用于盛装酸性溶液、(　　)溶液和盐类稀溶液。

143. 正式滴定操作前，应将滴定管调至“0”刻度以上约(　　)处，并停留1～2 min，然后调节液面位置。

144. 酸碱指示剂滴定法测定水中碱度时，用标准酸溶液滴定至甲基橙指示剂由橘黄色变成橘红色时，溶液的 pH 值为(　　)。

145. 重铬酸盐法测定水中化学需氧量时，水样须在强酸性介质中、加热回流(　　)。

146. 采用硝酸银滴定法测定水中氯化物时，若水样的 pH 值在(　　)范围可直接滴定。

147. 一般来说，水中溶解氧浓度随着大气压的增加而(　　)，随着水温的升高而降低。

148. 用稀释与接种法测定水中 BOD 时，为保证微生物生长需要，稀释水中应加入一定量的(　　)和缓冲物质，并使其中的溶解氧近饱和。

149. 危险源是指可能导致死亡、伤害、职业病、财产损失、工作环境破坏或这些情况组合的根源或(　　)。

150. 燃煤中灰分含量和粉末煤量增加，烟尘的排放量就会(　　)。

151. 国家环境标准包括国家环境质量标准、环境基础标准、污染物排放标准、(　　)标准和环境标准样品标准。

152. 新建或购置豁免水平以上的电磁辐射体单位或个人，必须事先向环境保护部门提交(　　)。

153. 燃煤燃油锅炉、窑炉以及石油化工、冶金、建材等生产过程中产生的废气通过排气筒向空气中排放的污染源叫(　　)。

154. 地球表面上空(　　)的大气层受人类活动及地形影响很大。

155. 总悬浮颗粒物(TSP)是指能悬浮在空气中，空气动力学当量直径小于或等于(　　)的颗粒物。

156. 造成人整体暴露在振动环境中的振动称(　　)。

157. 总氯是以(　　)或化合氯或两者形式存在的氯。

158. 水中的总磷包括溶解的、颗粒的(　　)和无机磷。

159. 粉尘通常指空气动力当量直径在(　　)以下的固体小颗粒物，能在空气中悬浮一段时间，靠本身重量可从空气中沉降下来。

160. 氰化物以(　　)、CN^- 和络合氰离子(或络合物)的形式存在于水中。

161. 生化需氧量是指在规定条件下，水中有机物和无机物在生物氧化作用下，所消耗的(　　)的量。

162. 总氯是游离氯和化合氯的总称，又称为(　　)。

163. 蒸汽锅炉负荷是指锅炉的蒸发量，即锅炉每小时能产生多少吨的(　　)，单位为 t/h。

164. 对人体最有害的振动是振动频率与人体某些器官的(　　)相近的振动。

165. 噪声污染源主要有(　　)污染源、交通噪声污染源、建筑施工噪声污染源和社会生活噪声污染源。

二、单项选择题

1. 大气监测的目的有(　　)。

(A)研究性监测和监督性检测　　(B)研究性监测和污染性检测

(C)标准性监测和研究性监监测　　(D)标准性监测和污染性监测

2. 固体废物分为(　　)，分别制定目录，实行分类管理。

(A)禁止进口类和自动许可类　(B)禁止进口类和限制进口类
(C)限制进口类和自动许可类　(D)禁止进口类、限制进口类和自动许可类

3. 环境空气质量功能区划中的二类功能区是指(　　)。
(A)自然保护区、风景名胜区
(B)城镇规划中确定的居住区、商业交通居民混合区、文化区、一般工业区和农村地区
(C)特定工业区
(D)一般地区

4. 适用于居住、商业、工业混杂区及商业中心区,噪声等效声级执行(　　)标准。
(A)昼间 55 dB,夜间 45 dB　(B)昼间 60 dB,夜间 50 dB
(C)昼间 65 dB,夜间 55 dB　(D)不分昼夜

5. 测定 COD 时,加入 0.4 g 硫酸汞是为了络合(　　)离子。
(A)氟　(B)氯　(C)溴　(D)碘

6. 重量法测定石油类时,所用的石油醚沸腾温度为(　　)。
(A)30～60℃　(B)20～40℃　(C)60～90℃　(D)90～120℃

7. 水的总硬度是指(　　)的浓度。
(A)钙和镁　(B)铅和锌　(C)铜和铁　(D)铝和镁

8. EDTA 标准溶液一般用标准(　　)溶液标定。
(A)铝　(B)锌　(C)铜　(D)铬

9. 实验室内要保持清洁、整齐、明亮、安静。噪声应低于(　　)。
(A)65 dB　(B)75 dB　(C)85 dB　(D)90 dB

10. 对流域或水系要设立(　　)、控制断面若干和入海口断面。
(A)对照断面　(B)背景断面　(C)控制断面　(D)入境断面

11. 测定含氟水样应是用(　　)贮存样品。
(A)硬质玻璃瓶　(B)聚乙烯瓶　(C)石英瓶　(D)橡胶瓶

12. 水样运输前应检查现场采样记录上的所有水样是否全部装箱,要用红色在包装箱顶部和侧面标上"(　　)"。
(A)切勿颠簸　(B)切勿倒置　(C)易碎品　(D)以上都不是

13. 对于工业废水排放源,悬浮物、硫化物、挥发酚等二类污染物采样点布设在(　　)。
(A)车间或车间设备废水排放口　(B)渠道较直、水量稳定的地方
(C)工厂废水总排放口　(D)处理设施的排放口

14. 水中氨氮测定时,对污染严重的水或废水,水样预处理方法为(　　)。
(A)絮凝沉淀法　(B)蒸馏法　(C)过滤　(D)高锰酸钾氧化

15. 测定含磷的容器,应使用(　　)洗涤。
(A)硫酸洗液　(B)(1+1)硝酸　(C)阴离子洗涤剂　(D)盐酸

16. 在易燃易爆场所不能穿(　　)。
(A)纯棉工作服　(B)化纤工作服　(C)防静电工作服　(D)绝缘工作服

17. 测定硬度的水样,采集后,每升水样中应加入 2 mL(　　)作保存剂,使水样 pH 值降至 1.5 左右。
(A)NaOH　(B)浓硝酸　(C)KOH　(D)$Mg(OH)_2$

18. 用EDTA滴定法测定总硬度时，在加入铬黑T后要立即进行滴定，其目的是(　　)。

(A)防止铬黑T氧化　(B)使终点明显

(C)减少碳酸钙及氢氧化镁的沉淀　(D)防止EDTA变质

19. 4-氨基安替比啉法测定挥发酚，显色最佳pH值范围为(　　)。

(A)9.0～9.5　(B)9.8～10.2　(C)10.5～11.0　(D)9.8～10.8

20. 配制硫代硫酸钠$Na_2S_2O_3$标准溶液时，应用煮沸除去CO_2及杀灭细菌冷却的蒸馏水配制，并加入(　　)使溶液呈微碱性，保持pH值为9～10，以防止$Na_2S_2O_3$分解。

(A)Na_2CO_3　(B)Na_2SO_4　(C)NaOH　(D)$Na_2S_2O_3$

21. 适用于多个污染源构成污染群，且大污染源较集中的地区的大气采样方法是(　　)。

(A)网格布点法　(B)同心圆布点法　(C)功能区布点法　(D)扇形布点法

22. 不能用于测定大气中CO的方法是(　　)。

(A)非分散红外吸收法　(B)气相色谱法

(C)紫外分光光度法　(D)定电位电解法

23. 大气采样点采样口水平线与周围建筑物高度的夹角应不大于(　　)。

(A)15°　(B)30°　(C)45°　(D)60°

24. 布设大气采样点时，适用于有多个污染源，且污染源分布比较均匀的布点法是(　　)。

(A)功能区　(B)网格　(C)同心圆　(D)扇形

25. 非分散红外吸收法测定大气中CO是基于产生的(　　)进行分析的。

(A)紫外光谱　(B)可见光谱　(C)红外光谱　(D)远红外光谱

26. 大气中SO_2浓度为0.5 ppm，则用mg/m^3表示为(　　)。

(A)1.229 mg/m^3　(B)1.329 mg/m^3　(C)1.429 mg/m^3　(D)1.529 mg/m^3

27. 用密度为1.84 g/cm^3，98%的浓硫酸配制0.5 mol/L的稀硫酸250 mL，需浓硫酸(　　)。

(A)6.8 mL　(B)6.0 mL　(C)5.0 mL　(D)7.8 mL

28. 总悬浮微粒(TSP)，系指(　　)以下微粒。

(A)100 μm　(B)10 μm　(C)1 μm　(D)0.1 μm

29. 在水样中加入(　　)是为防止金属沉淀。

(A)H_2SO_4　(B)NaOH　(C)$CHCl_3$　(D)HNO_3

30. 碘量法测定水中溶解氧时，水体中含有还原性物质，可产生(　　)。

(A)正干扰　(B)负干扰　(C)不干扰　(D)说不定

31. 声音的频率范围是(　　)。

(A)20 Hz$<f<$20 000 Hz　(B)$f<$200 Hz或$f>$20 000 Hz

(C)$f<$200 Hz或$f>$2 000 Hz　(D)20 Hz$<f<$2 000 Hz

32. 用导管采集污泥样品时，为了减少堵塞的可能性，采样管的内径不应小于(　　)。

(A)20 mm　(B)50 mm　(C)100 mm　(D)150 mm

33. 气相色谱法测定水中苯系物时，水样中的余氯对测定会产生干扰，可用相当于水样重量(　　)的抗坏血酸除去。

(A)0.1%　(B)0.5%　(C)1%　(D)1.5%

34. 测烟望远镜法测定烟气黑度时,观测者可在离烟囱(　　)远处进行观测。

(A)50～300 m　(B)1～50 m　(C)50～100 m　(D)300～500 m

35. 测定溶解氧时,所用得硫代硫酸钠溶液需要(　　)标定一次。

(A)每天　(B)两天　(C)三天　(D)四天

36. 大气采样时,二氧化硫采气流量应设定为小于(　　)。

(A)0.5 L　(B)0.3 L　(C)0.2 L　(D)0.6 L

37. 测定氨氮、化学需氧量的水样中加入 $HgCL_2$ 的作用是(　　)。

(A)控制水中的 pH 值　(B)防止生成沉淀

(C)抑制苯酚菌的分解活动　(D)抑制生物的氧化还原作用

38. 在易燃易爆场所穿(　　)最危险。

(A)布鞋　(B)胶鞋　(C)带钉鞋　(D)绝缘鞋

39. 测定溶解氧的水样应在现场加入(　　)作保存剂。

(A)磷酸　(B)硝酸

(C)氯化汞　(D)$MnSO_4$ 和碱性碘化钾

40. COD 是指示水体中(　　)的主要污染指标。

(A)氧含量　(B)含营养物质量

(C)含有机物及还原性无机物量　(D)无机物

41. 关于水样的采样时间和频率的说法,不正确的是(　　)。

(A)较大水系干流全年采样不小于 6 次　(B)排污渠每年采样不少于 3 次

(C)采样时应选在丰水期,而不是枯水期　(D)背景断面每年采样 1 次

42. 在测定 BOD_5 时下列(　　)应进行接种。

(A)有机物含量较多的废水　(B)较清洁的河水

(C)生活污水　(D)含微生物很少的工业废水

43. 可吸入微粒物,粒径在(　　)。

(A)100 μm 以下　(B)10 μm 以下　(C)1 μm 以下　(D)10～100 μm

44. 测定大气中二氧化硫时,国家规定的标准分析方法为(　　)。

(A)库仑滴定法

(B)四氯汞钾溶液吸收-盐酸副玫瑰苯胺分光光度法

(C)紫外荧光法

(D)电导法

45. 对于某一河段,要求设置断面为(　　)。

(A)对照断面、控制断面和消减断面　(B)控制断面、对照断面

(C)控制断面、消减断面和背景断面　(D)对照断面、控制断面和背景断面

46. 生产、使用化学危险物品的企业必须按照(　　)的规定,妥善处理废水、废气、废渣。

(A)环境保护法　(B)安全生产法

(C)循环经济促进法　(D)污染防治法

47. 国家“十一五”期间,主要污染物总量的两项指标是(　　)。

(A)二氧化硫和化学需氧量　(B)二氧化碳和生化需氧量

(C)粉尘和氨氮　(D)二氧化硫和粉尘

48. 测定水中痕量有机物，如有机氯杀虫剂类时，其玻璃仪器需用（　　）。

(A)铬酸洗液浸泡 15 min 以上，再用水和蒸馏水洗净

(B)合成洗涤剂或洗衣粉配成的洗涤液浸洗后，再用水、蒸馏水洗净

(C)铬酸洗液浸泡 15 min 以上，再盐酸洗净

(D)合成洗涤剂或洗衣粉配成的洗涤液浸洗后，再盐酸洗净

49. 测定水中总铬的前处理，要加入高锰酸钾、亚硝酸钠和尿素，它们的加入顺序是（　　）。

(A)$KMnO_4$—尿素—$NaNO_2$　　(B)尿素—$KMnO_4$—$NaNO_2$

(C)$KMnO_4$—$NaNO_2$—尿素　　(D)尿素—$NaNO_2$—$KMnO_4$

50. 在称标准样时，标准样吸收了空气中的水分将引起系统的（　　）。

(A)相对误差　　(B)绝对误差　　(C)系统误差　　(D)随机误差

51. 浓硫酸接触木面器皿时，会使接触面变黑，这是由于浓硫酸具有（　　）。

(A)吸水性　　(B)氧化性　　(C)脱水性　　(D)还原性

52. 下列有关噪声的叙述中，错误的是（　　）。

(A)当某噪声级与背景噪声级之差很小时，则感到很嘈杂

(B)噪声影响居民的主要因素与噪声级、噪声的频谱、时间特性和变化情况有关

(C)由于各人的身心状态不同，对同一噪声级下的反应有相当大的出入

(D)为保证睡眠，噪声的等效声级应控制在 40 dB(A)以下

53. 环境法以调整人与自然的矛盾、促进社会公共利益为目的，属于（　　）。

(A)公法范畴　　(B)私法范畴　　(C)社会法范畴　　(D)国际法范畴

54. 直接体现预防为主原则的环境法基本制度是（　　）。

(A)排污收费制度　　(B)限期治理制度

(C)“三同时”制度　　(D)环境事故报告制度

55. 测定水中悬浮物，通常采用滤膜的孔径为（　　）μm。

(A)0.045　　(B)0.45　　(C)4.5　　(D)0.15

56. 含砷水样加入（　　）保存。

(A)硫酸　　(B)硝酸　　(C)盐酸　　(D)NaOH

57. 实验室制备纯水常用（　　）和离子交换法。

(A)蒸馏法　　(B)电离法　　(C)电解法　　(D)过滤法

58. 碘量滴定法适用于测定总余氯含量（　　）的水样。

(A)>1 mg/L　　(B)>2 mg/L　　(C)>3 mg/L　　(D)>4 mg/L

59. 通常我们所说的生化需氧量是指水样在(20±1)℃恒温培养箱中培养（　　）后，分别测定样品培养前后的溶解氧，二者之差即为 BOD 值。

(A)1 天　　(B)3 天　　(C)5 天　　(D)25 天

60. 采集含油水样的容器应选用（　　）。

(A)细口玻璃瓶　　(B)广口玻璃瓶　　(C)聚四氟乙烯瓶　　(D)塑料瓶

61. 对我国安全生产监督管理的基本原则描述正确的是（　　）。

(A)坚持“有法必依、执法必严、违法必究”的原则

(B)坚持“安全第一，预防为主”的原则

(C)坚持行为监察与文件监察相结合的原则

(D)坚持表彰与惩罚相结合的原则

62. 进行腐蚀品的装卸作业应该戴(　　)。

(A)帆布手套　(B)橡胶手套　(C)棉布手套　(D)绝缘手套

63. 为保存水样,采集样品时,可向采集瓶内加(　　),以控制微生物活动。

(A)硫酸　(B)氢氧化钠　(C)硝酸　(D)氯化钠

64. 大气采样口的高度一般设定为距离地面(　　)。

(A)1 m　(B)1.2 m　(C)1.5 m　(D)2 m

65. 大气采样时,氮氧化物采气流量应设定为小于(　　)L。

(A)0.5　(B)0.3　(C)0.2　(D)0.6

66. 六价铬的水样采集应在(　　)采样。

(A)总排放口　(B)车间排放口　(C)生产工艺过程中　(D)以上都可以

67. 易燃易爆物品必须限量储存(　　)。

(A)小量(<200 g)可在铁柜内存放,200～500 g应贮于防爆保险柜中,500～1 500 g则需贮于防爆室中。贮存量不宜超过1 500 g

(B)小量(<100 g)可在铁柜内存放,100～500 g应贮于防爆保险柜中,500～1 000 g则需贮于防爆室中。贮存量不宜超过1 000 g

(C)小量(<200 g)可在铁柜内存放,100～500 g应贮于防爆保险柜中,500～1 000 g则需贮于防爆室中。贮存量不宜超过1 000 g

(D)小量(<100 g)可在铁柜内存放,100～1 000 g应贮于防爆保险柜中,1 000～2 000 g则需贮于防爆室中。贮存量不宜超过1 000 g

68. 接地装置(　　)。

(A)每年在干燥季节检查一次　(B)每年检查一次

(C)每两年检查一次　(D)不用检查

69. 化学需氧量又称(　　)。

(A)COD　(B)EDTA　(C)TOC　(D)BOD

70. 环境噪声来源于(　　)。

(A)交通噪声、工厂噪声、建筑施工噪声、社会生活噪声

(B)交通噪声、工厂噪声、建筑施工噪声、自然界噪声

(C)交通噪声、工厂噪声、农业噪声、商业噪声

(D)交通噪声、工厂噪声、农业噪声、社会生活噪声

71. 环境分析中,准确量取溶液是指量取的标准度达到(　　)。

(A)±0.01　(B)±0.02　(C)±0.03　(D)±0.001

72. 检出限与下列(　　)因素有关。

(A)分析试剂　(B)仪器稳定性　(C)噪声水平　(D)以上都是

73. 为了解决我国的水质污染问题,需要采取的对策措施是(　　)。

(A)产业结构调整　(B)建立城市污水处理厂

(C)控制农业面源污染　(D)以上都是

74. 下面数据评价准确度的方法有(　　)。

(A)平行实验 (B)空白实验 (C)加标回收 (D)校准曲线

75. 在用玻璃电极测量 pH 值时,甘汞电极内的氯化钾溶液的液面应( )被测溶液的液面。

(A)高于 (B)低于 (C)随意 (D)以上都对

76. 当溶液的 pH 值等于 3 时,水中氢离子浓度为( )。

(A)0.001 mol/L (B)0.3 mol/L (C)0.01 mol/L (D)0.02 mol/L

77. pH 值测定以( )电极为参比电极。

(A)玻璃 (B)甘汞 (C)复合 (D)离子选择性

78. 当氯离子含量较多时,会产生干扰,可加入( )去除。

(A)硫酸 (B)盐酸 (C)NaOH (D)高氯酸

79. 用 EDTA 滴定总硬度时,最好是在( )条件下进行。

(A)低温 (B)常温 (C)加热 (D)无温度要求

80. 重铬酸钾法测定 COD 时,回流时间为( )。

(A)1 h (B)2 h (C)3 h (D)0.5 h

81. 参加实验室间质控实验的实验室,必须是( )。

(A)优质实验室 (B)二级站的实验室

(C)三级站的实验室 (D)以上都可以

82. 锅炉排放二氧化硫浓度应在锅炉设计出力( )以上时测定。

(A)50% (B)70% (C)90% (D)100%

83. 配置 4%(m/V)高锰酸钾溶液应称取高锰酸钾( ),在加热和搅拌下溶于水定溶至 100 mL。

(A)2 g (B)4 g (C)6 g (D)8 g

84. 用二苯碳酰二肼分光光度法测定六价铬,分光光度计的波长为( )。

(A)540 nm (B)480 nm (C)520 nm (D)530 nm

85. 含酚废水中含有大量硫化物,对酚的测定产生( )误差。

(A)正 (B)负 (C)无影响 (D)以上全不对

86. 臭氧是一种天蓝色、有臭味的气体,在大气圈平流层中的臭氧可以吸收和滤掉太阳光中大量的( ),有效保护地球生物的生存。

(A)红外线 (B)紫外线 (C)可见光 (D)热量

87. 测定总铬的水样,需加 HNO_3保存,调节水样 pH 值( )。

(A)等于 7 (B)大于 8 (C)等于 5 (D)小于 2

88. 测定 Cr^{6+} 的水样,应在( )条件下保存。

(A)弱碱性 (B)弱酸性 (C)中性 (D)强酸性

89. 环境保护是指人类为解决现实的或潜在的环境问题,协调人类与环境的关系,保障经济社会的持续发展而采取的各种行动的总称。其方法和手段有( )。

(A)工程技术的 (B)行政管理的 (C)宣传教育的 (D)以上都有

90. 以下物质不在中国环境优先污染物黑名单中的是( )。

(A)六六六 (B)硫化物 (C)邻-二甲苯 (D)氰化物

91. 环境监测所用试剂均应为二级或二级以上。二级试剂标志颜色为( )。

(A)黄色　(B)绿色　(C)蓝色　(D)红色

92. 采集水样后,应尽快送至实验室分析,如若久放,受(　　)的影响,某些组分的浓度可能会发生变化。

(A)生物因素　(B)化学因素　(C)物理因素　(D)以上都有

93. 水样的类型分为(　　)。

(A)综合水样、瞬时水样、混合水样、平均污水样

(B)综合水样、瞬时水样、混合水样、平均污水样、其他水样

(C)周期水样、混合水样、平均污水样、其他水样

(D)综合水样、周期水样、混合水样、平均污水样、其他水样

94. 按《水污染物排放总量监测技术规范》(HJ/T 92—2002),平行样测定结果的相对允许偏差,应视水样中测定项目的含量范围及水样实际情况确定,一般要求在(　　)以内精密度合格。

(A)10%　(B)20%　(C)30%　(D)15%

95. 按《水污染物排放总量监测技术规范》(HJ/T 92—2002),在分析方法给定值范围内加标样的回收率在(　　)之间,准确度合格,否则进行复查。

(A)60%～120%　(B)70%～130%　(C)60%～140%　(D)80%～120%

96. 测定六价铬的水样需加 NaOH,调节 pH 值至(　　)。

(A)氨水　(B)10　(C)8　(D)9

97. 对于氮氧化物的监测,下面说法错误的是(　　)。

(A)用盐酸萘乙二胺分光光度法测定时,用冰乙酸、对氨基苯磺酸和盐酸萘乙二胺配制吸收液

(B)用盐酸萘乙二胺分光光度法测定时,用吸收液吸收大气中的 NO_2,并不是 100%生成亚硝酸

(C)不可以用化学发光法测定

(D)可以用恒电流库仑滴定法测定

98. 气体的标准状态是(　　)。

(A)25℃、101.325 kPa　(B)0℃、101.325 kPa

(C)25℃、100 kPa　(D)0℃、100 kPa

99. 每个水样瓶上需贴上标签,标签上的内容包括(　　)。

(A)采样点位置编号、采样日期和时间、测定项目、保存方法、使用保存剂

(B)采样点位置编号、采样日期和时间、测定项目、保存方法、主要成分

(C)采样点位置编号、采样日期和时间、测定项目、水样 pH 值和温度、使用保存剂

(D)采样点位置编号、采样日期和时间、测定项目、水样 pH 值和温度、主要成分

100. 水中氨氮测定时,不受水样色度、浊度的影响,不必预处理样品的方法为(　　)。

(A)纳氏试剂分光光度法　(B)水杨酸分光光度法

(C)电极法　(D)滴定法

101. 当对某一试样进行平行测定时,若分析结果的精密度很好,但准确度不好,可能的原因为(　　)。

(A)操作过程中溶液严重溅失　(B)使用未校正过的容量仪器

(C)称样时记录有错误　　　　(D)试样不均匀

102. 用船只采样时，采样船应位于(　　)方向采样，避免搅动底部沉积物造成水样污染。

(A)上游　　(B)逆流　　(C)下游　　(D)顺流

103. 在COD的测定中，加入Ag_2SO_4-H_2SO_4溶液，其作用是(　　)。

(A)杀灭微生物　　(B)沉淀Cl^-

(C)沉淀Ba^{2+}、Sr^{2+}、Ca^{2+}等　　(D)催化剂作用

104. 关于烟气的说法，下列错误的是(　　)。

(A)烟气中的主要组分可采用奥氏气体分析器吸收法测定

(B)烟气中有害组分的测定方法视其含量而定

(C)烟气中的主要组分不可采用仪器分析法测定

(D)烟气的主要气体组分为氮、氧、二氧化碳和水蒸气等

105. 噪声污染级是以等效连续声级为基础，加上(　　)。

(A)10 dB　　(B)15 dB

(C)一项表示噪声变化幅度的量　　(D)两项表示噪声变化幅度的量

106. 在测量交通噪声计算累计百分声级时，将测定的一组数据，例如200个，从大到小排列，则(　　)。

(A)第90个数据即为L10，第50个数据为L50，第10个数据即为L90

(B)第10个数据即为L10，第50个数据为L50，第90个数据即为L90

(C)第180个数据即为L10，第100个数据为L50，第20个数据即为L90

(D)第20个数据即为L10，第100个数据为L50，第180个数据即为L90

107. 为了表明夜间噪声对人的干扰更大，故计算夜间等效声级这一项时应加上(　　)的计权。

(A)20 dB　　(B)15 dB　　(C)10 dB　　(D)5 dB

108. 测定含磷的容器，应使用(　　)洗涤。

(A)铬酸洗液　　(B)(1＋1)硫酸　　(C)阴离子洗涤剂　　(D)高锰酸钾溶液

109. 生产经营单位应当为从业人员提供(　　)的作业场所和安全防护措施。

(A)一定　　(B)指定

(C)符合安全生产要求　　(D)优良

110. 生产经营单位对重大危险源、重大事故隐患，必须登记建档、评估，制定(　　)。

(A)应急预案　　(B)防范措施　　(C)处理方案　　(D)有关事宜

111. 3个声源作用于某一点的声压级分别为65 dB、68 dB和71 dB，同时作用于这一点的总声压级为(　　)。

(A)73.4 dB　　(B)68.0 dB　　(C)75.3 dB　　(D)70.0 dB

112. 为测定某车间中一台机器的噪声大小，从声级计上测得声级为104 dB，当机器停止工作，测得背景噪声为100 dB，该机器噪声的实际大小为(　　)。

(A)4 dB　　(B)97.8 dB　　(C)101.8 dB　　(D)102 dB

113. 已知某污水总固体含量为680 mg/L，其中溶解固体为420 mg/L，悬浮固体中的灰分为60 mg/L，则污水中的SS和VSS含量分别为(　　)。

(A)200 mg/L和60 mg/L　　(B)200 mg/L和360 mg/L

(C)260 mg/L 和 200 mg/L　　(D)260 mg/L 和 60 mg/L

114. 已知某污水处理厂出水 TN 为 18 mg/L,氨氮 2.0 mg/L,则出水中有机氮浓度为(　　)。

(A)16 mg/L　　(B)6 mg/L　　(C)2 mg/L　　(D)不能确定

115. 环境监测质量控制可以分为(　　)。

(A)实验室内部质量控制和实验室外部协作试验

(B)实验室内部质量控制和实验室间质量控制

(C)实验室内部质量控制和现场评价考核

(D)实验室内部质量控制和实验室外部合作交流

116. 测定水中总氰化物进行预蒸馏时,加入 EDTA 是为了(　　)。

(A)保持溶液的酸度　　(B)络合氰化物

(C)使大部分的络合氰化物离解　　(D)络合溶液中的金属离子

117. 环境空气中颗粒物的采样方法主要有滤料法和(　　)。

(A)溶液吸收法　　(B)低温冷凝法　　(C)浓缩法　　(D)自然沉降法

118. 采集的环境空气苯系物样品,两端密封,放入密闭容器中,−20℃冷冻,保存期限为(　　)。

(A)1 d　　(B)7 d　　(C)30 d　　(D)45 d

119. 配制盐酸溶液 C=0.1 mol/L,配 500 mL,应取浓度为 1 mol/L 的盐酸溶液(　　)。

(A)25 mL　　(B)40 mL　　(C)50 mL　　(D)20 mL

120. 将 50 mL 浓硫酸和 100 mL 水混合的溶液浓度表示为(　　)。

(A)(1+2)H_2SO_4　　(B)(1+3)H_2SO_4　　(C)50%H_2SO_4　　(D)33.3%H_2SO_4

121. 测定挥发分时要求相对误差<±0.1%,规定称样量为 10 g,应选用(　　)。

(A)上皿天平　　(B)工业天平　　(C)分析天平　　(D)半微量天平

122. 测量无规振动时,每个测点连续测量时间至少需要(　　)。

(A)10 s　　(B)1 000 s　　(C)1 min　　(D)10 min

123. 声级计是噪声测量中最基本的仪器,一般由(　　)、前置放大器、衰减器、放大器、频率计权网络以及有效值指示表头等组成。

(A)电动传声器　　(B)自动传声器　　(C)电容传声器　　(D)手动传声器

124. 环境噪声监测不得使用(　　)。

(A)Ⅰ型声级计　　(B)Ⅱ型声级计　　(C)Ⅲ型声级计　　(D)Ⅳ型声级计

125. 工业废水的分析应特别重视水中(　　)对测定的影响,并保证分区测定水样的均匀性和代表性。

(A)油类物质　　(B)污泥　　(C)有机污染物　　(D)干扰物质

126. 测定水中总磷时,采集的样品应储存于(　　)。

(A)聚乙烯瓶　　(B)玻璃瓶　　(C)硼硅玻璃瓶　　(D)橡胶瓶

127.《水质 硝基苯类化合物的测定 气相色谱法》(HJ 592—2010)规定,用(　　)检测器测定硝基苯类化合物。

(A)FPD　　(B)FID　　(C)ECD　　(D)NPD

128. 气相色谱法适用于(　　)中三氯乙醛的测定。

(A)地表水和废水 (B)地表水 (C)废水 (D)地下水

129. 我国《固体废物污染环境防治法》规定，造成固体废物污染环境的，应当(　　)。

(A)排除危害，赔偿损失，恢复环境原状

(B)排除危害，赔礼道歉，恢复环境原状

(C)排除危害，赔偿损失，支付违约金

(D)具结悔过，赔偿损失，恢复环境原状

130. 下列关于硫酸盐的描述中不正确的是(　　)。

(A)硫酸盐在自然界中分布广泛

(B)天然水中硫酸盐的浓度可能从每升几毫克至每升数千毫克

(C)地表水和地下水中的硫酸盐主要来源于岩石土壤中矿物组分的风化和溶淋

(D)岩石土壤中金属硫化物的氧化对天然水体中硫酸盐的含量无影响

131. 下列关于重量法分析硫酸盐干扰因素的描述中，不正确的是(　　)。

(A)样品中包含悬浮物、硝酸盐、亚硫酸盐和二氧化硅可使测定结果偏高

(B)水样有颜色对测定有影响

(C)碱金属硫酸盐，特别是碱金属硫酸氢盐常使结果偏低

(D)铁和铬等能影响硫酸盐的完全沉淀，使测定结果偏低

132. 羊毛铬花菁R分光光度法测定烟尘中铍时，铍与羊毛铬花菁R(ECR)生成的络合物有两个吸收峰，当测定低浓度铍时，波长选用(　　)。

(A)500 nm (B)520 nm (C)540 nm (D)560 nm

133. 放射性测量系统的工作参数按仪器使用要求进行性能检验，当发现某参数在预定的控制值以外时，(　　)。

(A)应重新安装测量 (B)应进行适当的校正或调整

(C)继续进行测量 (D)立刻停止检验

134. 在测量车间噪声时，在每个区域内确定一个中心点作为操作人员站立的位置，传声器应(　　)。

(A)架放在操作人员的耳朵位置，并指向操作人员的耳朵，测量时人不要离开

(B)架放在操作人员的耳朵位置，并指向操作人员的耳朵，测量时人需要离开

(C)架放在操作台位置，并指向操作人员的耳朵，测量时人需要离开

(D)架放在操作台位置，并指向操作人员的耳朵，测量时人不要离开

135. 测定氟化物的水样，必须用(　　)容器采集。

(A)聚乙烯 (B)玻璃 (C)金属 (D)木质

136. 在没有消除系统误差的前提下，分析方法的精密度要求越高，则(　　)。

(A)测定下限高于检出限越多 (B)测定下限低于检出限越多

(C)测定下限高于检出限越少 (D)测定下限低于检出限越少

137. 最佳测定范围也称(　　)。

(A)有效测定范围 (B)标准测定范围 (C)目标测定范围 (D)以上都是

138. 在测定样品的同时，与同一样品的子样中加入一定量的标准物质进行测定，将其测定结果(　　)样品的测定值来计算回收率。

(A)加上 (B)除以 (C)扣除 (D)乘以

139. 气相色谱固定液的选择性可以用(　　)来衡量。

(A)保留值　(B)相对保留值　(C)分配系数　(D)分离度

140.《室内装饰装修材料溶剂型木器涂料中有害物质限量》(GB 18581—2009)中,用气相色谱法测定苯、甲苯和二甲苯的稀释剂为(　　)。

(A)苯　(B)乙苯　(C)甲醇　(D)乙酸乙酯

141. 在比色分析中为了提高分析的灵敏度,必须选择摩尔吸光系数(　　)有色化合物,选择具有最大 K 值的波长作入射光。

(A)大的　(B)小的　(C)等于零的　(D)大小一样

142. 一般常把(　　)波长的光称为可见光。

(A)200～800 nm　(B)400(或 380)～800(或 780)nm

(C)400～860 nm　(D)200(或 260)～800(或 760)nm

143. 朗伯-比尔定律 $A=kcL$ 中,摩尔吸光系数 k 值与(　　)无关。

(A)入射光的波长　(B)显色溶液温度

(C)测定时的取样体积　(D)有色溶液的性质

144. 硝酸银滴定法测定水中氰化物时,向样品中加入适量的氨基磺酸是为了消除(　　)的干扰。

(A)硫化物　(B)亚硝酸盐　(C)碳酸盐　(D)硫酸盐

145. 稀释与接种法测定水中 BOD_5 时,水样采集后应在 2～5℃温度下贮存,一般在稀释后(　　)h 之内进行检验。

(A)6　(B)8　(C)10　(D)8

146. 电位滴定法测定氯离子时,水样中加入过氧化氢溶液可除去(　　)的干扰。

(A)氰化物　(B)溴化物　(C)硫化物　(D)氯化物

147. 碘量法测定水中总氯时,所用的缓冲溶液液为乙酸盐,pH 值为(　　)。

(A)4　(B)7　(C)5　(D)3

148. 碘量法测定水中总氯是利用氯在(　　)溶液中与碘化钾反应,释放出一定量的碘,再用硫代硫酸钠标准溶液滴定。

(A)中性　(B)酸性　(C)碱性　(D)水

149. 在环境空气污染物无动力采样中,要获得月平均浓度值,样品的采样时间应不少于(　　)。

(A)5 d　(B)10 d　(C)15 d　(D)30 d

150. 在进行二氧化硫 24 h 连续采样时,吸收瓶在加热槽内最佳温为(　　)。

(A)23～29℃　(B)16～24℃　(C)20～25℃　(D)20～30℃

151. 利用间断采样法采集环境空气中气态污染物样品时,在采样流量为 0.55 L/min 时,装有 10 mL 吸收液的多孔玻板吸收瓶的阻力应为(　　),且采样时吸收瓶玻板的气泡应分布均匀。

(A)1 kPa　(B)(4.7±0.7)kPa　(C)(6±1)kPa　(D)(1.7+0.7)kPa

152. 大流量采样器采集环境空气样品时,采样口的抽气速度为(　　)。

(A)0.1 m/s　(B)0.3 m/s　(C)0.5 m/s　(D)0.7 m/s

153. 环境空气中二氧化硫、氮氧化物的日平均浓度要求每日至少有(　　)的采样时间。

(A)10 h　(B)12 h　(C)18 h　(D)16 h

154. 环境空气中颗粒物的日平均浓度要求每日至少有(　　)的采样时间。

(A)8 h　(B)9 h　(C)10 h　(D)12 h

155. 根据《电磁环境控制限值》(GB 8702—2014)规定，100 kHz以上频率，在近场区，需(　　)。

(A)限制电场强度　(B)限制磁场强度

(C)同时限制电场强度和磁场强度　(D)限制磁感应强度

156. 火焰原子吸收分光光度法测定环境空气中镍时，狭缝宽度应选择(　　)。

(A)0.7 nm　(B)0.2 nm　(C)0.4 nm　(D)0.6 nm

157. 氟离子选择电极法测定环境空气中氟化物含量时，用滤纸或滤膜采集的样品应在(　　)内完成分析。

(A)6个月　(B)6个星期　(C)60天　(D)一年

158. 依据《劳动法》规定，劳动合同可以规定试用期，试用期最长不超过(　　)。

(A)12个月　(B)10个月　(C)6个月　(D)3个月

159.《安全生产法》规定，特种作业人员必须经专门的安全作业培训，取得特种作业(　　)证书。

(A)操作资格　(B)许可　(C)安全　(D)上岗

160. 关于职业安全健康管理体系的学习与培训，描述不正确的是(　　)。

(A)学习与培训有助于员工建立"防微杜渐"的理念、贯彻"安全第一，预防为主"的方针

(B)管理层培训主要针对职业安全健康管理体系的基本要求、主要内容和特点，以及建立与实施体系的重要意义与作用

(C)内审员培训是建立和实施职业安全健康管理体系的关键

(D)全体员工培训可使他们了解职业安全健康管理体系给予的必要支持

161. 生产经营单位进行职业安全健康管理体系试运行，目的是检验体系与文件化规定的(　　)、有效性和适宜性。

(A)策划、充分性　(B)目标、充分性

(C)方案、合理性　(D)目标、合理性

162. 在环境空气质量监测点(　　)范围内不能有明显的污染源，不能靠近炉、窑和锅炉烟囱。

(A)10 m　(B)20 m　(C)30 m　(D)50 m

163. 环境空气质量功能区划分中要求，一、二类功能区面积不得小于(　　)。

(A)1 km^2　(B)2 km^2　(C)3 km^2　(D)4 km^2

164. 火焰原子吸收分光光度法测定环境空气中铁时，若镍的浓度超过(　　)，其对测定值有干扰。

(A)10 mg/L　(B)50 mg/L　(C)100 mg/L　(D)200 mg/L

165. 原子荧光分光光度法测定废气中汞含量时，采集到的样品消解后，若不能迅速测定，应加入(　　)保存液稀释，以防止汞元素损失。

(A)盐酸　(B)硝酸　(C)重铬酸钾　(D)氯化亚锡

三、多项选择题

1. 下列选项属于我国环境保护政策的是(　　)。

(A)预防为主　(B)先污染、后治理
(C)强化管理　(D)谁污染、谁治理

2. 下列关于环境管理的说法,正确的是(　　)。
(A)环境管理的目的是维持环境秩序和安全
(B)环境管理主要解决人类活动所造成的各类环境问题
(C)环境管理的核心是对人的管理
(D)环境管理是国家管理的重要组成部分

3. 环境与资源保护法学的基本原则有(　　)。
(A)环境保护与经济建设、社会发展相协调的原则
(B)预防为主、防治结合原则
(C)奖励综合利用原则
(D)开发者养护、污染者治理的原则
(E)公众参与原则

4. 地方环境保护标准主要包括(　　)。
(A)环境监测方法标准　(B)地方环境质量标准
(C)环境基础标准　(D)地方污染物排放标准

5. 控制大气污染的主要措施有(　　)。
(A)清洁能源　(B)绿色交通　(C)末端治理　(D)环境自净

6. 下列属于水的点污染源的是(　　)。
(A)工业废水　(B)生活污水　(C)农村面源　(D)城市径流

7. 下列属于危险废物的是(　　)。
(A)废油桶　(B)废塑料布　(C)废电池　(D)废硒鼓

8. 按照污染物的属性,可将水体污染源分为(　　)。
(A)物理性污染源　(B)化学性污染源
(C)生物性污染源　(D)多种污染物的复合性污染源

9. 下列水质指标中,不常用于污水的有(　　)。
(A)浑浊度　(B)总硬度　(C)游离余氯　(D)悬浮物

10. 我国《污水综合排放标准》(GB 8978—1996)规定了 13 种第一类污染物,下列属于第一类污染物的是(　　)。
(A)挥发酚　(B)六价铬　(C)苯并(a)芘　(D)总镉

11. 水体监测对象有(　　)。
(A)地表水　(B)地下水　(C)水污染源　(D)环境水体

12. 下列关于大气污染控制说法,正确的是(　　)。
(A)合理利用环境自净能力　(B)采用各种治理技术,控制污染物排放
(C)采取措施减少污染物排放　(D)先污染、后治理

13. 大气环境监测必测项目包括(　　)。
(A)二氧化硫　(B)总悬浮颗粒物　(C)苯并(a)芘　(D)总镉氟化物

14. 参与空气质量评价的主要污染物有(　　)。
(A)二氧化硫　(B)二氧化氮　(C)臭氧

(D)一氧化碳　　　　　　(E)细颗粒物及可吸入颗粒物

15.《锅炉大气污染物排放标准》(GB 13271—2014)规定,(　　)。

(A)标准状态是指锅炉烟气在温度为273K,压力为101 325 Pa时的状态

(B)按建设使用年限分为新建锅炉和在用锅炉,执行不同的大气污染物排放标准

(C)重点地方锅炉执行大气污染物特别排放限值

(D)与《锅炉大气污染物排放标准》(GB 13271—2001)相比,本标准增加了燃煤锅炉氮氧化物、汞及其化合物的最高允许排放浓度限值

16. 噪声的控制措施有(　　)。

(A)改造声源　　　　　　(B)控制噪声传播和反射

(C)加强个体防护　　　　(D)进行职业健康检查

17. 常用的噪声评价量有(　　)。

(A)响度　　(B)响度级　　(C)A声级　　(D)噪声评价数

18. 下列关于《工业企业厂界环境噪声排放标准》(GB 12348—2008)中的规定,说法错误的是(　　)。

(A)夜间频繁突发的噪声(如排气噪声),其峰值不准超过标准值10 dB(A)

(B)夜间偶然突发的噪声(如短促鸣笛声),其峰值不准超过标准值20 dB(A)

(C)它属于环境标准体系中的环境监测标准

(D)Ⅲ类标准适用于居住、商业、工业混杂区及商业中心区

19. 放射性射线的度量单位有(　　)。

(A)伦琴　　(B)拉德　　(C)雷姆　　(D)分贝

20. 为了确保监测数据的准确性和精密性,应当做到(　　)。

(A)把好外场采样质量关　　(B)提高监测技术水平

(C)打造硬件基础　　　　　(D)加强实验室质量控制

21. 下列说法错误的是(　)。

(A)灵敏度是指某特定分析方法在给定的置信度内可从样品中检出待测物质的最小浓度或最小量

(B)灵敏度与检出限密切相关,灵敏度越高,检出限越低

(C)灵敏度不会随实验条件的改变而改变

(D)常用标准曲线的斜率来度量灵敏度

22. 衡量实验室内测试数据准确度的指标常用(　　)表示。

(A)标准偏差　　(B)相对误差　　(C)相对标准偏差　　(D)加标回收率

23. 校准曲线的特征指标是(　)。

(A)截距 a　　　　　　(B)斜率 b

(C)剩余标准差 S_E　　　(D)线性相关系数 γ

24. 下列水质指标,常用于污水的有(　)。

(A)氨氮　　(B)化学需氧量　　(C)浑浊度　　(D)悬浮物

25. 下列物质中,属于污水中第一类污染物的是(　　)。

(A)Cu^{2+}　　(B)Cr^{6+}　　(C)Pb^{2+}　　(D)氨氮

26. 下列物质中,属于污水中第二类污染物的是(　　)。

(A)化学需氧量　(B)石油类　(C)Pb^{2+}　(D)氨氮

27. 下列关于环境标准的说法,正确的是(　　)。

(A)国家污染物排放标准分综合性排放标准和行业性排放标准

(B)地方污染控制标准应比相应的国家标准宽松

(C)国家标准中没有规定的项目,可以制定地方标准

(D)污染控制标准越严格越好

28. 常规噪声监测包括(　　)。

(A)城市各功能区噪声定期监测　(B)道路交通噪声监测

(C)区域环境噪声普查(白天)　(D)噪声高空监测

29. 污染物进入人体的途径分别为(　　)。

(A)通过呼吸而直接进入人体

(B)附着于食物而侵入人体

(C)溶于水随饮水进食而侵入人体

(D)通过皮肤接触而进入到人体

30. 环境保护法的主体主要包括(　　)。

(A)国家　(B)国家机关　(C)企事业单位　(D)公民个人

31. 我国环境与资源保护法体系的内容包括(　　)。

(A)宪法关于环境与资源保护的规定

(B)环境标准

(C)环境与资源保护单行法规

(D)环境与资源保护基本法

(E)其他部门法中的环境与资源保护法律规范

32. 地方环境标准包括(　　)。

(A)地方环境质量标准　(B)地方环境标准样品标准

(C)地方环境监测方法标准　(D)地方污染物排放标准(或控制标准)

33. 在大气污染物中,对植物危害较大的是(　　)。

(A)一氧化碳　(B)二氧化硫　(C)二氧化碳　(D)氟化物

34. 污水的物理性指标有(　　)。

(A)温度　(B)色度　(C)嗅和味　(D)固体物质

35. 污水的化学性指标有(　　)。

(A)有机物　(B)植物营养元素　(C)pH 值　(D)重金属

36. 环境监测的特点是(　　)。

(A)超前性　(B)连续性　(C)综合性　(D)追踪性

37. 下列关于声音的说法,错误的是(　　)。

(A)所有的声音都是由于物体的振动引起的

(B)声源可以是固体、也可以是流体(液体和气体)的振动

(C)有些动物能听到超声或次声

(D)声音只能在空气中传播

38. 空气中的污染物质,按其存在状态可以分为(　　)。

(A)分子状态污染物　　(B)粒子状态污染物
(C)一次污染物　　(D)二次污染物

39. 在固体废物中对环境影响最大的是(　　)。
(A)矿业固体废物　　(B)工业有害固体废物
(C)城市垃圾　　(D)农业废物

40. 判断一种声音是不是噪声,根据(　　)。
(A)从物理现象判断,一切无规律的或随机的声信号叫噪声
(B)噪声的判断与人们的主观感觉和心理因素有关
(C)一切不希望存在的干扰声都叫噪声
(D)噪声可以是杂乱无章的声音,也可以是和谐的音乐

41. 可以通过(　　)技术对噪声加以控制。
(A)隔声　　(B)吸声　　(C)消声　　(D)减振

42. 未列入标准但已证明有害、必须加以控制的污染物,其最高允许浓度确定的途径是(　　)。
(A)参考国外标准　　(B)从公式推算
(C)直接做毒理试验再估算　　(D)根据污染物排放企业具体情况而定

43. 根据《污水综合排放标准》(GB 8978—1996),不属于在车间或者车间处理设施排放口采样测定的污染物是(　　)。
(A)化学需氧量　　(B)悬浮物　　(C)苯并(a)芘　　(D)六价铬

44. 根据《污水综合排放标准》(GB 8978—1996),不属于在排污单位排放口采样测定的污染物是(　　)。
(A)生化需氧量　　(B)六价铬　　(C)总汞　　(D)石油类

45. 水污染防治对策有(　　)。
(A)减少耗水量　　(B)建立城市污水处理系统
(C)调整工业布局　　(D)加强水资源的规划管理

46. 危险废物的特性包括(　　)。
(A)易燃性　　(B)放射性　　(C)急性毒性　　(D)腐蚀性

47. 水质监测分析方法体系包括(　　)。
(A)国家水质标准分析方法　　(B)地方水质标准分析方法
(C)等效方法　　(D)统一分析方法

48. 监测数据具有"五性",它们之间的关系是(　　)。
(A)代表性、完整性主要体现在优化布点、样品采集、保存、运输和处理等方面
(B)精密性和准确性主要体现在实验室分析测试方面
(C)可比性又是精密性、准确性、代表性、完整性的综合体现
(D)只有前四者都具备了,才有可比性而言

49. 需要在车间或者车间处理设施排放口采样测定的污染物是(　　)。
(A)化学需氧量　　(B)总汞　　(C)总砷　　(D)总铬

50. 关于工业废水采样点的布设,正确的是(　　)。
(A)监测一类污染物,应在车间或车间处理设施的废水排放口设置采样点

(B)监测二类污染物,应在工厂废水总排放口布设采样点

(C)已有废水处理设施的工厂,在处理设施的总排放口布设采样点

(D)如需了解废水处理效果,还要在处理设施进口设采样点

51. 水污染源监测对象有( )。

(A)地表水 (B)医院污水 (C)生活污水 (D)工业废水

52. 根据《环境空气质量标准》(GB 3095—2012),污染物常规监测项目除颗粒物、二氧化氮以外还有( )。

(A)氯氟烃 (B)一氧化碳 (C)臭氧 (D)二氧化硫

53. 空气污染物监测采样站(点)布设的原则和要求有( )。

(A)采样点应设在整个监测区域的高、中、低三种不同污染物浓度的地方

(B)人口密度大的地区多取点,少的地区可少些

(C)工业集中地区多取点,农村可少些

(D)超标地区多取点,未超标地区少些

54. 空气污染物监测采样高度的设置原则是( )。

(A)研究大气污染对人体的危害,采样口应在离地面 1 m 处

(B)研究大气污染对植物或器物的影响,采样口高度应与植物或器物高度相近

(C)连续采样例行监测采样口高度应距地面 3~15 m

(D)若置于屋顶采样,采样口应与基础面有 1 m 以上的相对高度,以减小扬尘的影响

55. 按主要测定的放射性核素,可将放射性监测对象分为( )。

(A)X 放射性核素 (B)γ 放射性核素

(C)α 放射性核素 (D)β 放射性核素

56. 关于水样类型的说法,正确的是( )。

(A)瞬时水样是生活饮用水卫生监测工作中的主要水样采集类型

(B)混合水样包括等时混合水样和等比例混合水样

(C)把不同采样点同时采集的各个瞬时水样混合后所得到的样品称综合水样

(D)综合水样适用于在河流主流、多个支流或水源保护区的多个取水点处同时采样

57. 下列动态配气法的描述,正确的是( )。

(A)原理是已知浓度原料气与稀释气按恒定比例连续不断地进入混合器混合、在线配制供给

(B)常用的方法有连续稀释法、负压喷射法、高压钢瓶配气法

(C)适用于配制大量或通标准气时间较长的实验工作

(D)设备复杂,不适合配制高浓度标准气

58. 测定( )等项目的水样必须充满容器。

(A)溶解氧 (B)生化需氧量 (C)有机污染物 (D)放射性

59. 测定物质与盛水容器的选择,正确的是( )。

(A)测定无机物用玻璃瓶 (B)测定生物类用聚乙烯瓶

(C)测有机物用玻璃瓶 (D)测定金属水样一般用聚乙烯瓶

60. 常用的水样保护剂有( )。

(A)酸 (B)碱

(C)氧化剂或还原剂　　　　　　　　(D)生物抑制剂

61. 干灰化法不适用于处理测定含(　　)的水样。

(A)砷　　　　　　　　(B)汞　　　　　　　　(C)镉

(D)硒　　　　　　　　(E)锡

62. 采样容器的清洗要求是(　　)。

(A)按水样待测定组分的要求来确定清洗方法

(B)新的采样瓶,应先用硝酸浸泡

(C)用铬酸清洁液浸泡的容器(主要用于监测金属指标),可直接用纯水淋洗

(D)采集水样时还需用水样洗涤容器 2～3 次

63. 突发性环境污染事故的应急监测是一种特定目的的监测，是环境监测人员在事故现场，用小型便携快速检测仪器或装置，在尽可能短时间内，根据事故所发地的特点，作出定性、定量分析，从而确定出(　　)。

(A)污染物质的种类　　　　　　　　(B)各种污染物的浓度

(C)污染的范围及其可能的危害　　　(D)污染造成的经济损失

64. 下列关于邻联甲苯胺比色法测定水中余氯的方法描述,正确的是(　　)。

(A)适用于测定工业废水的总余氯及游离余氯

(B)该方法最低检测浓度为 0.01 mg/L

(C)水中含有悬浮性物质时干扰测定,可用离心法去除

(D)在 pH 值小于 1.8 的酸性溶液中,余氯与邻联甲苯胺反应,生成黄色的醌式化合物,用目视法进行比色定量

65. 下列水样臭的检验,叙述错误的是(　　)。

(A)检验水样中臭使用的无臭水,可以通过自来水煮沸的方式获取或直接使用市售蒸馏水

(B)臭阈值法检验水中臭时,检验试样的温度应保持在 60℃±2℃

(C)臭阈值法检验水中臭时,需要确定臭的阈限,即水样经稀释后,直至闻不出臭气味的浓度

(D)为了检验水样中臭,实验中需要制取无臭水,一般用自来水通过颗粒活性炭的方法来制取

66. 下列关于水温的说法,正确的是(　　)。

(A)水温测量应在现场进行

(B)地表水的温度比较稳定,通常为 8～12℃

(C)地下水的温度随季节变化较大

(D)常用的测量水温的仪器有水温计、颠倒温度计、热敏电阻温度计

67. 污水采样时只能单独采样的项目有(　　)。

(A)COD　　　　(B)悬浮物　　　　(C)油类　　　　(D)BOD

68. 铅字法测定水样透明度,应注意(　　)。

(A)既可在实验室内测定,又可在现场测定

(B)使用的仪器是透明度计

(C)铅字法测定透明度必须将振荡均匀的水样立即倒入透明度计内至 30 cm 处

(D)铅字法测定水透明度时,观察者应从透明度计筒口垂直向下观察水下的印刷符号

69. 测定水中浊度的方法有(　　)。

(A)目视比浊法　(B)铅字法　(C)分光光度法　(D)浊度计法

70. 测定水中浊度时应注意(　　)。

(A)测定水的浊度时,水样中出现有漂浮物和沉淀物时,便携式浊度计读数将不准确

(B)一般现场测定浊度的水样如需保存,应于4℃冷藏,测定时要恢复至室温立即进行测试

(C)测定浊度的水样,可用具塞玻璃瓶采集,也可用塑料瓶采集

(D)便携式浊度计测定浊度时,对于高浊度的水样,应用蒸馏水稀释定容后测定

71. 水的矿化度测定方法有(　　)。

(A)重量法　(B)电导法　(C)离子交换法　(D)阴、阳离子加和法

72. 下列属于生产工艺过程中职业危害因素的是(　)。

(A)振动　(B)有机粉尘　(C)电离辐射　(D)太阳辐射

73. 关于水的色度测定方法,叙述正确的是(　　)。

(A)测定方法有分光光度法、稀释倍数法、铂钴标准比色法

(B)稀释倍数法用于天然水和工业废水颜色的测定

(C)铂钴标准比色法适用于清洁的、带有黄色色调的天然水和饮用水的色度测定

(D)如果水样中有泥土或其他分散很细的悬浮物,用澄清、离心等方法处理仍不透明时,则测定表色

74. 水样采集后,应选用适当的运输方式尽快送回实验室,并做到(　　)。

(A)要塞紧采样容器器口塞子,必要时用封口胶、石蜡封口(测油类的水样不能用石蜡封口)

(B)为避免水样在运输过程中振动、碰撞导致损失或沾污,应将其装箱,并用泡沫塑料或纸条挤紧,在箱顶贴上标记

(C)需冷藏的样品,应采取致冷保存措施

(D)冬季应采取保温措施,以免冻裂样品瓶

75. 下列污泥性质指标的描述,正确的是(　　)。

(A)污泥含湿率是污泥中水分重量与污泥总重量之比的百分数

(B)可消化程度表示污泥中可被消化降解的有机物数量

(C)污泥相对密度是指污泥的质量与同体积水质量的比值

(D)挥发性固体反应污泥的稳定化程度

76. 玻璃电极法测定水样 pH 值的注意事项有(　　)。

(A)玻璃电极在使用前应在蒸馏水中浸泡 12 h 以上,用毕冲洗干净,浸泡水中

(B)玻璃球泡易破损,使用时要小心,安装时应低于甘汞电极的陶瓷芯端

(C)玻璃电极法测定 pH 值使用的标准溶液应在4℃冰箱内存放,使用过的标准溶液不可以再倒回去反复使用

(D)水的颜色、浊度,以及水中胶体物质、氧化剂及较高含盐量均不干扰测定

77. 下列关于水中悬浮物测定的描述中,正确的是(　　)。

(A)水中悬浮物的理化特性对悬浮物的测定结果无影响

(B)所用的滤器与孔径的大小对悬浮物的测定结果有影响

(C)截留在滤器上物质的数量对悬浮物的测定结果有影响

(D)滤片面积和厚度对悬浮物的测定结果有影响

78. 根据《环境空气质量标准》(GB 3095—2012),污染物其他监测项目除氮氧化物、铅以外还有(　　)。

(A)总悬浮颗粒物　(B)一氧化碳　(C)苯并(a)芘　(D)二氧化硫

79. 下列用重量法测定水中硫酸盐的描述,正确的是(　　)。

(A)原理是在盐酸溶液中,硫酸盐与加入的氯化钡形成硫酸钡沉淀,将硫酸钡沉淀处理后称重

(B)为防止样品中可能含有的硫化物或亚硫酸盐被氧化,在现场采集水样时应将容器完全充满

(C)在进行沉淀反应时,应该在不断搅拌的情况下,快速加入沉淀剂

(D)在将沉淀从烧杯转移至恒重坩埚时,应用热水少量多次洗涤沉淀,直到没有氯离子为止

80. 碘量法测定水中硫化物,采用酸化-吹气法对水样进行预处理时应注意(　　)。

(A)保证预处理装置各部位的气密性

(B)加酸前须通氮气驱除装置内空气,加酸后应迅速关闭活塞

(C)水浴温度应控制在 70～80℃

(D)控制适宜的吹气速度保证加标回收率

81. 碘量法测定的硫化物时应当注意(　　)。

(A)水样在保存时,其 pH 值须控制在 7～10

(B)实验用水应为除氧去离子水

(C)在酸化-吹气预处理时,水浴温度应控制在 60～70℃

(D)若在吸收瓶中加入碘标准溶液后吸收液为无色,说明水样中硫化物含量高

82. 氯气校正法测定废水中 COD 时,应(　　)。

(A)待测水样的氯离子含量应大于 1 000 mg/L,小于 20 000 mg/L

(B)水样需要在强酸介质中回流消解

(C)防爆沸玻璃珠的直径应为 4～8 mm

(D)配制好的硫代硫酸钠标准滴定溶液,应放置两周后再标定其准确浓度

83. 下列重铬酸盐法测定水中 COD 的操作,正确的是(　　)。

(A)用 0.025 mol/L 浓度的重铬酸钾溶液可测定 COD 值大于 50 mg/L 的水样

(B)若水样中氯离子含量较多而干扰测定时,可加入硫酸汞去除

(C)水样须在强酸性介质中加热回流 1 h

(D)用硫酸-硫酸银作催化剂

84. 稀释与接种法测定水中 BOD_5 时,为保证微生物生长需要,稀释水中应加入一定量的(　　),并使其中的溶解氧近饱和。

(A)无机营养盐　(B)缓冲物质　(C)有机物　(D)生物抑制剂

85. 稀释与接种法测定的 BOD_5 时,应注意的问题有(　　)。

(A)冬天采集的较清洁地表水中溶解氧往往是过饱和的,此时无需其他处理就可立即测定

(B)水样采集后应在 2～5℃温度下贮存,一般在稀释后 6 h 之内进行检验

(C)接种稀释水配制完成后应立即使用

(D)对于游离氯在短时间不能消散的水样,可加入亚硫酸钠去除

86. 职业健康检查分为(　　)。

(A)上岗检查　　(B)岗中检查　　(C)离岗检查　　(D)应急检查

87. 酚类化合物在水样中很不稳定,尤其是低浓度样品,其主要影响因素为(　　)。

(A)无机物　　(B)水中微生物　　(C)氧　　(D)有机物

88. 4-氨基安替比林分光光度法测定水中挥发酚时,应注意(　　)。

(A)如果试样中共存有芳香胺类物质,可在 pH<0.5 的介质中蒸馏,以减小其干扰

(B)如果水样中不存在干扰物,预蒸馏操作可以省略

(C)若缓冲液的 pH 值不在 10.0±0.2 范围内,可用 HCl 或 NaOH 调节

(D)《水质 挥发酚的测定 4-氨基安替比林分光光度法》(HJ 503—2009)中用直接分光光度法测定,检出限为 0.01 mg/L,测定下限为 0.04 mg/L,测定上限是 2.50 mg/L

89. 碱性过硫酸钾消解紫外分光光度法测定总氮,主要干扰离子干扰叙述正确的是(　　)。

(A)加入 5%盐酸羟胺溶液 1～2 mL 可消除水样中含有二价铁离子的影响

(B)硫酸盐及氯化物对测定无影响

(C)加入一定量的硝酸可去除碳酸盐及碳酸氢盐对测定的影响

(D)碘及溴离子对测定有干扰

90. 硝酸银滴定法测定水中氰化物时,应(　　)。

(A)水样中碳酸盐浓度过高将影响蒸馏及吸收液的吸收

(B)当水样无色或有机物含量较低时不必蒸馏,可直接滴定

(C)氰离子与硝酸银作用生成银氰络合沉淀

(D)向样品中加入适量的氨基磺酸是为了消除亚硝酸盐的干扰

91. 测定水中铬的常用方法是(　　)。

(A)分光光度法　　(B)原子吸收法

(C)硫酸亚铁铵滴定法　　(D)电化学法

92. 电力、蒸汽、热水生产及供应业废水的必测监测项目有(　　)。

(A)pH 值　　(B)COD　　(C)BOD_5　　(D)重金属

93. 滴定法测定水中氨氮(非离子氨),应(　　)。

(A)以硼酸溶液为吸收液

(B)配制用于标定硫酸溶液的碳酸钠标准溶液时,应采用无氨水

(C)轻质氧化镁需在 500℃下加热处理,以去除碳酸盐

(D)若水样中含挥发性胺类,则氨氮(非离子氨)的测定结果将偏高

94. 钼酸铵分光光度法测定水中总磷,应注意(　　)。

(A)在酸性条件下,砷、铬和硫不干扰测定

(B)如显色时室温低于 13℃,可在 20～30℃水浴上显色 30 min

(C)水样中的有机物用过硫酸钾氧化不能完全破坏时,可用硝酸-高氯酸消解

(D)磷标准贮备溶液在玻璃瓶中可贮存至少 6 个月

95. 测定水中石油类物质的描述,正确的是(　　)。

(A)重量法测定水中可被石油醚萃取的物质总量,适用于测定含油 10 mg/L 以上的水样
(B)红外分光光度法适用于测定各类水中石油类和动、植物油的测定
(C)红外光度法测定水中石油类,用吸附法去除动植物油干扰时,如萃取液需要稀释,则应在吸附后进行稀释
(D)非分散红外法测定水中油类物质,当油品中含环烷烃多时会产生较大误差

96. 测定水中镍的方法和适用范围,叙述正确的是( )。
(A)石墨炉原子吸收法适用于生活饮用水中镍的测定
(B)石墨炉原子吸收法的检出限很低,对分析要求极高
(C)丁二酮肟分光光度法适用于工业废水及受到镍污染的水体中镍的测定
(D)采用丁二酮肟分光光度法时,取样体积 10 mL,测定上限为 10 mg/L,最低检出浓度为 0.25 mg/L

97. 衡量分析结果的主要质量指标是( )。
(A)标准偏差 (B)精密度 (C)加标回收率 (D)准确度

98. 偏差分为( )。
(A)标准偏差 (B)相对偏差 (C)绝对偏差 (D)相对平均偏差

99. 环境因素的认证包括( )。
(A)活动 (B)产品 (C)服务 (D)人员

100. 实验室内常用的质量控制方法有( )。
(A)平行样分析 (B)加标回收率分析
(C)方法比较分析 (D)用标准样品进行室内自检及室间外检

101. 减少误差的方法有( )。
(A)通过校准仪器、空白实验减少系统误差
(B)通过增加测定次数减少偶然误差
(C)通过提高操作水平减少过失误差
(D)通过对照实验校正方法误差

102. 下列偏差的表述正确的是( )。
(A)绝对偏差是单次测量值与平均值之差
(B)相对偏差是绝对偏差占平均值的百分比
(C)平均偏差是各测量值相对偏差的算术平均值
(D)相对平均偏差是平均偏差占平均值的百分比

103. 下列关于质量控制图的叙述,正确的是( )。
(A)其编制原理是分析结果间的差异符合正态分布
(B)其坐标选定是以统计值为横坐标,测定次数为纵坐标
(C)质量控制图由中心线、上下辅助线、上下警告限、上下控制限组成
(D)采用质量控制图的目的是为了连续不断地监视和控制分析测定过程中可能出现的误差

104. 将下列数据修约到只保留一位小数,正确的是( )。
(A)修约前 14.250 0,修约后 14.3
(B)修约前 14.050 0,修约后 14.0

(C)修约前 14.150 0,修约后 14.2

(D)修约前 14.250 1,修约后 14.2

105. 下列可疑数据检验方法的描述,正确的是(　)。

(A)格鲁布斯法只用于检验一组测量值一致性和剔除一组测量值中的离群值

(B)狄克逊检验法适用于多组测量值的一致性检验和剔除离群值

(C)狄克逊检验法与 Q 检验法不同的是按不同的测定次数范围,采用不同的计算公式

(D)与狄克逊检验法比较,格鲁布斯法不但能处理一个可疑数据,还能适用于 2 个或多个的情况

106. 化学分析法检查去离子水的质量,主要是检查(　)。

(A)pH 值　(B)钙离子　(C)氯离子　(D)硫酸根离子

107. 下列纯水分级与制水设备对应错误的是(　)。

(A)特级水使用混合床离子交换柱、0.45 μm 滤膜、亚沸蒸馏器制得

(B)1 级水使用双级复合床或混合床离子交换柱制得

(C)3 级水使用石英蒸馏器制得

(D)4 级水使用金属或玻璃蒸馏器制得

108. 以下是安全进行实验工作的基本要素,正确的是(　)。

(A)取用酸、碱等腐蚀性试剂时,应特别小心,不要洒出

(B)废酸液和废碱液可倒入同一个废液缸中处理

(C)在热天取用氨水时,最好先用冷水浸泡氨水瓶,使其降温后再开瓶取用

(D)对某些强氧化剂(如氯酸钾、硝酸钾、高锰酸钾等)或其混合物,不能研磨,否则将引起爆炸

109. 实验试剂的使用注意事项,叙述正确的是(　)。

(A)丙酮、乙醇都有较强的挥发性和易燃性,二者都不能在任何有明火的地方使用

(B)丙酮会对肝脏和大脑造成损害,因此避免吸入丙酮气体

(C)强酸强碱等不能与身体接触

(D)弱酸弱碱在使用中可以与身体接触

110. 水质监测采样时,不用现场进行固定处理的监测项目是(　)。

(A)砷　(B)硫化物　(C)生化需氧量　(D)总氮

111. 下列常用玻璃仪器的使用注意事项,错误的是(　)。

(A)滴定管(酸式、碱式、无色、棕色)不能加热,活塞要原配,漏水不能用,酸式、碱式不能混用

(B)抽滤瓶属于厚壁容器,能耐负压,可加热

(C)容量瓶不能烘烤与直接加热,可用水浴加热,可以存放药品

(D)干燥器(棕色、无色)底部要放干燥剂,盖磨口要涂适量凡士林,不可将赤热物体放入,放入物体后要间隔一段时间开盖以免盖子跳起

112. 对玻璃仪器进行清洗时,应当注意(　)。

(A)铬酸洗液对无机物的油污去处能力强,但其腐蚀性强、有一定毒性,使用应注意安全

(B)碱性高锰酸钾洗液用于清洗油污或其他有机物质

(C)纯酸洗液用于除去微量离子

(D)碱性洗液加热使用去油效果较好

113. 使用容量瓶时,应注意(　　)。

(A)向容量瓶中转移溶液时必须用玻璃棒

(B)不能用手掌握住瓶身,以免造成液体膨胀

(C)容量瓶不能久贮溶液,尤其是碱液,会腐蚀玻璃使瓶塞粘住,无法打开

(D)如长期不用,将磨口处洗净吸干,垫上纸片

114. 使用天平时应遵循的原则是(　　)。

(A)天平罩内应放硅胶干燥剂,并及时更换

(B)天平室要注意清洁、防尘,周围无振动和无强磁场

(C)天平接通电源后需要预热半小时以上,才能进行正式称量

(D)挥发性、腐蚀性、吸潮性的物体必须放在加盖的容器中称量(液体样品称量时也应加盖)

115. 使用 pH 计时应注意(　　)。

(A)检测 pH 值大于 7 的样品用 4 和 7 校准液进行校准,pH 值小于 7 的样品用 7 和 9 校准液进行校准

(B)读数时待 pH 值稳定后再读数

(C)pH 计使用后电极用蒸馏水浸泡

(D)及时补充饱和氯化钾

116. 使用电导仪时应注意(　　)。

(A)检查一下指针是否指零,如果不指零调节电导率仪上的调零旋钮

(B)将电导率仪调节到校正挡,指针指向零刻度

(C)按照电极常数调节旋钮,测量时调节到测量挡

(D)具体型号的电导率仪需要按照说明书操作

117. 下列关于分光光度法的说法,正确的是(　　)。

(A)用紫外分光光度法测定样品时,比色皿应选择石英材质的

(B)应用分光光度法进行样品测定时,摩尔吸光系数随比色皿厚度的变化而变化

(C)用分光光度法测定样品时,当溶液中的有色物质仅为待测成分与显色剂反应生成,可以用溶剂作空白溶液

(D)分光光度计吸光度的准确性是反映仪器性能的重要指标,一般常用酸性重铬酸钾标准溶液进行吸光度校正

118. 气相色谱常用的定量方法有(　　)。

(A)外标法　　(B)内标法　　(C)叠加法　　(D)归一化法

119. 下列原子吸收光度法的说法,正确的是(　　)。

(A)原子吸收光度法背景吸收能使吸光度增加,使测定结果偏高

(B)原子吸收光度法用的空心阴极灯的阴极是由待测元素的纯金属或合金制成

(C)原子吸收光谱仪中,衡量原子化器性能的主要指标是原子化器能否在适当的时间内,将试样中的待测元素定量地原子化,少受其他因素的干扰

(D)原子吸收光度法测试样品前,无需对空心阴极灯进行预热

120. 原子吸收光度法中进行背景校正的主要方法有(　　)。

(A)氘灯法　　(B)塞曼法　　(C)标准加入法　　(D)双波长法

121. 便携式浊度计测定水样浊度时,应当注意(　　)。
(A)水样的浊度若超过 40 度,需进行稀释
(B)每月用 20 度的标准溶液对便携式浊度计进行校准
(C)透射浊度值与散射浊度值在数值上是一致的
(D)对于高浊度的水样,应用蒸馏水稀释定容后测定
122. 数据记录中确定有效数据应遵循的原则是(　　)。
(A)根据计量器具的精度和仪器的刻度来确定,不得任意增删
(B)按照所用分析方法最低检出浓度的有效位数确定
(C)来自同一正态分布的数据量多于 3 个时,即均值的有效数字位数可比原位数增加一位
(D)精密度按照所用分析方法最低检出浓度的有效位数确定,只有当测次超过 8 次时,统计值可多取一位
123. 原始资料主要包括的内容有(　　)。
(A)样品的采集、保存、运送过程
(B)分析方法的选用及检测过程
(C)自控结果记录
(D)各种原始记录(如试剂、基准、标准溶液、试剂配制与标定记录、样品测试记录、校正曲线等)
124. 配制一般溶液时应注意(　　)。
(A)直接水溶液法适用易溶于水且不易水解的固体试剂
(B)介质水溶液法适用易水解的固体试剂,如 $FeCl_3$
(C)稀释法适用液体试剂
(D)配制一般溶液精度要求不高,溶液浓度只需保留 1～2 位有效数字,试剂的质量由托盘天平称量,体积用量筒量取即可
125. 分析所用标准溶液的配制中,应该注意的问题有(　　)。
(A)配制 EDTA 标准溶液应检验所用水中无杂质阳离子
(B)用有机溶剂配制溶液时,应不时搅拌,可于热水浴中温热溶液
(C)配制 H_2SO_4、H_3PO_4、HNO_3、HCl 等溶液时,都应将水倒入酸中
(D)碘液配制时,要将碘溶于较浓的碘化钾水溶液中,才可稀释
126. 使用微压计进行烟气压力测量时,在仪表安装和测量操作上应注意(　　)。
(A)新的微压计和换用新的玻璃管或水准泡后的微压计,都必须经过校验才能使用
(B)对于久未使用的微压计,首先应检查各部件是否完整良好,水准泡是否扩大
(C)连接微压计与皮托管应注意正、负端不能接反
(D)在气流不太稳定的管道内测量时,微压计的读数应取液柱波动的平均值
127. 下列烟气压力测定方法与适用范围,对应正确的是(　　)。
(A)U 形压力计可同时测全压和静压,适宜测量微小压力
(B)斜管式微压计适用于测动压,若采用酒精作为封液,更便于测量微压
(C)S 形皮托管适用于测颗粒物含量较高的烟气
(D)标准皮托管适用于测量含尘量少的烟气

128. 污染源颗粒物采样的要求有(　　)。
(A)必须采用等速采样
(B)预测流速法采样法适用于工况较稳定的污染源,尤其是对速度低、高温、高湿、高粉尘浓度的烟气
(C)平行测速采样法适用于烟气工况不太稳定的情况
(D)静压平衡采样法适用于高含尘量烟气的颗粒物采集
129. 化学法测定气态污染物的操作,正确的是(　　)。
(A)采样前应先预热采样管
(B)正式开采前,令排气通过旁路吸收瓶采样 3 min,将吸收瓶前管路内的空气置换干净
(C)采样期间应保持流量恒定,采样时间视待测污染物浓度而定,但每个样品采样时间不少于 5 min
(D)采样结束后应再次进行漏气检查,如发现漏气应修复后重新采样
130. 气态污染物的有动力采样法包括(　　)。
(A)固定容器法　　(B)溶液吸收法
(C)低温冷凝浓缩法　　(D)填充柱采样法
131. 在环境空气采样期间,应记录(　　)等参数。
(A)采样流量　(B)采样时间　(C)气样温度　(D)气样压力
132. 定电位电解法测定烟道气中二氧化硫时,要求(　　)。
(A)进入传感器的烟气温度不得大于 40℃
(B)读数完毕后,将采样枪取出置于环境空气中,清洗传感器至仪器读数在 50 mg/m³ 以下后,才能进行第二次测试
(C)被测气体中化学活性强的物质对定电位电解传感器的定量测定有干扰
(D)应选择抗负压能力大于烟道负压的仪器,否则会使仪器采样流量减小,测试浓度值将高于烟道气中二氧化硫实际浓度值
133. 碘量法测定固定污染源排气中二氧化硫时,要求(　　)。
(A)若烟气中二氧化硫浓度较高,可取部分吸收液进行滴定
(B)淀粉指示剂可储存于细口瓶中,在冰箱中的保存有效期为三个月
(C)配制好的硫代硫酸钠溶液应马上标定其浓度
(D)采样后应尽快对样品进行滴定,样品放置时间不要超过 1 h
134. 气相色谱法测定环境空气中苯系物时,应注意(　　)。
(A)用吸附管采集样品时,采样流量通常为 0.2～0.6 L/min
(B)若空气中水蒸气或水雾量太大,以至在碳管中凝结,则会严重影响活性炭管的穿透容量及采样效率
(C)一般测定五个试样后就应该用标准样品校准一次
(D)采集了样品的采样管应在低温下保存,并尽快分析
135. 用盐酸萘乙二胺法测定环境空气氮氧化物时,要求(　　)。
(A)所用氧化管的最适宜相对湿度范围为 30%～70%,当空气中相对湿度大于 70%应勤换氧化管
(B)配制标准溶液的亚硝酸钠应预先在烘箱中干燥 24 h,不能直接放在干燥器干燥

(C)吸收液在运输和采样过程中应避光,防止日光照射使显色剂显色
(D)吸收液能吸收空气中的氮氧化物,所以吸收液不宜长时间暴露于空气中

136. 预防实验室发生火灾,应从(　　)入手。
(A)易燃物品要妥善保管　　(B)电器设备要经常检修
(C)实验室应常备防火材料　　(D)灭火器的药液要定期更换

137. 对触电者进行人工呼吸急救的方法有(　　)。
(A)俯卧压背法　　(B)仰卧牵臂法
(C)口对口吹气法　　(D)胸外心脏挤压法

138.《安全生产法》规定,从业人员的义务有(　　)。
(A)遵章守纪,服从管理　　(B)认真接受教育与培训
(C)正确使用劳动保护用品　　(D)发现隐患及险情应尽快报告

139. 监测仪器与设备的维护与保养,应遵循的原则是(　　)。
(A)属于国家强制检定的仪器与设备,应依法送检,并在检定合格有效期内使用
(B)制定仪器与设备年度核查计划,并按计划执行,保证在用仪器与设备运行正常
(C)监测仪器与设备应定期维护保养,使用时做好仪器与设备使用记录,保证仪器与设备处于完好状态
(D)每台仪器与设备均有责任人负责日常管理

140. 实验室安全制度包括(　　)。
(A)实验室内需设备各种必备的安全措施并定期检查,保证随时可供使用
(B)使用易燃、易爆和剧毒试剂时,必须遵照有关规定操作
(C)下班时要有专人负责检查实验室的门、窗、水、电、煤气等,切实关好,不得疏忽大意
(D)实验室的消防器材应定期检查,妥善保管,不得随意挪用

141. 有效数字的修约及运算法则是(　　)。
(A)四舍六入五考虑
(B)可以对数字进行多次修约
(C)加减法以小数点后位数最少的数为准
(D)乘除法以有效数字位数最少的数为准

142. 下列关于城市区域环境振动测量的描述,正确的是(　　)。
(A)用于测量环境振动的仪器,其性能必须符合 ISO/DP 8401—1984 有关条款规定,测量系统每年至少送计量部门校准一次
(B)检测稳态振动,每个测点测量一次,取 5 s 内的平均示数作为评价量
(C)在各类区域建筑物室外 1.5 m 以内整栋敏感处设置测量点位,必要时测点置于建筑物室内地面中央
(D)检振器应放置在平坦、坚实的地面上,其灵敏度主轴方向与测量方向相反

143. 下列关于浓度表示方法的描述,正确的是(　　)。
(A)25%的葡萄糖注射液(体积百分比浓度)
(B)1 L 浓硫酸中含 18.4 mol 的硫酸(摩尔浓度)
(C)1 L 含铬废水中含六价铬质量为 2 mg,则六价铬的浓度为 2 mg/L(质量-体积浓度)
(D)60%的乙醇溶液(体积百分比浓度)

144. 关于声级计的叙述，正确的是(　　)。
(A)声级计使用的是电容传声器
(B)环境噪声监测可以使用Ⅲ型声级计
(C)其原理是把声信号转换成电信号，模拟人耳的听觉特性进行了一定的频率计权和时间计权
(D)声级计在使用前要校准
145. 噪声测量过程中应当注意(　　)。
(A)使用前要检查电压是否满足声级计正常工作的要求，并对其进行校准
(B)注意避免风、温度、湿度等大气环境的影响
(C)注意声源附近反射体的影响，测点尽量远离反射物
(D)注意避免背景噪声的影响
146. 对噪声进行叠加和相减时应注意(　　)。
(A)作用于某一点的两个声源声压级相等，其合成的总声压级比一个声源的声压级增加 5 dB
(B)当声压级不相等时，可以利用噪声源叠加曲线来计算
(C)多个声源的叠加，只需逐次两两叠加即可，与叠加次序无关
(D)噪声相减的方法是先求出声源声级与背景噪声之差，根据背景噪声修正曲线来计算实际声级大小
147. 下列关于化学需氧量(COD_{Cr})水质在线自动检测仪的描述，正确的是(　　)。
(A)其原理是在碱性条件下，将水样中有机物和无机还原性物质用重铬酸钾氧化
(B)检测方法有光度法、化学滴定法、库伦滴定法
(C)测定范围是 20～2 000 mg/L，可扩充
(D)该监测仪不适用排放高氯废水(氯离子浓度在 1 000～20 000 mg/L)的水污染源的监测
148. 用来描述振动响应的参数是(　　)。
(A)位移　　(B)速度　　(C)加速度　　(D)频率
149. 下列关于振动检测方法的描述，正确的是(　　)。
(A)最直接的检测方法是把传感器放在设备应测量的部位，测量机器的振动值
(B)振动值可用加速度、速度或位移来表示，通常都选用振动速度参数
(C)以频率分析法诊断异常振动是用振动总结法判断整机或部件的异常振动，把该振动信号取出后再作频率分析，进一步查出异常的原因和位置
(D)振动脉冲测量法专门用来对滚动轴承的磨损和损伤的故障诊断
150. 下列关于粉尘测定的描述，正确的是(　　)。
(A)测定前应先对滤膜进行干燥和称重
(B)采样位置应设置在工人的呼吸带高度，距底板约 1 m，且在工作面附近下风侧风流较稳定区域
(C)连续产尘点应在作业开始后 20 min 采样，阵发性降尘与工人操作同时采样
(D)所采粉尘量应不少于 1 mg，小号滤膜不大于 20 mg，采样时间不少于 15 min
151.《锅炉烟尘测试方法》(GB 5468—1991)规定，测定除尘器进、出口管道内的烟尘浓度

时，应(　　)。

(A)采用等速采样过滤计重法

(B)按等速采样原则测定时，其采样嘴直径不得小于 5 mm，采样嘴轴线与气流流线的夹角不得大于 5°

(C)每个测定断面采样次数不得少于 3 次，每个测点连续采样时间不得少于 3 min

(D)每台锅炉测定时所采集样品累计的总采气量不得少于 1 m^3

152. 空气污染物监测多用动力采样法，下列采样动力与适用情况对应正确的是(　　)。

(A)注射器、连续抽气筒适用于采气量小的情况

(B)双连球适用于采气量大的情况

(C)电动抽气泵适用于采样时间较长和采样速度要求大的情况

(D)刮板泵和真空泵常用来采集空气中颗粒物

153. 实验室使用过的有机溶剂废液的处理方式有(　　)。

(A)汇集后排放入下水道

(B)回收一部分用于要求较低的实验中

(C)少量残液置于安全的空旷地点充分燃烧排放

(D)将废液分类集中于废液瓶

154. 进行加标回收率测定时，下列叙述错误的是(　　)。

(A)加标物的形态应该和待测物的形态相同

(B)在任何情况下加标量均不得小于待测物含量的 3 倍

(C)加标量应尽量与样品中待测物含量相等或相近

(D)加标后的测定值不应超出方法的测定上限的 80%

155. 关于测定限的说法，正确的是(　　)。

(A)测定限为定量范围的两端

(B)测定线分为测定下限和测定上限

(C)测定下限和测定上限之间的浓度范围是最佳测定范围

(D)测定限随精密度要求不同而不同

156. 硝酸银滴定法测定水中氯化物时，应(　　)。

(A)水样采集后，可放置于硬质玻璃瓶或聚乙烯瓶内低温 0～4℃避光保存

(B)选用棕色酸式滴定管进行滴定

(C)若水样中硫化物、硫代硫酸盐和亚硫酸盐干扰测定，可用过氧化氢处理消除干扰

(D)当铁的含量超过 5 mg/L 时终点模糊，可用对苯二酚将其还原成亚铁消除干扰

157. 放射性同位素监测包括(　　)。

(A)放射源的运输监测

(B)开放性同位素监测

(C)应用密封型放射源环境监测

(D)含密封源设施的环境监测

158. 下列关于 X 射线装置的环境监测的叙述，正确的是(　　)。

(A)根据应用的不同时段，可将监测分为运行前的辐射环境本底调查和运行期间的辐射环境监测

(B)运行前辐射监测的对象是屏蔽体,监测频1次/年
(C)运行期间监测对个人有效剂量进行监测,监测频2次/年
(D)运行期间监测屏蔽墙体外的 X-γ 辐射空气吸收剂量率,监测频1次/年
159. 工业企业厂界噪声测量时段的选择原则是(　　)。
(A)分别在昼间、夜间两个时段测量,夜间有偶发、频发噪声影响同时测量最大声级
(B)被测声源是稳态噪声,采用3 min的等效声级
(C)被测声源是非稳态噪声,测量被测声源有代表性时段的等效声级,必要时测量被测声源整个正常工作时段的等效声级
(D)背景噪声测量时段与被测声源测量的时间长度相同
160.《地表水环境质量标准》(GB 3838—2002)中,基本监测项目有(　　)。
(A)氯化物　　(B)硝酸盐　　(C)高锰酸盐指数　　(D)溶解氧
161. 仪器仪表检验制度是(　　)。
(A)仪器仪表必须定期送检,不得漏检
(B)要设有管理员负责管理、看护及定期进行校验工作
(C)仪器仪表发生故障或误差较大时不得发放使用,必须处理正常及经校验后方可发放使用
(D)计量仪器仪表若有损坏,所维修的费用超过原仪表费用的80%时无维修价值,应办理报废手续
162. 仪器设备维护保养应遵循的原则是(　　)。
(A)定期进行仪器设备的维护保养工作,禁止超负荷、超时限、超压使用
(B)严禁擅自拆卸和改造仪器设备,仪器设备做到每年清点一次
(C)仪器使用结束,应检查仪器和配件的完好,做好保养、清洁工作,放回原位
(D)做好防尘、防潮、防锈等工作,特殊要求的仪器必须按说明书,尽可能使用专用材料进行维护保养
163. 职业病危害因素的辨识方法有(　　)。
(A)是非判断法　　(B)LEC评价法　　(C)经验法　　(D)类比法
164. 下列关于环境因素识别的描述,正确的是(　　)。
(A)认证范围包括活动、产品、服务、人员
(B)应考虑到三种状态、三个时态、七种类型
(C)应以生命周期分析和污染预防为指导思想,采用"工序-输入输出"法进行识别
(D)重要环境因素采用"是非判断法"评价
165. 固定污染源监测仪器与设备的检定和校准应遵循的原则是(　　)。
(A)属于国家强制检定的仪器与设备,应依法送检,并在检定合格有效期内使用
(B)属于非强制检定的仪器与设备应按照相关校准规程自行校准或核查
(C)每年应对仪器与设备检定及校准情况进行核查
(D)未按规定检定或校准的仪器与设备不得使用
166. 固定污染源监测仪器与设备的运行和维护应遵循的原则是(　　)。
(A)制定仪器与设备年度核查计划,并按计划执行,保证在用仪器与设备的正常运行
(B)监测仪器与设备的应定期维护保养,应制定仪器与设备管理程序和操作规程

(C)仪器与设备使用时做好仪器与设备使用记录,保证仪器与设备处于完好状态
(D)每台仪器与设备均应有责任人负责日常管理
167. 中暑的现场急救措施有(　　)。
(A)使中暑人员脱离高温环境,移到凉爽、低温处
(B)积极降温,用冷水、风扇等方法
(C)休息、安慰病人
(D)补液、补盐
168. 环境噪声常规监测项目有(　　)。
(A)功能区噪声定期监测　　(B)道路交通噪声监测
(C)区域环境噪声普查(白天)　　(D)噪声高空监测

四、判 断 题

1. 用玻璃瓶装碱性溶液应用玻璃塞。(　　)
2. S形皮托管在测定中的误差大于标准皮托管。(　　)
3. 降水中的氨离子在冬季比夏季浓度低。(　　)
4. 含酚废水中含有大量硫化物,对酚的测定产生正误差。(　　)
5. 处理氰化物的样品时要在实验室内进行。(　　)
6. 采样 pH 值时,要求体积不得少于 30 mL。(　　)
7. 采样 pH 值时,只能用塑料瓶贮存。(　　)
8. 测定 COD 时,采样体积为 50 mL。(　　)
9. COD 样品保存时间为 7 天。(　　)
10. COD 加硫酸做保存剂,使 pH 值小于 3。(　　)
11. 测定悬浮物需要水样体积为 100 mL。(　　)
12. 测定六价铬时,采样瓶只能用玻璃瓶。(　　)
13. 符号 ppm 是一种重量比值的表示方法。(　　)
14. 环境质量标准、污染物排放标准分为国家标准和地方标准。(　　)
15. 国家污染物排放标准分综合性排放标准和行业性排放标准。(　　)
16.《环境空气质量标准》将环境空气质量标准分为二级。(　　)
17. 标准符号 GB 与 GB/T 含义相同。(　　)
18. 滴定管活塞密闭性检查,在活塞不涂凡士林的清洁滴定管中加蒸馏水至零标线处,放置 10 min,液面下降不超过 1 个最小分度者为合格。(　　)
19. 滴定管活塞密闭性检查,在活塞不涂凡士林的清洁滴定管中加蒸馏水至零标线处,放置 15 min,液面下降不超过 1 个最小分度者为合格。(　　)
20. 具磨口塞的清洁玻璃仪器,如量瓶、称量瓶、碘量瓶、试剂瓶等要衬纸加塞保存。(　　)
21. 具磨口塞的清洁玻璃仪器,如量瓶、称量瓶、碘量瓶、试剂瓶等要与瓶塞一起保存。(　　)
22. 易燃液体的易燃程度常用闪点表示。(　　)
23. 易燃液体的易燃程度常用沸点表示。(　　)

24. 数字“0”在数值中并不是有效数字。(　　)

25. 湖泊、水库也需设置对照断面、控制断面和消减断面。(　　)

26. 测定硅、硼项目的水样可使用任何玻璃容器。(　　)

27. 工业废水是工业生产中排出的废水,包括工艺过程排水,机械设备排水,设备与场地洗涤水等。(　　)

28. 工业废水和生活污水是污染源调查和监测的主要内容。(　　)

29. 为测定工业废水中的 pH 值,在一个生产周期内按时间间隔采样,混合均匀后测定。(　　)

30. 水温、pH 值、电导率等在现场进行监测。(　　)

31. 采集溶解氧时,要注意避开湍流,水样要平稳地充满溶解氧瓶,不能残留小气泡。(　　)

32. pOH 是 pH 的倒数。(　　)

33. 溶液的 pH 值与其 pOH 值之和为零。(　　)

34. 用不同型号的定量滤膜测定同一水样的悬浮物,结果是一样的。(　　)

35. 测砷水样采集后,用硫酸将样品酸化至 pH 小于 2。(　　)

36. 含砷水样加入硝酸保存。(　　)

37. 分光光度法测定浊度,不同浊度范围读数精度一样。(　　)

38. 测定水样浊度超过 100 度时,可酌情少取,用水稀释到 50.0 mL,用分光光度计测定。(　　)

39. 分光光度法测定六价铬,二苯碳酰二肼与铬的铬合物在 470 mm 处为最大吸收波长。(　　)

40. 光度法测定水中铬,水样有颜色且不太深时,可进行色度校正。(　　)

41. 铬的毒性与其存在的状态有极大的关系,二价铬具有强烈的毒性。(　　)

42. 测定总铬的水样,需加硝酸保存。(　　)

43. 测定六价铬的水样,应在中性条件下进行。(　　)

44. 当水样中铬含量大于 1 mg/L 时,最好采用硫酸亚铁氨滴定法测定其含量。(　　)

45. 铬在水中的最稳定价态是三价。(　　)

46. 三价铬是生物体必须的微量元素。(　　)

47. 我国目前测定水中铬常用的方法是电化学法。(　　)

48. 我国总硬度单位已改为 mg/L(以硫酸钙计)。(　　)

49. 环境监测中常用氧化还原滴定法测定水的总硬度。(　　)

50. 总硬度是指水样中各种能和 EDTA 络合的金属离子总量。(　　)

51. 碳酸盐硬度又称“永硬度”。(　　)

52. 非碳酸盐硬度又称“暂硬度”。(　　)

53. 测定硬度的水样,采集后每升水样中应加入硝酸作保护剂。(　　)

54. 当水样在测定过程中,虽加入了过量的 EDTA 溶液由无法变蓝色,出现这一现象的原因可能是溶液的 pH 值偏低。(　　)

55. 用 EDTA 标准溶液滴定总硬度时,整个滴定过程应在 10 min 内完成。(　　)

56. 用 EDTA 滴定总硬度时,最好是在常温条件下进行。(　　)

57. 水中溶解氧的测定只能碘量法进行测量。( )

58. 膜电极法适用于测定天然水、污水、盐水中的溶解氧。( )

59. 化学探头法测定水中溶解氧的特点是简便、快捷,干扰少,可用于现场测定。( )

60. 水中溶解氧在中性条件下测定。( )

61. 配置硫代硫酸钠标准溶液时,加入 0.2 g 碳酸钠,其作用是使溶液保持微碱性抑制细菌生长。( )

62. 测定溶解氧所需的试剂硫代硫酸钠溶液需三天标定一次。( )

63. 溶解氧的测定结果有效数字取 3 位小数。( )

64. 样品中存在氧化或还原性物质时需采集 3 个样品。( )

65. 测定水中氨氮进行蒸馏预处理时,应使用硫酸作吸收液。( )

66. 配好的纳氏试剂要静置后取上清液,贮存于聚乙烯瓶中。( )

67. 用纳氏试剂光度法测定氨氮时,水中如含余氯,可加入适当的硫代硫酸钠。( )

68. 纳氏试剂应贮存于棕色玻璃瓶中。( )

69. 我们所称的氨氮是指游离态的氨和铵离子。( )

70. 通常所称的氨氮是指有机氨化合物、铵离子和游离态的氨。( )

71. 非离子氨是指以游离态的氨形式存在的氨。( )

72. 水中非离子氨的浓度与水温有很大的关系。( )

73. 测定氨氮水样,应储存在聚乙烯瓶或玻璃瓶中,常温下保存。( )

74. 重量法测定水样中悬浮物硝酸盐可使结果偏高。( )

75. 未经过任何处理的做物理化学检验用的清洁的水样,最长存放时间为 72 h。( )

76. 重铬酸钾法中,重铬酸钾标准溶液称取预先在 120℃烘干 2 h。( )

77. 重铬酸钾法中,硫酸亚铁氨必须精称。( )

78. 未经过任何处理的做物理化学检验用的轻度污染的水样,最长存放时间为 48 h。( )

79. 重量法测油时需要 200 mL 定溶。( )

80. 未经过任何处理的做物理化学检验用的严重污染的水样,最长存放时间为 12 h。( )

81. 水样保存的目的是尽量减少存放期间因水样变化而造成的损失。( )

82. 空白实验以无氨水代替水样,按样品测定相同步骤进行显色和测量。( )

83. 测余氯时,用无分度吸管吸取 50 mL 水样于 300 mL 碘量瓶中加入 5 mL 乙酸溶液进行滴定。( )

84. 配置 1%的淀粉溶液不需要新煮沸的蒸馏水。( )

85. 配置硫酸-硫酸银溶液于 2 500 mL 浓硫酸中加入 25 g 硫酸银放置 1～2 h,不时摇动使其溶解。( )

86. 测定油和脂类物质时,采集的样品保存温度为 4℃。( )

87. 测 COD 时,如果化学需氧量很高,则废水样不用稀释。( )

88. 测定油和脂类物质时,采集的样品保存剂采用硝酸使 pH 值小于 4。( )

89. 测定悬浮物时,需要采水样 540 mL。( )

90. 当水样中硫化物大于 1 mg/L 时,可采用碘量法。( )

91. 硫化钠标准溶液配置好后,应贮存于棕色瓶中保存,但应在临用前标定。( )

92. 测定硫化物的水样用吹气法预处理，其载气流速对测定结果影响较小。(　)
93. 我国《生活饮用水卫生标准》中，氟的标准值为1.0 mg/L。(　)
94. 电极法测定氟化物，插入电极后可搅拌也可不搅拌。(　)
95. 电极法测定氟离子，测定溶液的pH值为10～13。(　)
96. 测定氯化物的水样，不能用玻璃瓶储存。(　)
97. 氰化物主要来源于工业污水。(　)
98. 采集水样必须立即加入NaOH固定剂使氰化物固定。(　)
99. 水样中余氯极不稳定，应现场测试并注意避免振摇。(　)
100. COD是指水体中含有机物及还原性无机物量的主要污染指标。(　)
101. 石英器皿绝对不能盛放氢氟酸、氢氧化钠等物质。(　)
102. 适用光吸收定律的条件是白光。(　)
103. 滴定的等当点即为指示剂的理论变色点。(　)
104. 在分光光度法中运用朗伯-比耳定律进行定量分析，应采用可见光作为入射光。(　)
105. 王水的溶解能力强，主要在于它具有更强的氧化能力和络合能力。(　)
106. 滴定分析要求反应要完全，但反应速度可快可慢。(　)
107. 偏差值有正负，而平均偏差没有正负。(　)
108. 托盘天平的分度值(称量的精确程度)是0.1 g。(　)
109. 使用滴定管，必须能熟练做到：逐滴滴加；只加一滴；使溶液悬而不滴。(　)
110. 测定油品运动粘度用温度计的最小分度值1℃。(　)
111. 在托盘天平上称取吸湿性强或有腐蚀性的药品，必须放在玻璃容器内快速称量。(　)
112. 装NaOH溶液的试剂瓶或容量瓶用的是玻璃塞。(　)
113. 称样时，试样吸收了空气中的水分所引起的误差是系统误差。(　)
114. 量器不允许加热，烘烤，也不允许盛放、量取太热、太冷的溶液。(　)
115. 缓冲溶液是一种对溶液的酸碱度起稳定作用的溶液。(　)
116. 光吸收定律只适用于有色溶液。(　)
117. 碘量法属于络合滴定法。(　)
118. 滴定管内存在气泡时，对滴定结果无影响。(　)
119. 两性氢氧化物与酸和碱都能起反应，生成盐和水。(　)
120. 0.001 256的有效数字是6位。(　)
121. 分析过程中，对于易挥发和易燃性有机溶剂进行加热时，常在烘箱中进行。(　)
122. 氢氟酸对人体有腐蚀作用，使用时应避免与皮肤接触，并在通风柜中进行。(　)
123. 经常采用Na_2CO_3和K_2CO_3混合起来溶样，其目的在于提高熔点。(　)
124. 高氯酸不能与有机物或金属粉末直接接触，否则易引起爆炸。(　)
125. 准确度是测定值与真值之间相符合的程度，可用误差表示，误差越小准确度越高。(　)
126. 铂坩埚与大多数试剂不起反应，可用王水在坩埚里溶解样品。(　)
127. 瓷制品耐高温，对酸、碱的稳定性比玻璃好，可以用HF在瓷皿中分解样品。(　)
128. 采样随机误差是在采样过程中由一些无法控制的偶然因素引起的误差。(　)

129. 液体化工产品的上部样品，是在液面下相当于总体积1/6的深度(或高度的5/6)采得的部位样品。(　　)

130. 只要是优质级纯试剂都可作基准物。(　　)

131. 我国关于"质量管理和质量保证"的国家系列标准为GB/T 19000。(　　)

132. 毛细管法测定有机物熔点时，只能测得熔点范围不能测得其熔点。(　　)

133. 毛细管法测定有机物沸点时，只能测得沸点范围不能测得其沸点。(　　)

134. 有机物的折光指数随温度的升高而减小。(　　)

135. 有机物中同系物的熔点总是随碳原子数的增多而升高。(　　)

136. pH值只适用于稀溶液，当$[H^+]>1$ mol/L时，就直接用H^+离子的浓度表示。(　　)

137. 无水硫酸不能导电，硫酸水溶液能导电，所以无水硫酸是非电解质。(　　)

138. 1 mol的任何酸可能提供的氢离子个数都是6.02×10^{23}个。(　　)

139. pH＝7.00的中性水溶液中，既没有H^+，也没有OH^-。(　　)

140. 用强酸滴定弱碱，滴定突跃在碱性范围内，所以CO_2的影响比较大。(　　)

141. 混合碱是指NaOH和Na_2CO_3的混合物，或者是NaOH和$NaHCO_3$的混合物。(　　)

142. 测定混合碱的方法有两种：一是$BaCO_3$沉淀法，二是双指示剂法。(　　)

143. 醋酸钠溶液稀释后，水解度增大，OH^-离子浓度减小。(　　)

144. 高锰酸钾滴定法应在酸性介质中进行，从一开始就要快速滴定，因为高锰酸钾容易分解。(　　)

145. 间接碘量法，为防止碘挥发，要在碘量瓶中进行滴定，不要剧烈摇动。(　　)

146. 重铬酸钾法测定铁时，用二苯胺磺酸钠作为指示剂。(　　)

147. 莫尔法一定要在中性和弱酸性中进行滴定。(　　)

148. 测定水的硬度时，用HAc-NaAc缓冲溶液来控制pH值。(　　)

149. 金属离子与EDTA形成配合物的稳定常数$K_{稳}$较大的，可以在较低的pH值下滴定；而$K_{稳}$较小的，可在较高的pH值下滴定。(　　)

150. 纯碱中NaCl的测定，是在弱酸性溶液中，以$K_2Cr_2O_7$为指示剂，用$AgNO_3$滴定。(　　)

151. 透射光强度与入射光强度之比称为吸光度。(　　)

152. 显色剂用量和溶液的酸度是影响显色反应的重要因素。(　　)

153. 分光光度计都有一定的测量误差，吸光度越大时测量的相对误差越小。(　　)

154. 有色溶液的吸光度为0时，其透光度也为0。(　　)

155. 分光光度分析中的比较法公式$A_s/C_s=A_x/C_x$，只要A与C在成线性关系的浓度范围内就适用。(　　)

156. 原子吸收分光光度计检测器的作用是将单色器分出的光信号大小进行鉴别。(　　)

157. 原子吸收光谱中的直接比较法，只有在干扰很小并可忽略的情况下才可应用。(　　)

158. 在使用酸度计时，除了进行温度校正外，还要进行定位校正。(　　)

159. 热敏电阻可以用作气相色谱热导池的检测元件。(　　)

160. 在液相色谱分析时，流动相不必进行脱气。(　　)

161. 在液相色谱分析时，作为流动相的溶剂必须要进行纯化，除去有害杂质。(　　)

162. 使用72型分光光度计比色时不需要预热。(　　)

163. $KMnO_4$是一个强氧化剂，它的氧化作用与酸度无关。（ ）

164. 电导滴定法是滴定过程中利用溶液电导的变化来指示终点的方法。（ ）

165. 碘量法的误差来源主要有二个方面，一是容易挥发；二是I^-在酸性溶液里容易被空气氧化。（ ）

166. 在测定钢中的铬时，一般根据Cr_2O_3的出现来判断铬氧化是否完全。（ ）

167. 原子、离子所发射的光谱线是线光谱。（ ）

168. 测量溶液的电导，就是测量溶液中的电阻。（ ）

169. 原子发射光谱分析和原子吸收光谱分析的原理基本相同。（ ）

170. 用EDTA滴定法测Ca、Mg元素时，选用的指示剂为二甲酚橙。（ ）

171. 光电直读光谱仪的应用范围比等离子体直读光谱仪的应用范围广。（ ）

172. 光电直读光谱仪的光通数目越多，能够分析的元素就越多。（ ）

173. ICP直读光谱仪的分光系统与一般的光电直读光谱仪的分光系统基本一致。（ ）

174. 在光谱分析中，试样不需进行预处理就可以直接进行分析。（ ）

175. 原子发射光谱中，元素的灵敏线是固定不变的。（ ）

176. 气相色谱分离系统中，将混合组分分离主要靠固定液。（ ）

177. 气相色谱分析中，检测器的作用是将各组分在载气中的浓度转变为电信号。（ ）

178. 测量溶液的电导，实际上就是测量溶液的电阻。（ ）

179. 饱和甘汞电极在使用时，不受温度的影响。（ ）

180. 电位滴定分析与普通容量分析在分析原理上是一致的，只是确定终点的方法不同。（ ）

181. 沉淀都是绝对不溶的物质。（ ）

182. 标准曲线法测定样品含量时，基本上不存在基体影响。（ ）

183. 误差有正负值之分，而偏差没有。（ ）

184. 若一组测定数据，其测定结果之间有明显的系统误差，则它们之间不一定存在显著性差异。（ ）

185. 测定次数一致时，置信度越高，置信区间越大。（ ）

186. 系统误差和偶然误差都属于不可测误差。（ ）

187. 增加平行测定次数以减少偶然误差是提高分析结果准确度的唯一手段。（ ）

188. 透射光强度与入射光强度之比的对数称为吸光度。（ ）

五、简 答 题

1. 环境污染的特点是什么？
2. 环境标准可分为哪几类？分为几级？
3. 制定环境标准的原则是什么？
4. 噪声污染特征是什么？
5. 做加标回收实验应注意什么问题？
6. 简述环境空气监测网络设计的一般原则。
7. 解释“瞬时水样、混合水样、综合水样”术语，说明各适用于什么情况。
8. 简述一般水样自采样后分析测试前应如何处理。

9. 简述水样的保存措施有哪些,并举例说明。

10. 采集湖泊和水库的水样后,在样品的运输、固定和保存过程中应注意哪些事项?

11. 对于黏度大的废水样品应如何测定水样中的悬浮物?

12. 简述重量法测定水中硫酸盐的原理。

13. 简述库伦法测定水中 COD 时,水样消解时加入硫酸汞的作用是什么,为什么?

14. 蒸馏后溴化容量法测定水中挥发酚时,如果在预蒸馏过程中发现甲基橙红色褪去,该如何处理?

15. 测定水中生化需氧量时,水样的预处理方法有哪些?

16. 简述用硫氰酸汞高铁光度法测定大气降水中的氰化物时,制备硫氰酸汞的方法。

17. 钼酸铵分光光度法测定水中总磷时,如何制备浊度-色度补偿液?

18. 碱性过硫酸钾消解紫外分光光度法测定水中总氮时,主要干扰物有哪些? 如何消除?

19. 简述纳氏试剂分光光度法测定水中氨氮的原理。

20. 简述红外分光光度法测定石油类和动植物油的原理。

21. 硝酸银滴定法测定水中氯化物时,为何不能在酸性介质或强碱介质中进行?

22. 四氯汞钾-盐酸副玫瑰苯胺比色法测定环境空气中二氧化硫时,因四氯汞钾溶液为剧毒试剂,所以使用过的废液需要集中回收处理,试述含四氯汞钾废液的处理方法。

23. 简述烟尘采样中的移动采样、定点采样和间断采样之间的不同点。

24.《城市区域环境振动测量方法》(GB 10071—1988)中,振动的测量量、读数方法和评价量分别是什么?

25.《城市轨道交通车站站台声学要求和测量方法》(GB 14227—2006)中列车进、出噪声等效声级 L_{eq} 的计算公式为:$L_{Aeq,T}=10\lg\left[\frac{1}{t_2-t_1}\int_{t_1}^{t_2}10^{0.1L_{PA}}\mathrm{d}t\right]$,请说明式中各物理量的意义。

26. 简述如何获得无浊度水。

27. 1%淀粉溶液怎么配置?

28. 简述校正分光光度计波长的方法。

29. 试述气相色谱法的特点。

30. 原子吸收光谱仪的光源应满足哪些条件?

31. 金属汞散落在地上或桌面上应如何处理?

32.《水污染物排放总量监测技术规范》(HJ/T 92—2002)中,污水流量测量的质量保证有哪些要求?

33. 什么是酸碱滴定法?

34. 怎样确定物质已恒重?

35. 用两种不同型号的定量滤纸作同一水样的悬浮物,测定结果会一样吗? 为什么?

36. 做悬浮物实验时,恒重烘干用的温度是多少?

37. 水中的余氯为什么会干扰氨氮测定? 如何消除?

38. 用纳氏试剂分光光度法测定氨氮时,测定上限是多少? 若氨氮浓度小于 0.1 mg/L 时应怎样测定?

39. 氰化物被蒸出后,馏出液用什么吸收?

40. 萃取完毕后，为何向石油醚萃取液中加入无水硫酸钠？

41. 在什么温度下蒸发萃取后的石油醚提取液，为什么？

42. 萃取时为了密封更好，通常在分液漏斗的活塞上涂凡士林，测油的萃取过程中能涂凡士林吗？

43. 重量法测油适用于含油量多少的水？

44. 测定溶解氧时，对硫酸汞溶液有何要求？

45. 水质监测选择分析方法的原则是什么？

46. 什么是透明度？测定透明度的方法有哪些？

47. 监测分析方法的选择原则是什么？

48. 简述加标回收时应注意的事项。

49. 在水环境监测中，哪些分析方法属于重量分析，容量分析，电化学分析，光学分析？各举两例。

50. 碘量法测定水中溶解氧时，如何采集和保存样品？

51. 在测定 COD_{Cr} 过程中，分别用到 $HgSO_4$、$AgSO_4$-H_2SO_4 溶液、沸石三种物质，请分别说明其在测定过程中的用途。

52. 简述分析中系统误差产生的原因。

53. 什么是标准分析方法？

54. 用什么评价分析方法的精密度？

55. 什么是实验室内质量控制？

56. 准确度的评价分析方法有哪些？

57. 如何消减分析中的系统误差？

58. 什么是空白实验？为什么要做这两种实验？

59. 气相色谱中常用的定量方法有哪些？

60. 色谱-质谱联用仪进样系统中的接口应满足哪几个条件？

61. 原子吸收光度法分析时，试样在火焰中经历哪四个阶段？

62. 何谓锐线光源？原子吸收光谱法为何必须采用锐线光源？

63. 空心阴极灯为何需要预热？

64. 用分光光度法做试样定量分析时应如何选择参比溶液？

65. 为什么 NaOH 溶解于水时，所得的碱液是热的？

66. 稀有气体氦、氩气有什么主要用途？

67. 氢氟酸有哪些特性？

68. 如何除去 N_2 中的少量 NH_3 和 NH_3 中的少量水蒸气？

69. 实验室为何不能长期保存 H_2S，新配制的 Na_2S 溶液呈无色，久置后变成黄色，甚至红色，为什么？

70. 下列物质能否共存？为什么？

(1) H_2S 和 H_2O_2；(2) MnO_2 和 H_2O_2；(3) H_2SO_3 和 H_2O_2。

六、综 合 题

1. 测一水样的悬浮物，取水样 100 mL 过滤，前后滤纸和称量瓶重分别为 55.627 5 g 和

55.650 6 g,求该水样的含悬浮物的量(mg/L)。

2. 污水处理厂入口水样取 50 mL 测定了其 COD_{Cr}值。结果测定水样和空白时消耗的硫酸亚铁氨标准溶液分别为 18.6 mL 和 25.1 mL,硫酸亚铁铵摩尔浓度为 0.247 0 M,求该水样 COD_{Cr}浓度(mg/L)?

3. 测中水余氯时,分别取水样 100 mL 于 300 mL 碘量瓶内,加入 0.5 g 碘化钾和 5 mL 乙酸盐缓冲溶液,用 0.010 0 mol/L 硫代硫酸钠标准溶液滴定,分别消耗硫代硫酸钠体积为 0.3 mL,用重铬酸钾标准溶液标定当量浓度为 0.009 8,计算该污水的浓度为多少?

4. 分别吸取 50 mL 空白样和污水样,置于 500 mL 磨口锥形瓶中,分别加入 25.00 mL 重铬酸钾标准溶液,再分别缓慢加入 75 mL 硫酸-硫酸银溶液和数粒玻璃球,回流 2 h 后冷却,用现标定浓度为 0.098 0 摩尔浓度的硫酸亚铁铵进行滴定,分别消耗硫酸亚铁铵体积为 25.04 mL 和 21.58 mL,计算该污水样中化学耗氧量为每升多少毫克?

5. 当分析天平的称量误差为±0.000 2 g 时,若要求容量分析的相对误差控制在 0.1%以下,则基准物质的质量必须大于多少克?

6. 现测某厂总排放口的石油类,取水样 1 000 mL,用石油醚萃取三次收集烧杯里,用无水硫酸钠以便脱水,经过水浴后烘干,它们前后烧杯重为 44.637 2 g 和 44.643 5 g,求该水样的石油类的量?

7. 7.40 g $NaNO_3$配制成 1.00 L 溶液,求该物质的量浓度。

8. 22.2 g $CaCl_2$配置成 2.00 L 溶液,求该物质的量浓度。

9. 实测某台非火电厂燃煤锅炉烟尘的排放浓度为 120 mg/m^3,过量空气系数为 1.98,试计算出该锅炉折算后的烟尘排放浓度。

10. 某台 2 t/h 锅炉在测定时,15 min 内软水水表由 123 456.7 m^3变为 123 457.1 m^3,试求此时锅炉负荷。

11. 用气敏电极法测定废气中氨时,已知测得的样品溶液中氨含量为 0.40 μg/mL,共用 50.0 mL 吸收液,全程序空白含量为 0.020 μg/mL,已知采样温度为 20℃,大气压为 90.0 kPa,采样流量为 1.0 L/min,共采 20 min,试求标准状况下废气中的氨含量。

12. 滴定管为什么要进行校正?怎样进行校正?

13. 某水样 500 mL 经富集后,测得 3 个管馏分中偏二甲基肼含量分别为 7.30 μg、5.90 μg 和 3.20 μg,试计算水样中偏二甲基肼浓度。(回收率为 71%)

14. 采集水中挥发性有机物和汞样品时,采样容器应如何洗涤?

15. 用碘量法测得某台锅炉烟气中二氧化硫的浓度为 722 mg/m^3,换算成 ppm 是多少?若测定时,标态干风量为 2.27×10^4 m^3/h,则二氧化硫的排放量是多少?(二氧化硫的摩尔质量为 64)

16. 波长为 20 cm 的声波,在空气、水、钢中的频率分别为多少赫兹?其周期分别为多少秒?(已知空气中声速 c=340 m/s,水中声速 c=1 483 m/s,钢中声速 c=6 100 m/s)

17. 某一机动车在某地卸货,距离该车 20 m 处测得的噪声级为 80 dB,求距离车辆 200 m 处居民住宅区的噪声级。

18. 分光光度法测定水中的 Fe^{3+},已知含 Fe^{3+}溶液用 KSCN 溶液显色,用 20 mm 的比色皿在波长 480 nm 处测得吸光度为 0.19,已知其摩尔吸光系数为 1.1×10^4 L/(mol·cm),试求该溶液的浓度。(M_{Fe}=55.86)

19. 试述环境空气监测网络设计的一般原则。

20. 某溶液中$[H^+]$离子浓度为0.01 M,求此溶液$[OH^-]$的浓度和pH值?

21. 欲配制HCl溶液1 000 mL,$C_{(HCl)}=0.120\ 0$ mol/L,需要取$C_{(HCl)}=0.500\ 0$ mol/L溶液多少毫升?

22. 配制H_2SO_4标准溶液$C(H_2SO_4)=0.500\ 0$ mol/L 500 mL,问需要密度为1.84,含量为98%的浓H_2SO_4多少毫升?($M(H_2SO_4)=98$ g/mol)

23. 欲配制1∶2 HCl溶液150 mL,如何配制?

24. 在一次滴定中,取25.00 mL NaOH溶液,用去0.125 $0N_{HCl}$溶液32.14 mL,求该NaOH溶液的物质的量浓度。

25. 称取某物体的质量为2.431 g,而物体的真实质量为2.430 g,它们的绝对误差和相对误差分别是多少?

26. 某吸光物质X的标准溶液浓度为1.0×10^{-3} mol·L^{-1},其吸光度$A_S=0.699$,一含X的试液在同一条件下测量的吸光度为1.000。如果以标准溶液为参比($A=0.000$),试问:(1)试液的吸光度为多少?(2)用两种方法(普通法、示差法)所测试液的T是多少?

27. 当试液中二价响应离子的活度增加1倍时,该离子电极电位变化的理论值为多少?

28. 某小流域,流经2个县级市,沿途有部分排污(包括工业污水和生活污水)和农业用水,讨论该流域水质监测方案基本内容。

29. 纳氏试剂比色法测定某水样中的氨氮水样时,取10.0 mL水样于50.0 mL比色管中,加水至标线,加1.0 mL酒石酸钾钠溶液和1.5 mL纳氏试剂,比色测定,从校准曲线上查得对应的氨氮量为0.018 0 mg。试求水样中氨氮的含量(mg/L)。

30. 分析结果采取算术平均值的理由。

31. 怎样写试验总结,试验总结包括哪些内容?

32. 测定水中高锰酸盐指数时,欲配制0.10 mol/L草酸钠标准溶液100 mL,应称取优级纯草酸钠多少克?(草酸钠分子量:134.10)

33. 引起化学试剂变质的因素有哪些?怎样贮存化学试剂?

34. 试述溶液和化合物有什么不同?

35. 采用校准曲线法测定钢铁中锰的含量,测得的数据见表1,绘制校准曲线,试求试样中锰的百分含量。

表 1

样品编号	Mn(%)	光谱强度
标1	0.12	1 240
标2	0.24	2 500
标3	0.37	3 702
标4	0.51	5 230
标5	0.62	6 540
样品A		3 600
样品B		1 880

环境监测工(中级工)答案

一、填 空 题

1. 20～20 000 Hz　2. 2　3. 2～5℃　4. 标记
5. 硫酸　6. 比色法　7. 规定　8. 8
9. 当日配制　10. 样品　11. 脱水性　12. HCl 或 HNO_3
13. 7～10　14. 吸出　15. 脱水　16. 离子杂质
17. 空气　18. 严禁　19. 下水道　20. 通风橱
21. 中毒　22. 大于　23. 二苯碳酰二肼　24. 540
25. 变色　26. 碱　27. 肥皂　28. 凡士林
29. 过滤　30. 橡胶　31. 湿度　32. 氧化还原
33. 高锰酸钾法　34. 蓝　35. 无　36. 橙红色
37. 碱　38. 摩尔数　39. 二氧化碳、氧气、一氧化碳
40. 400℃　41. 1/1　42. 散射　43. 环境监测
44. 各种污染物　45. 各种工矿企业　46. pH<5.6　47. 循环使用
48. 作用时间长　49. 酸　50. COD　51. 频率
52. 代表性　53. 综合　54. 2～3　55. 当场
56. 时间　57. 103～105℃　58. 石油醚　59. 纳氏
60. 电热板　61. 负　62. 风　63. 外部
64. 烘干　65. 灵敏性　66. 酸式滴定管　67. 安全
68. 严禁饮酒　69. 干式灭火器　70. 金属连接　71. 工
72. 同时　73. 书面劳动合同　74. 例保　75. 地方
76. 废渣　77. 负对数　78. 钙和镁　79. 络合
80. 干热灭菌　81. 汽车尾气　82. 准确度　83. 国际单位制
84. 气象　85. 70%　86. 单独　87. 地下水
88. 1.2 m　89. 天蓝　90. 系统　91. 敞口容器
92. 蒸馏水　93. 较低　94. 65 dB　95. 实验器皿
96. 器皿　97. 拔下插头　98. 硫磺粉　99. 12 mg/m^3
100. 200 mg/m^3　101. 25 mg/L　102. 0.5 mg/L　103. 颗粒物
104. 5 m/s　105. 注满　106. 3　107. 玻璃
108. 水样标签　109. 已知比例　110. 3　111. 瞬时水样
112. 盐酸　113. 淡红棕　114. 24　115. 230
116. 越长　117. 难分离　118. 常温常压　119. 噪声
120. 普通　121. 环境振动　122. 一氧化氮　123. 固定容器法

124. 温度　125. 5～10　126. 3　127. 标准
128. 6　129. 热电偶　130. 陡峭　131. 5
132. 乙醇　133. 硝酸盐　134. 黄绿　135. 银盐
136. 悬浮　137. 两　138. 300　139. 1.6
140. 电磁辐射　141. 1 μS/cm　142. 氧化还原性溶液　143. 0.5 cm
144. 4.4～4.5　145. 2 h　146. 6.5～10.5　147. 增加
148. 无机营养盐　149. 状态　150. 增加　151. 环境监测方法
152. 环境影响报告书(表)　153. 固定源　154. 2 km
155. 100 μm　156. 环境振动　157. 游离氯　158. 有机磷
159. 75 μm　160. HCN　161. 溶解氧　162. 总余氯
163. 蒸汽　164. 固有频率　165. 工业噪声

二、单项选择题

1. A　2. D　3. B　4. B　5. B　6. A　7. A　8. B　9. A
10. B　11. B　12. B　13. C　14. B　15. B　16. B　17. B　18. A
19. B　20. A　21. B　22. C　23. B　24. B　25. C　26. C　27. A
28. A　29. D　30. B　31. A　32. B　33. B　34. A　35. A　36. A
37. D　38. C　39. D　40. C　41. C　42. D　43. B　44. B　45. A
46. A　47. A　48. A　49. A　50. A　51. C　52. A　53. C　54. C
55. B　56. A　57. A　58. A　59. C　60. B　61. A　62. B　63. A
64. C　65. B　66. B　67. B　68. A　69. A　70. A　71. A　72. D
73. D　74. C　75. A　76. A　77. B　78. A　79. B　80. B　81. A
82. B　83. B　84. A　85. B　86. B　87. D　88. A　89. D　90. B
91. D　92. D　93. B　94. B　95. B　96. C　97. C　98. B　99. A
100. C　101. B　102. C　103. D　104. C　105. C　106. D　107. C　108. A
109. C　110. A　111. A　112. C　113. C　114. D　115. B　116. C　117. D
118. A　119. B　120. A　121. A　122. B　123. C　124. C　125. D　126. C
127. B　128. A　129. A　130. D　131. B　132. B　133. B　134. B　135. A
136. A　137. A　138. C　139. B　140. D　141. A　142. B　143. C　144. B
145. A　146. C　147. A　148. B　149. C　150. A　151. B　152. B　153. C
154. D　155. C　156. B　157. B　158. C　159. A　160. A　161. A　162. D
163. D　164. C　165. C

三、多项选择题

1. ACD　2. ABCD　3. ABCDE　4. BD　5. ABCD　6. AB
7. ACD　8. ABCD　9. ABC　10. BCD　11. CD　12. ABC
13. AB　14. ABCDE　15. ABCD　16. ABCD　17. ABCD　18. BCD
19. ABC　20. ABCD　21. AC　22. BD　23. ABCD　24. ABD
25. BC　26. ABD　27. BD　28. ABCD　29. ABCD　30. AB

31. ABCDE	32. AD	33. BD	34. ABCD	35. ABCD	36. BCD
37. CD	38. AB	39. BC	40. ABCD	41. ABCD	42. ABC
43. AB	44. BC	45. ABCD	46. ABCD	47. ACD	48. ABCD
49. BCD	50. ABCD	51. BCD	52. BCD	53. ABCD	54. BC
55. CD	56. ABCD	57. ACD	58. ABC	59. CD	60. ABCD
61. ABCDE	62. ABD	63. ABCD	64. BCD	65. ABC	66. ABCD
67. ABCD	68. BCD	69. ACD	70. AC	71. ABCD	72. ABC
73. ACD	74. ABCD	75. ABCD	76. CD	77. BCD	78. AC
79. ABD	80. ABD	81. BCD	82. ABC	83. BD	84. AB
85. BCD	86. ABCD	87. BC	88. AD	89. AC	90. AD
91. ABC	92. AB	93. ACD	94. CD	95. AB	96. ABCD
97. BD	98. ABCD	99. ABC	100. ABCD	101. ABCD	102. ABD
103. ACD	104. BC	105. CD	106. ABCD	107. BC	108. ACD
109. ABC	110. AC	111. BC	112. BCD	113. ABCD	114. ABCD
115. BCD	116. ACD	117. AC	118. ABCD	119. ABC	120. ABD
121. AC	122. ABD	123. ABCD	124. ABCD	125. ABD	126. ABCD
127. BCD	128. ABC	129. AD	130. BCD	131. ABCD	132. AC
133. AD	134. ABD	135. ACD	136. ABCD	137. CD	138. ABCD
139. ABCD	140. ABCD	141. ACD	142. AB	143. BCD	144. ACD
145. ABCD	146. BCD	147. BCD	148. ABC	149. ABCD	150. AC
151. ACD	152. ACD	153. BCD	154. BD	155. ABCD	156. ABC
157. ABC	158. ABD	159. ABD	160. CD	161. ABC	162. ABCD
163. CD	164. BCD	165. ABCD	166. ABCD	167. ABCD	168. ABC

四、判 断 题

1. ×	2. √	3. √	4. ×	5. ×	6. ×	7. ×	8. √	9. √
10. ×	11. √	12. √	13. √	14. √	15. √	16. ×	17. ×	18. ×
19. √	20. √	21. ×	22. √	23. ×	24. ×	25. √	26. ×	27. √
28. √	29. ×	30. √	31. √	32. ×	33. ×	34. ×	35. √	36. ×
37. ×	38. √	39. ×	40. √	41. ×	42. √	43. ×	44. √	45. √
46. √	47. ×	48. ×	49. ×	50. ×	51. ×	52. ×	53. √	54. √
55. ×	56. √	57. ×	58. √	59. √	60. √	61. √	62. ×	63. ×
64. ×	65. √	66. √	67. √	68. ×	69. √	70. ×	71. √	72. √
73. ×	74. √	75. √	76. √	77. ×	78. √	79. ×	80. √	81. √
82. √	83. ×	84. ×	85. √	86. √	87. ×	88. ×	89. ×	90. √
91. √	92. ×	93. √	94. ×	95. ×	96. √	97. √	98. √	99. √
100. √	101. √	102. ×	103. ×	104. ×	105. √	106. ×	107. √	108. √
109. √	110. ×	111. √	112. ×	113. √	114. √	115. √	116. ×	117. ×
118. ×	119. √	120. ×	121. ×	122. √	123. ×	124. √	125. √	126. ×

127.×	128.√	129.√	130.×	131.√	132.√	133.×	134.√	135.√
136.√	137.×	138.×	139.×	140.×	141.×	142.√	143.√	144.×
145.√	146.√	147.√	148.×	149.√	150.×	151.×	152.√	153.×
154.×	155.×	156.×	157.√	158.√	159.√	160.×	161.√	162.√
163.×	164.√	165.√	166.×	167.√	168.√	169.×	170.×	171.×
172.×	173.√	174.×	175.×	176.√	177.√	178.√	179.×	180.√
181.×	182.×	183.×	184.×	185.√	186.×	187.×	188.×	

五、简 答 题

1. 答：环境污染是各种污染因素本身及其相互作用的结果。同时，环境污染社会评价的影响而具有社会性。它的特点可归纳为：

(1)时间分布性(1 分)。

(2)空间分布性(1 分)。

(3)环境污染与污染物含量(或污染因素强度)的关系(1 分)。

(4)污染因素的综合效应(1 分)。

(5)环境污染的社会评价(1 分)。

2. 答：环境标准可分为环境质量标准(0.5 分)、污染物排放标准(0.5 分)、环境基础标准(0.5 分)、环境方法标准(0.5 分)、环境标准物质标准(0.5 分)、环保仪器设备标准(0.5 分)。

环境标准可分为国家标准和地方标准两级(1 分)，其中环境基础标准、环境方法标准、环境标准物质标准等只有国家标准(1 分)。

3. 答：(1)要有充分的科学依据(1 分)。

(2)既要技术先进，又要经济合理(1 分)。

(3)与有关标准、规范、制度协调配套(1 分)。

(4)积极采用或等效采用国际标准(2 分)。

4. 答：可感受性(2 分)、瞬时性(1.5 分)、局部性(1.5 分)。

5. 答：应注意：

(1)加标物质形态应和待测物质形态一致(0.5 分)。

(2)加标浓度合理：①加标样的浓度与样品中待测物浓度为等精度(1 分)；②样品中待测物浓度在方法检出限附近时，加标量应控制在校准曲线的低浓度范围(1 分)；③样品中待测物浓度高于校准曲线中间浓度时，加标量应控制在待测物浓度的半量(0.5 倍)，但总浓度不得高于方法测定上限的 90%(1 分)；④一般情况下，加标量不得超过样品中待测物浓度的 3 倍(1 分)。

(3)加标后样品体积无显著变化，否则，应在回收率计算时考虑该因素(0.5 分)。

6. 答：监测网络设计的一般原则是：

(1)在监测范围内，必须能提供足够的、有代表性的环境质量信息(1 分)。

(2)监测网络应考虑获得信息的完整性(1 分)。

(3)以社会经济和技术水平为基础，根据监测的目的进行经济效益分析，寻求优化的、可操作性强的监测方案(2 分)。

(4)根据现场的实际情况，考虑影响监测点位的其他因素(1 分)。

7. 答：瞬时水样：在某一时间和地点从水体中随机采集的分散水样(1.5 分)。

混合水样:同一采样点于不同时间所采集的瞬时水样的混合水样,有时称为“时间混合水样”(2分)。

综合水样:把不同采样点采集的各个瞬时水样混合后所得到的样品(1.5分)。

8. 答:水样采集后,按各监测项目的要求,在现场加入保存剂(1分),做好采样记录(1分),粘贴标签并密封水样容器(1分),妥善运输(1分),及时送交实验室(0.5分),完成交接手续(0.5分)。

9. 答:(1)将水样充满容器至溢流并密封,如测水中溶解性气体(2分)。

(2)冷藏(2~5℃),如测水中亚硝酸盐氮(1.5分)。

(3)冷冻(−20℃),如测水中浮游植物(1.5分)。

10. 答:因气体交换、化学反应和生物代谢,水样的水质变化很快,因此送往实验室的样品容器要密封、防振、避免日光照射及过热的影响(1分)。当样品不能很快地进行分析时,根据监测项目需要加入固定剂或保存剂(1分)。短期贮存时,可于2~5℃冷藏,较长时间贮存某些特殊样品,需将其冷冻至−20℃,样品冷冻过程中,部分组分可能浓缩到最后冰冻的样品的中心部分,所以在使用冷冻样品时,要将样品全部融化(2分)。也可以采用加化学药品的方法保存。但应注意,所选择的保存方法不能干扰以后的样品分析,或影响监测结果(1分)。

11. 答:废水黏度高时,可加2~4倍(1分)蒸馏水稀释(1分),振荡均匀(1分),待沉淀物下降后再过滤(2分)。

12. 答:在盐酸溶液中(0.5分),硫酸盐与加入的氯化钡形成硫酸钡沉淀(1分),沉淀应在接近沸腾的温度下进行(1分),并至少煮沸20 min(0.5分),沉淀陈化一段时间后过滤(0.5分),并洗至无氯离子为止(0.5分),烘干或者灼烧(0.5分),冷却后称硫酸钡重量(0.5分)。

13. 答:加入硫酸汞是为了消除水样中氯离子的干扰(2分)。因为氯离子能被重铬酸钾氧化,并且能与催化剂硫酸银作用产生沉淀,影响测定结果(3分)。

14. 答:应在蒸馏结束后,放冷(1分),再加1滴甲基橙指示剂(1分),如蒸馏后残液不呈酸性(1分),则应重新取样(1分),增加磷酸加入量进行蒸馏(1分)。

15. 答:(1)如果水样pH超出5.5~9.0,应用酸或碱调至pH为7左右(2分)。

(2)水样浑浊时,静置30 min,取上清液进行测定(1分)。

(3)水样的水温过高或过低时,应迅速调节至20℃左右(1分)。

(4)如果水样中的游离氯存在,应加入亚硫酸钠除去游离氯(1分)。

16. 答:称取5 g硝酸汞溶于200 mL硝酸溶液中,加入3 mol/L硫酸铁铵溶液(1分),在搅拌下,滴加硫氰酸钾溶液至试样呈微橙红色为止(1分)。生成硫氰酸汞白色沉淀(1分),用G3砂芯漏斗过滤(0.5分),并用水充分洗涤(0.5分),将沉淀放入干燥器自然干燥,贮于棕色瓶中(1分)。

17. 答:浊度-色度补偿液由两个体积硫酸溶液和一个体积抗坏血酸溶液混合而成(3分)。其中,硫酸溶液浓度为1∶1(1分),抗坏血酸溶液浓度为100 g/L(1分)。

18. 答:(1)水样中含有六价铬离子及三价铁离子时干扰测定。可加入5%盐酸羟胺溶液1~2 mL,以消除其对测定的影响(2分)。

(2)碘离子及溴离子对测定有干扰。测定20 μg硝酸盐氮时,碘离子含量相对于总氮含量的0.2倍时无干扰;溴离子含量相对于总氮含量的3.4倍时无干扰(1.5分)。

(3)碳酸盐及碳酸氢盐对测定的影响。在加入一定量的盐酸后可消除(1.5分)。

19. 答:在经絮凝沉淀或蒸馏法预处理的水样中(1 分),加入碘化汞和碘化钾的强碱溶液(纳氏试剂)(1 分),则与氨反应生成黄棕色胶态化合物(1 分),此颜色在较宽的波长范围内具有强烈吸收(1 分),通常使用 410～425 nm 范围波长光比色定量(1 分)。

20. 答:用四氯化碳萃取水中的油类物质,测定总萃取物,然后将萃取液用硅酸镁柱吸附,经脱除动植物油等极性物质后,测定石油类(2 分)。总萃取物和石油类的含量均由波数分别为 2 930 cm^{-1}、2 960 cm^{-1}和 3 030 cm^{-1}谱带处的吸光度进行计算(2 分)。动植物油的含量按总萃取物与石油类含量之差计算(1 分)。

21. 答:(1)因为在酸性介质中铬酸根离子易生成次铬酸根离子,再分解成重铬酸根和水,从而使其浓度大大降低,影响等当点时铬酸银沉淀的生成(3 分):

$$2CrO_4^{2-}+2H \longrightarrow 2HCrO_4 \longrightarrow Cr_2O_7^{2-}+H_2O$$

(2)在强碱性介质中,银离子将形成氧化银(Ag_2O)沉淀(2 分)。

22. 答:在每升废液中加约 10 g 碳酸钠至中性,再加 10 g 锌粒(2 分)。在黑布罩下搅拌 24 h 后,将清液倒入玻璃缸,滴加饱和硫化钠溶液,至不再产生沉淀为止(2 分)。弃去溶液,将沉淀物转入一适当容器里(1 分)。

23. 答:移动采样:是用一个滤筒在已确定的各采样点上移动采样。各点采样时间相等,求出采样断面的平均浓度(2 分)。

定点采样:是分别在每个测点上采一个样,求出采样断面的平均浓度,并可了解烟道断面上颗粒物浓度变化状况(1.5 分)。

间断采样:是对有周期性变化的排放源,根据工况变化及其延续时间分段采样,然后求出其时间加权平均浓度(1.5 分)。

24. 答:测量量为铅垂向 Z 振级,振动读数方法和评价量为:取每次冲击过程中的最大示数为评价量,对于重复出现的冲击振动,以 10 次读数的算术平均值为评价量。

25. 答:式中:$L_{\mathrm{Aeq,T}}$——列车进、出站台噪声等效声级,dB;(2 分)

L_{PA}——列车进、出站台时的瞬时 A 声级,dB;(2 分)

$t_2—t_1$——规定的时间间隔,s.(1 分)

26. 答:将蒸馏水(2 分)通过 0.2 μm 滤膜(2 分)过滤,收集于用滤过水荡洗两次的烧瓶中(1 分)。

27. 答:称取 1 g 可溶性淀粉(1 分),用少量水调成糊状(1 分),再用刚煮沸的蒸馏水并稀释至 100 mL(1 分),冷却后,加入 0.1 g 水杨酸(1 分)或 0.4 g 氯化锌(1 分)防腐。

28. 答:校正波长一般使用分光光度计光源中的稳定线光谱(1 分)或有稳定亮线的外部光源(1 分),把光束导入光路进行校正(1 分),或者测定已知光谱样品的光谱(1 分),与标准光谱对照进行校正(1 分)。

29. 答:分离效能高(1 分)、选择性好(1 分)、灵敏度高(1 分)、分析速度快(1 分)、样品用量少(0.5 分)和响应范围广(0.5 分)。

30. 答:(1)光源能发射出所需的锐线共振辐射,谱线的轮廓要窄(2 分)。

(2)光源要有足够的辐射强度,辐射强度应稳定、均匀(1 分)。

(3)灯内充气及电极支持物所发射的谱线应对共振线没有干扰或干扰极小(2 分)。

31. 答:立即撒上硫磺(1 分),将汞转化为硫化汞后除去(2 分),以防止汞的升华造成污染(2 分)。

32. 答:(1)必须对废水排口进行规范化整治(2 分)。

(2)污水流量计必须符合国家环境保护总局颁发的污水流量技术要求,在国家正式颁布污水流量计系列化、标准化技术要求之前污水流量计必须经清水测评和废水现场考评合格(3 分)。

33. 答:酸碱滴定法是以酸碱为反应基础的滴定分析法(4 分),又叫中和法(1 分)。

34. 答:在烘箱中烘一定时间,取出放于干燥器中冷却半小时,称重(2 分)。在相同条件下,再烘干,冷却称重,直到两次称重只差小于±0.000 4 g,认为该物质已恒重(3 分)。

35. 答:测定结果不一样(1 分),因为滤出悬浮物的对照与滤纸空隙大小有关(2 分)。而不同型号的滤纸空隙不一样(1 分),所以悬浮物实验时不能乱用滤纸(1 分)。

36. 答:所用的温度是 103~105℃(5 分)。

37. 答:余氯和氨氮可形成氯胺(3 分),加入硫代硫酸钠消除干扰(2 分)。

38. 答:测定上限为 2 mg/L(3 分)。氨氮小于 0.1 mg/L 时,可用目视比色法测定(2 分)。

39. 答:馏出液用氢氧化钠吸收(5 分)。

40. 答:目的是脱水(2 分),使石油醚提取液中不含水分(3 分)。

41. 答:在 65℃±1℃温度下(1 分),水浴蒸发提取液(1 分),因为在此温度下,石油醚可完全被蒸发(2 分),而萃取出的油不被蒸出(1 分)。

42. 答:不能涂凡士林(2 分),因为凡士林也是油脂(2 分),涂上后会影响测试结果(1 分)。

43. 答:重量法测油只适用于 5 mg/L(3 分)以上的含油水样(2 分)。

44. 答:此溶液加至酸化过的碘化钾溶液中(3 分),遇淀粉不得产生蓝色(2 分)。

45. 答:(1)方法的灵敏度能满足定量要求(1 分)。

(2)方法的抗干扰能力要强(1 分)。

(3)方法稳定易于普及(1 分)。

(4)试剂无毒或毒性较小(2 分)。

46. 答:透明度是指水样的澄清程度(2 分)。测定透明度的方法有铅字法(1.5 分)和塞氏盘法(1.5 分)。

47. 答:(1)首选国家标准分析方法(1 分)。

(2)优选已经验证的统一分析方法(1 分)。

(3)其他分析方法:方法的灵敏度能满足定量要求(0.5 分);方法的抗干扰能力要强(1 分);方法稳定易于普及(0.5 分);试剂无毒或毒性较小。选用其他分析方法前须做等效实验,验证报告应由上级监测站批准(1 分)。

48. 答:(1)加标物的形态应该和待测物的形态相同(2 分)。

(2)加标量应和样品中所含待测物的测量精密度控制在相同的范围内(0.5 分)。

1)加标量应尽量与样品中待测物含量相等或相近,并应注意对样品容积的影响(0.5 分)。

2)当样品中待测物含量接近方法检出限时,加标量应控制在校准曲线的低浓度范围(0.5 分)。

3)在任何情况下加标量均不得大于待测物含量的 3 倍(0.5 分)。

4)加标后的测定值不应超出方法的测量上限的 90%(0.5 分)。

5)当样品中待测物浓度高于校准曲线的中间点时,加标量应控制在待测物浓度的半量(0.5 分)。

49. 答:重量分析:石油类、悬浮物、硫酸根等(1 分)。

容量分析：COD、BOD、DO、高锰酸盐指数等(1分)。

电化学分析：pH值、氟化物、氯化物(离子选择电极法)、电导率等(1分)。

光学分析法：氨氮、硝酸盐氮、六价铬、总铬、挥发酚、铅、镉等(2分)。

50. 答：在采集时，将水样采集到溶解氧瓶中，要注意不使水样曝气或有气泡残留在瓶中(1分)。可先用水样冲洗瓶子后，沿瓶壁直接倾注水样(1分)，或用细管将水样虹吸注入溶解氧瓶底部至水样溢流出瓶口，盖好瓶塞，使水充满瓶口(1分)。采样后立即加入固定剂，并储于冷暗处(1分)，记录水温和大气压力(1分)。

51. 答：(1)$HgSO_4$：消除氯离子的干扰(2分)。

(2)$AgSO_4$-H_2SO_4：H_2SO_4提供强酸性环境(1分)；$AgSO_4$为催化剂(1分)。

(3)沸石：防暴沸(1分)。

52. 答：(1)方法误差：由分析方法不够完善所致(1分)。

(2)仪器误差：由使用未经校准的仪器所致(1分)。

(3)试剂误差：由所用试剂、实验用水含有杂质所致(1分)。

(4)操作误差：由测量者感觉器官的差异，反应的灵敏程度或固有习惯所致(1分)。

(5)环境误差：由测量时环境因素的显著改变所致(1分)。

53. 答：它是技术标准中的一种，是一项文件，是权威机构对某项分析所做的统一规定的技术准则和各方面共同遵守的技术依据(1分)。它满足下列条件：

(1)按照规定的程序编制(1分)。

(2)按照规定的格式编写(1分)。

(3)方法的成熟应得到公认(1分)。

(4)由权利机构审批和发布(1分)。

54. 答：(1)平行性：在相同的条件下(实验室、分析人员、分析方法、仪器设备、时间相同)，对同一样品进行双份平行样测定结果之间的符合程度来评价方法的精密度(2分)。

(2)重复性：在同一实验室内，用同一分析方法，当分析人员、仪器设备、时间中的任一项不相同时，对同一样品进行两次或多次测定所得结果之间的符合程度来评价分析方法的精密度(2分)。

(3)再现性：用相同的分析方法对同一样品在不同的条件下所得的单个测定结果之间的一致程度来评价分析方法的精密度(1分)。

55. 答：实验室内的质量控制包括实验室的基础工作(方法的选择、试剂和实验用水的纯化、容器和量器的校准、仪器设备和检定等)(1分)，空白实验(0.5分)，检出限的测量(0.5分)，校准曲线的绘制和检验(0.5分)，平行样和加标样的分析(1分)，绘制质量控制图等(0.5分)。在于提高分析测试的质量，保证基本数据的正确可靠(1分)。

56. 答：(1)标准物质分析：通过分析标准物质，由所得结果评价分析方法的准确度(1分)。

(2)回收率测定：通过在样品中加入一定量的标准物质，测加标回收率评价分析方法的准确度(2分)。

(3)不同方法的比较：用不同的分析方法对同一样品进行重复测定时，看所得的结果是否一致，或经统计检验表明其差异是否显著时来评价分析方法的准确度(2分)。

57. 答：(1)仪器校准：测量前预先对仪器进行校准，并对测量结果进行修正(1分)。

(2)空白实验：用空白实验结果修正测量结果，以消除实验中各种原因所产生的误差

(2分)。

(3)标准物质对比分析:实际样品与标准样在相同条件下进行测定,同一样品用不同方法分析,作回收率实验(2分)。

58. 答:因为样品的分析响应值除了待测物质的响应值外还包括其他因素(如试剂中的杂质,分析过程中的沾污等)的分析响应值(3分)。空白实验的目的就是要扣除这些因素对样品测定的综合影响(2分)。

59. 答:外标法(1分)、内标法(1分)、叠加法(1分)、归一化法(2分)。

60. 答:加入磷酸与三价铁离子形成稳定的无色络合物(2分),从而消除三价铁的干扰(1分),同时磷酸也和其他金属离子络合,避免一些盐类析出而产生浑浊(2分)。

61. 答:雾化(1分)、蒸发(1分)、熔化和解离(1分)、激发(1分)和电离(1分)。

62. 答:锐线光源是发射线半宽度远小于吸收线半宽度的光源(2分)。锐线光源发射半宽度很小(1分),而且发射线与吸收线中心频率一致(2分)。

63. 答:因为达到空心阴极灯内外的热平衡(2分),使原子蒸气层的分布与厚度一定后(2分),自吸和光强度才能稳定(1分),才能进行正常测量。

64. 答:(1)参比溶液可选用溶剂空白、试剂空白、试样空白等(2分)。

(2)在测定波长下只有溶剂有吸收时,需要以溶剂作空白(1分)。

(3)在测定波长下试剂有吸收时,需要以试剂作空白(1分)。

(4)当被测试样为有色溶液时,需要用试样作空白(1分)。

65. 答:NaOH溶解时,由于溶质微粒溶剂化(1分)而放出的热量(1分)大于溶质微粒向溶剂中扩散(1分)所吸收的热量(1分),所以表现为溶液温度升高(1分)。

66. 答:氦气用在火箭燃料压力系统(0.5分)、惰性气氛焊接(0.5分)、核反应堆热交换器(0.5分)、填充气球成飞艇(0.5分)、制造成"人造空气"(0.5分),以及超低温技术(0.5分);氩气广泛用于灯泡的填充气体(1分),在钛和其他特种金属焊接时作为保护气(1分)。

67. 答:氢氟酸是弱酸(1分),且溶液浓度增大时,HF^{2-}离子增多(2分);能与二氧化硅或硅酸盐反应生成气态SiF(2分)。

68. 答:混合气体通过炽热的氧化铜粉末(1分)或通过浓硫酸溶液(1分)可除去N_2中的少量NH_3(1分),混合气体通过碱石灰(1分)可除去NH_3中的微量水蒸气(1分)。

69. 答:不稳定,H_2S易被氧气氧化(1分)。Na_2S氧化析出硫并能溶解单质硫生成多硫化物(2分),随化合的硫的增加Na_2S溶液的颜色由黄色至红色(2分)。

70. 答:(1)否,H_2O_2强氧化性,能把H_2S氧化(2分)。(2)否,MnO_2能把H_2O_2氧化(2分)。(3)否,H_2O_2能把H_2SO_3氧化(1分)。

六、综 合 题

1. 解:$\frac{(55.6506-55.6275)\times 1000\times 1000}{100}=231(mg/L)$(10分)

2. 解:$COD_{Cr}=\frac{(V_0-V_1)\times M\times 8\times 1000}{V_2}$(5分)

$=\frac{(25.1-18.6)\times 0.2470\times 8\times 1000}{50}=256.88(mg/L)$(5分)

3. 解:$Cl_2(mg/L)=\frac{C\cdot V_1\times 35.46\times 1\,000}{V}$(5分)

$=\frac{0.009\,8\times 0.3\times 35.46\times 1\,000}{100}=1.04(mg/L)$(5分)

4. 解:$COD_{Cr}=\frac{(V_0-V_1)\times M\times 8\times 1\,000}{V_2}$(5分)

$=\frac{(25.04-21.58)\times 0.098\,0\times 8\times 1\,000}{50}$

$=54.25(mg/L)$(5分)

5. 解:0.000 2/0.1%=0.2(g)(10分)

即基准物质的质量必须大于0.2 g。

6. 解:油$(mg/L)=\frac{(W_1-W_2)\times 1\,000\times 1\,000}{1\,000}$(5分)

$=\frac{(44.643\,5-44.637\,2)\times 1\,000\times 1\,000}{1\,000}$

$=6.30(mg/L)$(5分)

7. 解:已知原子量Na=23.0,N=14.0,O=16.0。(4分)

$C_{NaNO_3}=\frac{7.40}{23.0+14.0+16.0\times 3}=0.871\ (mol/L)$(6分)

8. 解:已知原子量Ca=40.1,Cl=35.5。(4分)

$C_{CaCl_2}=\frac{22.2}{40.1+35.5\times 2}\times\frac{1}{2.00}=0.099\,9(mol/L)$(6分)

9. 解:$C=C'\times(a'/a)=120\times(1.98/1.8)=132(mg/m^3)$(10分)

10. 解:流量:123 457.1—123 456.7=0.4(m^3)(4分)

负荷:0.4 m^3/0.25 h=1.6 m^3/h,(1.6/2)×100%=80%(6分)

11. 解:(1)采气量:1.0×20×273×90.0/[(273+20)×101.325]=16.6(L)(5分)

(2)废气中的氨含量:(0.40−0.020)×50.0/16.6=1.14(mg/m^3)(5分)

12. 答:滴定管标示的容积和真实的容积之间会有误差,因此要进行校正(4分)。校正的方法是,正确放出某刻度的蒸馏水(2分),称量其质量(2分),根据该温度下水的密度计算出真实容积(2分)。

13. 解:$W_1=7.30,W_2=5.90,W_3=3.20$。

$C=\frac{7.30+5.90+3.20}{500\times 0.71}=0.046(mg/L)$(10分)

14. 答:采集水中挥发性有机物样品的容器的洗涤方法:先用洗涤剂洗(1分),再用自来水冲洗干净(1分),最后用蒸馏水冲洗(2分)。采集水中汞样品的容器的洗涤方法:先用洗涤剂洗(1分),再用自来水冲洗干净(1分),然后用(1+3)HNO_3荡洗(1分),最后依次用自来水和去离子水冲洗(3分)。

15. 解:22.4×722/64=253(ppm)(4分)

二氧化硫的排放量$G=722\times 2.27\times 10^4/10^6=16.4(kg/h)$(6分)

16. 解:频率$f=c/\lambda$;周期$T=1/f$(4分)

在空气中：$f=c/\lambda=340/(20/100)=1\ 700(\text{Hz})$；$T=1/f=1/1\ 700(\text{s})$(2 分)

在水中：$f=c/\lambda=1\ 483/(20/100)=741.50(\text{Hz})$；$T=1/f=1/741.5(\text{s})$(2 分)

在钢中：$f=c/\lambda=6\ 100/(20/100)=30\ 500(\text{Hz})$；$T=1/f=1/30\ 500(\text{s})$(2 分)

17. 解：$L_2=L_1-20\lg(r_2/r_1)$(5 分)

$=80-20\lg(200/20)=60(\text{dB})$(5 分)

18. 解：(1)计算溶液的摩尔浓度：$0.19=1.1\times10^4\times C\times2$(6 分)

$C=0.19/(1.1\times10^4\times2)=8.6\times10^{-6}(\text{mol/L})$(2 分)

(2)计算溶液的浓度：$C=8.6\times10^{-6}\times55.86=482\times10^{-6}(\text{g/L})$(2 分)

19. 答：监测网络设计的一般原则是：(1)在监测范围内，必须能提供足够的、有代表性的环境质量信息(2.5 分)。(2)监测网络应考虑获得信息的完整性(2.5 分)。(3)以社会经济和技术水平为基础，根据监测的目的进行经济效益分析，寻求优化的、可操作性强的监测方案(3 分)。(4)根据现场的实际情况，考虑影响监测点位的其他因素(2 分)。

20. 解：$[H^+]=0.01=10^{-2}$(3 分)；$[OH^-]=\dfrac{10^{-14}}{[H^+]}=\dfrac{10^{-14}}{10^{-2}}=10^{-12}\ \text{M}$(3 分)；$\text{pH}=-\lg[H^+]=-\lg10^{-2}=2$(4 分)。

21. 解：$C_1(\text{HCl})=0.500\ 0\ \text{mol/L}$，$V=1\ 000\ \text{mL}$，$C(\text{HCl})=0.120\ 0\ \text{mol/L}$。

$C_1\cdot V_1=C\cdot V$(5 分)　　$V_1=\dfrac{V\cdot C}{C_1}=\dfrac{0.120\ 0\times1\ 000}{0.500\ 0}=240.00(\text{mL})$(5 分)

22. 解：$M(H_2SO_4)=98.00\ \text{g/mol}$，$C(H_2SO_4)=0.500\ 0\ \text{mol/L}$，$V=500\ \text{mL}$，$\rho=1.84$，$A\%=98\%$。

$V_0=\dfrac{M\cdot C\cdot V}{\rho\cdot A\%\times1\ 000}$(5 分)

$=\dfrac{98.00\times0.500\ 0\times500}{1.84\times0.98\times1\ 000}=13.58(\text{mL})$(5 分)

23. 解：设取浓 HCl X，则用水量为 $2X$，按比例浓度定义：

$X+2X=150\quad X=50(\text{mL})$(4 分)

配制方法为量取 100 mL 水与烧杯中，加入浓 HCl 50 mL，混匀即可(6 分)。

24. 解：由公式 $N_1\cdot V_1=N_2\cdot V_2$得：(5 分)

$N_{NaOH}=\dfrac{N_{HCl}\cdot V_{HCl}}{V_{NaOH}}=\dfrac{0.125\ 0\times32.14}{25.00}=0.160\ 7\ \text{mol/L}$(5 分)

25. 解：绝对误差$=2.431-2.430=0.001\ \text{g}$(5 分)

相对误差$=\dfrac{0.001}{2.430}\times100\%=0.041\%$(5 分)

26. 解：已知 $C_s=1.0\times10^{-3}\text{mol}\cdot\text{L}^{-1}$，$A_s=0.699$，$A_X=1.000$。

(1)当以标准溶液为参比时，试液的吸光度为

$A'_X=A_X-A_s=1.000-0.699=0.301$(5 分)

(2)因为 $A=-\lg T$，所以普通法 $T_1=10^{-1.000}=10\%$ (3 分)；示差法 $T_2=10^{-0.301}=50\%$ (2 分)。

故用两种方法所测试液的 T 分别为 10%和 50%。

27. 解：对于二价响应离子，离子电极电位服从 Nernst 方程，即

$E=常数+\frac{0.0591}{2}\lg\alpha$(4 分)。

当离子活度增加 1 倍时,电位变化的理论值是:

$\Delta E=\frac{0.0591}{2}\times(\lg2\alpha-\lg\alpha)=0.0089(V)$(6 分)。

28. 答:(1)收集基础资料:该地面水域相关的自然条件(水文、气候、地质、地貌等),该水体的功能分布情况、接收污染源情况、历年水质监测资料等(2 分)。

(2)设置监测断面和采样点:根据水体自然条件及功能区划确定监测断面、根据水体深度宽度等确定采样点数(2 分)。

(3)确定采样时间和采样频率:根据监测目的及水体水质条件确定采样类型,并确定采样时间及采样频率(2 分)。

(4)选择采样技术:根据已具备条件及监测目的选定采样技术,根据国家标准确定监测技术(2 分)。

(5)确定实验项目,进行实验,并对监测结果进行评价,制订计划保证监测结果合理可靠(2 分)。

29. 解:氨氮(N,mg/L)$=\frac{0.0180}{10}\times1000=1.8$(10 分)

30. 答:(1)它是一组测定值求出的最集中位置的特征数(2 分)。

(2)它出现的概率最大(2 分)。

(3)它代表一组测定值的典型水平(2 分)。

(4)它与各次测定值的偏差平方和为最小(2 分)。

(5)它最接近真实值,是个可信赖的最佳值(2 分)。

31. 答:(1)方法的历史(前人的工作)。方法依据及基本概念,应包含量理论依据,主要反应,方法适用范围(2 分)。

(2)测试方法。是设计或改进的分析方法通过条件试验和考核后得出的分析操作规程(2 分)。

(3)条件实验。详细叙述各种条件实验的过程,并列出所得的数据和得到的有关结论(2 分)。

(4)方法考核。列出各种不同含量的基准物质或标准试样所测得的数据,并由此得出的所拟订的分析方法评价(结论)(2 分)。

(5)参考文献。列出所参阅的有关文献的名称和作者(2 分)。

32. 解:$X=0.1000\times(134.10\times1/2)\times100/1000=0.6705(g)$(10 分)

33. 答:空气中 O_2 和 CO_2 的影响;光线的影响(1 分);温度的影响(1 分);湿度的影响(1 分)。

大量的试剂应放在药品库内(1 分),避光(1 分)、通风(1 分)、低温(1 分),严禁明火(1 分)。各种试剂分类存放(1 分),贵重试剂要有专人保管(1 分)。

34. 答:溶液是一种或几种物质以分子、原子或离子的状态,均匀的分布在另一种物质中而形成的稳定的分散系统(4 分)。溶液是一种混合物,其中各种物质的化学性质不发生改变,分离后仍保持原来特性(3 分)。化合物是含有两种或两种以上元素的物质,是纯净物(3 分)。

35. 解:(1)绘制校准曲线(图 1)(6 分)。

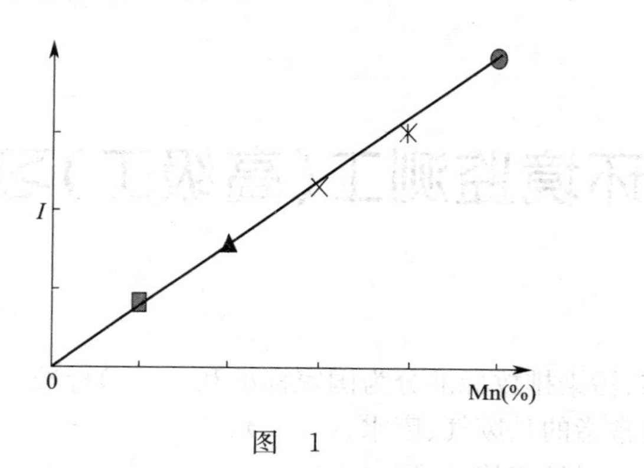

图 1

(2)从校准曲线(图 1)上查得:

样品 A 含 Mn:0.36%(2 分);样品 B 含 Mn:0.18%(2 分)。

环境监测工(高级工)习题

一、填 空 题

1. 环境质量标准、污染排放标准分为国家标准和(　　)标准。

2. 工业“三废”通常指的是废气、废水、(　　)。

3. 每年的世界环境保护宣传日是(　　)。

4. pH 值定义为水中氢离子活度的(　　)。

5. 我国地表水环境质量标准中,一类水质的化学需氧量不能超过(　　)mg/L。

6. 总硬度是指(　　)的总浓度。

7. 水质指标可分为物理性、化学性和(　　)。

8. 水中氰化物分为简单氰化物和(　　)氰化物两类。

9. 细菌监测中玻璃器皿一般采用(　　)方法灭菌。

10. 降尘的监测周期与频率为(　　),每年监测 12 个月。

11. 一般中、小河流全年采样(　　)次。

12. 一般常规监测,河流宜在水面下(　　)左右采样,可不分层采样。

13. 细菌总数测定是测定水中(　　)菌、兼性厌氧菌和异氧菌密度的方法。

14. 湿润的醋酸铅试纸遇硫化氢气体变(　　)色。

15. 试剂的(　　)与精制可降低杂质含量和提高本身的含量百分率。

16. 对浓度不稳定的标准溶液,应酌情(　　)重新标定。

17. 加入(　　)至水的 pH＜2,使水中各种形态的氨、胺最终都变成不挥发的盐类,收集馏液即得无氨水。

18. 配制铬酸洗液时,先将 20 g 重铬酸钾溶于 40 mL 水中,然后一定要把(　　)注入到上述溶液中。

19. 当铬酸洗液变成(　　)色时,表示该洗液已经失效。

20. 氢氧化钠试剂暴露在空气中会(　　)。

21. 银盐试剂应(　　)保存,因为该试剂遇光宜分解。

22. 常见的离子交换树脂有(　　)交换树脂和阴离子交换树脂。

23. 重铬酸钾的固体颜色为(　　)色。

24. 高压钢瓶中,氧气钢瓶为(　　)色。

25. 利用离子选择电极,测定离子浓度的依据是:所测的电位与水样中待测离子的(　　)成正比。

26. 碘量瓶的磨口塞是为了防止液体蒸发和固体升华的损失,棕色试剂瓶是用于储存需(　　)保存的试剂。

27. 蛇行冷凝管的冷凝面积最大,适用于冷凝沸点(　　)的物质。

28. 油类物质应(　　)采样,不允许在实验室内分样。

29. 测定 pH 值时,玻璃电极的球泡应全部(　　)溶液中。

30. 测定水中化学需氧量所采用的方法在化学上称为(　　)反应。

31. 将 pH=11 的水溶液稀释(　　)倍,则得 pH=9 的水溶液。

32. 测定 pH 值时,为减少空气和水样中(　　)的溶入或挥发,在测定水样之前,不应提前打开水样瓶。

33. EDTA 滴定法测定水的总硬度适用于测定地表水和(　　)水。

34. 当大气中被测组分浓度较高或者所用分析方法和灵敏时,(　　)采取少量样品就可满足分析需要。

35. 在进行大气环境监测的同时,还要进行(　　)观测。

36. 锅炉排放二氧化硫浓度应在锅炉设计出力(　　)以上时测定。

37. 环境噪声监测不得采用(　　)型调查声级计。

38. 噪声测试时要求相对湿度(　　)。

39. 测量工业企业厂界噪声,测点应选在法定厂界外 1 m 处、高度(　　)的噪声敏感处,如厂界有围墙,测点应高于围墙。

40. 配制溶液时为了安全,一定要将浓酸或浓碱缓慢地加入水中,并不断(　　),待溶液温度冷却到室温后,才能稀释到规定的体积。

41. 在称标准样时,标准样吸收了空气中的水分,将引起(　　)误差。

42. 气温高时,氢氧化钠-氰化钾配制后,被放置(　　)天后才能使用,否则将会影响测定结果。

43. 大多数氧化剂遇酸能发生(　　)。

44. 氰化物常用作络合剂,滴定钙镁时作隐蔽剂,大多数氰化物是有毒的、(　　)。

45. 不准在(　　),如烧杯、三角瓶之类的容器中加热和蒸发易燃液体。

46. 电极法测定水的 pH 值是以(　　)电极为指示电极,饱和甘汞电极为参比电极。

47. 在进行水的 pH 值测量时,甘汞电极中的饱和氯化钾液面必须(　　)待测液面。

48. 测定样品 pH 值时,先用(　　)认真冲洗电极,再用水样冲洗。

49. 分光光度计测定的是(　　)的强度。

50. 声级计校准方式分为声校准和(　　)校准两种。

51. 成 90°弯角的皮托管也称(　　)皮托管。

52. 交通路口的大气污染主要是由于(　　)污染造成的。

53. 衡量实验室内测定结果质量的主要指标是精密度和(　　)。

54. 我国的法定计量单位以(　　)的单位为基础,同时选用了一些非国际单位制单位所构成。

55. 实验室内要保持清洁、整齐、明亮、安静。噪声低于(　　)。

56. 严禁在实验室内饮、食和吸烟,不准用(　　)做饮食用具。

57. 如有汞液散落在地上要立即将(　　)撒在汞面上以减少汞的蒸发量。

58. 碱性高锰酸钾洗液可用于洗涤(　　)上的油污。

59. 有固定位置的精密仪器用毕后,除关闭电源,还应(　　),以防长期带电损伤仪器,造成触电。

60. 酸雨的 pH 值范围(　　)。

61. 流量较大而污染较轻的废水,应经适当处理(　　),不宜排入下水道,以免增加城市下水道和城市污水处理负荷。

62. 环境中有毒物质对人体的危害作用较大,主要是因为环境毒物的特点是(　　)。

63. 人耳可听的频率范围是(　　)。

64. 大气监测可分为(　　)、污染源监测、特定目的监测。

65. 对排入水环境中的(　　)必须进行监视性监测。

66. 细菌学监测适用于饮用水、水源水、地表水和(　　)废水、生活污水中细菌的监测。

67. 采集的样品必须有(　　)。

68. 采样方法一般有人工基质法和(　　)基质法两种。

69. 采样涉及采样的时间、地点和(　　)三个方面。

70. 根据采样时间和频率,水样采集类型有:瞬时、混合和(　　)水样。

71. 在环境水质监测中,水样的保存方法有(　　),加酸控制 pH 值,加化学试剂固定。

72. 采集水样前,应先用水样洗涤取样瓶及塞子(　　)次。

73. pH 值、余氯采集后必须(　　)测定。

74. 在环境分析测试中,常常需要对样品进行消解,写出王水中的酸是(　　)。

75. 测六价铬,水样采集后,加入氢氧化钠调节 pH 值约为(　　)。

76. 采集水样必须立即加入氢氧化钠使氰化物(　　)。

77. 悬浮物采样后的冷藏温度一般为(　　)℃。

78. 对采集到的每一个水样都要做好记录,并在每一个瓶子上做上相应的(　　)。

79. "恒重"是指连续两次相同条件下干燥后,其重量之差不超过(　　)g。

80. 环境监测中常用到的氧化还原的反应有高锰酸钾法、重铬酸钾法和(　　)。

81. ppm 是一种重量比值的表示方法,其值为(　　)分之一。

82. 用酚酞试纸测溶液酸碱度时,使试纸变红的溶液是(　　)溶液。

83. 在某一含有银离子的溶液中,加入几滴盐酸溶液产生(　　)。

84. 在环境监测中,pH 值的测定方法有(　　)和比色法。

85. 六价铬测定方法是(　　)分光光度法。

86. 组分分配比愈大,可能达到的萃取率(　　)。

87. 测定废水中的石油类时,若含有大量动、植物油脂,用氧化铝活化后,用 10 mL 的(　　)清洗。

88. 氨氮的测试方法通常用(　　)法、苯酚-次氯酸盐比色法和电极法。

89. 含酚废水中含有大量硫化物,对酚的测定产生(　　)误差。

90. 用奥氏气体分析仪分析烟气中的一氧化碳、氧气、二氧化碳时,应按(　　)顺序进行。

91. 玻璃纤维滤筒采样管,用于(　　)℃以下烟尘采样。

92. 环境监测实验室质量控制分为实验室内部和实验室(　　)质量控制。

93. 环境监测分析中,准确量取溶液是指量取的准确度达到(　　)mL。

94. 我国化学试剂一般分为四种规格:优级纯、分析纯、(　　)和实验试剂。

95. 空白实验应与(　　)测定同时进行。

96. 大多数氰化物是有毒的,(　　)入口。

97. 严禁将化学废液直接倒入(　　)。

98. 使用有毒药品要特别小心,注意避免通过口、肺或皮肤而引起(　　)。

99. S形皮托管在测定中的误差(　　)标准皮托管。

100. 天平的不等臂性、示值变动性和(　　)是它的三项基本计量性能。

101. 分光光度计法测定铬波长为(　　)nm。

102. 24 h恒温自动连续空气采样器连续采样,当蓝色硅胶干燥剂(　　)时应及时更换。

103. 交接班时,有关生产、设备、(　　)等情况必须交待清楚。

104. 工作中要保证足够的休息和睡眠,(　　),要以充沛的精力进行生产和工作。

105. 带电设备着火时,应使用(　　)进行灭火。

106. 保护接地是将设备上不带电的金属部分通过接地体与大地做(　　),目的是当设备带电部分绝缘损坏而使金属结构带电时,通过接地装置来保护人身安全,避免发生危险。

107. 劳动者患病或因(　　)负伤,医疗期满后,劳动者可以上班的,用人单位应安排工作。

108. 劳动合同双方主体(　　)变更,意味着原合同关系消灭。

109. 建立劳动合同,应当订立(　　)。

110. 设备的三级保养是(　　),一保,二保。

111. 测定油和脂类的容器不宜用(　　)洗涤。

112. 分液漏斗的活塞不要涂(　　)。

113. 旋风分离器是指利用气体运动所产生的(　　)使粉尘或液滴从气体中分离的一种分离器。

114.《污水综合排放标准》(GB 8978—1996)中六价铬最高允许排放浓度为(　　)。

115.《污水综合排放标准》(GB 8978—1996)总镍最高允许排放浓度为(　　)。

116. 气溶胶是指固体颗粒、(　　)或二者在气体介质中的悬浮体系。

117.《大气污染物综合排放标准》(GB 16297—1996)中二类区的污染源执行(　　)标准。

118. 最高允许排放速率指一定高度的排气筒任何1 h排放污染物的(　　)不得超过的限值。

119.《大气污染物综合排放标准》(GB 16297—1996)中甲苯最高允许排放浓度是(　　)。

120.《锅炉大气污染物排放标准》(GB 13271—2014)中燃煤锅炉二类区Ⅱ时段锅炉二氧化硫最高允许排放浓度是(　　)。

121. 气态污染物是以(　　)状态分散在排放气体中的各种污染物。

122.《工业企业厂界环境噪声排放标准》(GB 12348—2008)中3声环境功能区昼间排放限制为(　　)。

123. 烟气排放温度一般情况下可在靠近烟道(　　)的一点测定。

124. 废水样品采集时,在某一时间段,在同一采样点按等时间间隔采等体积水样的混合水样,称为等时混合水样(或时间比例混合水样)。此废水流量变化应(　　)%。

125. 比例采样器是一种专用的自动水质采样器,采集的水样量随(　　)与流量成一定比例,使其在任一时段所采集的混合水样的污染物浓度反映该时段的平均浓度。

126. 工业废水的分析应特别重视水中干扰物质对测定的影响,并保证分取测定水样的(　　)性和代表性。

127. 采集湖泊和水库样品所用的闭管式采样器应装有排气装置，以采集到不与管内积存空气(或气体)混合的水样。在靠近底部采样时，注意不要搅动水和(　　)的界面。

128.往水样中投加一些化学试剂(保护剂)可固定水样中某些待测组分，经常使用的水样保护剂有各种酸、碱和(　　)，加入量因需要而异。

129. 一般的玻璃容器吸附金属，聚乙烯等塑料吸附(　　)、磷酸盐和油类。

130. 水的细菌学检验所用的样品容器，是(　　)瓶，瓶的材质为塑料或玻璃。

131. 文字描述法适用于天然水、饮用水、生活污水和(　　)水中臭的检验。

132. 透明度是指水样的澄清程度，洁净的水是透明的，水中存在(　　)和胶体时，透明度便降低。

133. 测定水的浊度时，水样中出现有(　　)物和沉淀物时，便携式浊度计读数将不准确。

134. 流速仪法测排污截面底部需硬质平滑，截面形状为规则的几何形，排污口处有不小于 3 m 的平直过流水段，且水位高度不小于(　　)m。

135. 分光光度法测定样品时，比色皿表面不清洁是造成测量误差的常见原因之一，每当测定有色溶液后，一定要充分洗涤。可用(　　)涮洗，或用(1+3)HNO_3浸泡。注意浸泡时间不宜过长，以防比色皿脱胶损坏。

136. 氰化物水样采集后，必须贮于(　　)(材质)瓶中。

137. 用硝酸银标准溶液滴定试样中氰化物时，溶液颜色由黄色变为(　　)色时，指示滴定终点到达。

138.《水质 挥发酚的测定 4-氨基安替比林分光光度法》(HJ 503—2009)适用于饮用水、地表水、地下水和工业废水中挥发酚的测定，工业废水和生活污水宜采用(　　)法测定。

139. 原子荧光光谱仪主要由激发光源、原子化器和(　　)三部分组成。

140. 噪声污染源主要有:工业噪声污染源、交通噪声污染源、建筑施工噪声污染源和(　　)噪声污染源。

141. 工程频谱测量常用的 8 个倍频程段是 63 Hz、125 Hz、250 Hz、500 Hz、1 kHz、2 kHz、(　　)kHz、8 kHz。

142. 对人体最有害的振动是振动频率与人体某些器官的固有频率(　　)的振动。

143. 区域环境振动测量时，测点应选在各类区域建筑物外(　　)振动敏感处;必要时，测点置于建筑物室内地面中央。

144. 气态污染物的有动力采样法包括:(　　)、填充柱采样法和低温冷凝浓缩法。

145. 短时间采集环境空气中二氧化硫样品时，U 形玻板吸收管内装 10 mL 吸收液，以(　　)L/min 的流量采样。

146. 蒸汽锅炉负荷是指锅炉的蒸发量，即锅炉每小时能产生多少吨的(　　)，单位为 t/h。

147. 二氧化硫产污系数的计算公式中，与计算有关的参数有:煤收到基硫分含量和燃煤中硫的(　　)。

148. 林格曼黑度图法测定烟气黑度的原理是:把林格曼黑度图放在适当的位置上，使图上的黑度与烟气的黑度相比较，凭(　　)对烟气的黑度进行评价。

149. 分光光度法测定环境空气或废气中二氧化硫时，臭氧对测声有干扰，消除臭氧干扰的方法是:采样后放置一段时间使臭氧(　　)。

150. 粪大肠菌群多管发酵法的初发酵试验，是将水样分别接种到盛有乳糖蛋白胨培养液的发酵管中,在37℃培养(　　)h。

151. 总大肠菌群多管发酵法测定的步骤分为(　　)、平板分离和复发酵试验。

152. 测定水样中细菌学指标时,从取样到检验不宜超过(　　)h。

153. 硫酸亚铁铵滴定法测定固体废物中六价铬或总铬时,宜配成较稀(浓度)的溶液使用,并在溶液变成(　　)色后再加入。

154. 我国化学试剂分为四级,分析纯试剂用A.R表示,标签颜色为红色,化学纯试剂用C.P表示,标签颜色为(　　)色。

155. 对职业照射而言,《电离辐射防护与辐射源安全基本标准》(GB/T 8702—2014)中规定任何工作人员任何一种的限值为(　　)mSV。

156. 按反应的性质,容量分析可分为酸碱滴定法、氧化还原滴定法、络合滴定法和(　　)法。

157. 在pH值为6.2~6.5的条件下,游离氯与DPD直接反应生成(　　)色化合物。

158. 总氯是(　　)和化合氯的总称,又称为总余氯。

159. 某分析人员量取浓度为0.025 0 mol/L的重铬酸钾标准溶液10.00 mL,标定硫代硫酸钠溶液时,用去硫代硫酸钠溶液10.08 mL,该硫代硫酸钠溶液的浓度为(　　)mol/L。

160. EDTA滴定法测定水的总硬度中,滴定接近终点时,由于络合反应缓慢,因此应放慢滴定速度,但整个滴定过程中应在5 min内完成,以便使(　　)的沉淀减至最少。

161. 生化需氧量是指在规定条件下,水中有机物和无机物在(　　)作用下,所消耗的溶解氧的量。

162. 碘量法测定水中溶解氧时,水样中氧化性物质使碘化物游离出I_2,若不加以修正,由此测得的溶解氧值比实际值高,而还原性物质可消耗碘,由此测得的溶解氧比实际值(　　)。

163. 氰化物以HCN和(　　)的形式存在于水中。

164. 用稀释与接种法测定水中BOD时,为保证微生物生长需要,稀释水中应加入一定量的无机营养盐和(　　),并使其中的溶解氧近饱和。

165. 电导率仪法测定水的电导率时,实验用水的电导率应小于(　　)μS/cm,一般是蒸馏水再经过离子交换柱制得的纯水。

166. 酸式滴定管主要用于盛装酸性溶液、(　　)和盐类稀溶液。

167. 正式滴定操作前,应将滴定管调至"0"刻度以上约0.5 cm处。每次滴定最好从"0"刻度或接近"0"刻度开始,这既是为了保证有足够量的溶液供滴定使用,又是为了减小(平行)(　　)。

168. 酸碱指示剂滴定法测定水中碱度时,用标准酸溶液滴定至甲基橙指示剂由橘黄色变成橘红色时,溶液的pH值为(　　)。

169. 重铬酸盐法测定水中化学需氧量时,水样须在(　　)性介质中、加热回流2 h。

170. 采用硝酸银滴定法测定水中氯化物时,若水样的pH值在6.5~10.5范围可直接滴定,若超过此范围应以酚酞作指示剂,用硫酸或氢氧化钠溶液调节pH值为(　　)左右后再进行滴定。

171. 对除尘器进出口管道内气体压力进行测定时,可采用校准后的标准皮托管或其他经过校正的非标准型皮托管,配(　　)压力计或倾斜式压力计进行测定。

172. 固定污染源排气中颗粒物等速采样的原理是:将烟尘采样管由采样孔插入烟道中,

采样嘴(　　)气流。

173. 林格曼黑度图法测定烟气黑度时，如果在太阳光下观察，应尽可能使照射光线与视线成(　　)。

174. 我国推荐的测定环境空气中氮氧化物和二氧化氮的常用方法为盐酸萘乙二胺分光光度法和 Saltzman 法。该类方法的主要特点是(　　)和显色同时进行。

175. 浊度是由于水中含有泥砂、黏土、有机物、无机物、浮游生物和微生物等悬浮物质所造成的，可使光被散射或(　　)。

176. 根据天平的感量(分度值)，通常把天平分为三类：感量在(　　)g 范围的天平称为普通天平。

177. 分光光度法测定样品的基本原理是利用朗伯-比尔定律，根据不同浓度样品溶液对光信号具有不同的(　　)，对待测组分进行定量测定。

178. 纳氏试剂比色法测定水中氨氮时，水样中如含余氯可加入适量(　　)去除，金属离子干扰可加入掩蔽剂去除。

179. 危险源是指可能导致死亡、伤害、职业病、财产损失、工作环境破坏或这些情况组合的根源或(　　)。

180. 环境应急预案主要是对突发的环境影响事件的处理方案，比如化学品泄露事故，发生后应该如何处置，包括了突发事件的识别、报告、(　　)、事后总结等。

181. 比较精密或复杂的仪器设备，要制定操作规程，使用人要严格遵守操作规程，并做好(　　)。

182. 燃煤中(　　)含量和粉末煤量增加，烟尘的排放量就会增加。

183. 国家环境标准包括(　　)标准、环境基础标准、污染物排放标准、环境监测方法标准和环境标准样品标准。

184. 可吸入颗粒物(PM10)是指悬浮在空气中，空气动力学当量直径≤(　　)μm 的颗粒物。

185. 造成人整体暴露在振动环境中的振动称(　　)。

186. 水中的总磷包括溶解的、颗粒的有机磷和(　　)磷。

187. 氮氧化物是指空气中主要以(　　)和二氧化氮形式存在的氮的氧化物的总称。

188. 世界卫生组织(WHO，1989)定义熔点低于室温、沸点在(　　)℃之间的有机物为挥发性有机物。

189. 与人类活动关系最密切的地球表面上空 12 km 范围，叫对流层，特别是地球表面上空(　　)km 的大气层受人类活动及地形影响很大。

二、单项选择题

1. pH 值小于(　　)的大气降水称为酸雨。

(A)4.5　　(B)5.4　　(C)5.6　　(D)6.5

2. 反映水质受生物性污染程度以(　　)为指标。

(A)细菌总数　　(B)大肠杆菌　　(C)病毒　　(D)致病菌

3. 根据《污水排入城市下水道水质标准》(CJ 3082—1999)，排入城市下水道的污水水质，矿物油类最高允许浓度为(　　)。

(A)5 mg/L　(B)10 mg/L　(C)15 mg/L　(D)20 mg/L

4. 测量无规振动时,每个测点连续测量时间至少需要(　　)。

(A)10 s　(B)1 000 s　(C)1 min　(D)10 min

5. 声级计使用的是下列哪一种传声器(　　)。

(A)电动传声器　(B)在电传声器　(C)电容传声器　(D)手动传声器

6. 环境空气质量标准分为(　　)级。

(A)二　(B)三　(C)四　(D)六

7. 环境分析中,准确量取溶液是指量取的标准度达到(　　)。

(A)±0.01　(B)±0.02　(C)±0.03　(D)±0.001

8. 在没有消除系统误差的前提下,分析方法的精密度要求越高,则(　　)。

(A)测定下限高于检出限越多　(B)测定下限低于检出限越多

(C)测定下限高于检出限越少　(D)测定下限低于检出限越少

9. 在测定样品的同时,与同一样品的子样中加入一定量的标准物质进行测定,将其测定结果(　　)样品的测定值来计算回收率。

(A)加上　(B)除以　(C)扣除　(D)乘以

10. 某水样加标后的测定值为 200 μg,试样测定值为 104 μg,加标值为 100 μg,其加标回收率为(　　)。

(A)99%　(B)98%　(C)97%　(D)96%

11. 在校准曲线的测定中,还可以用增加(　　)的方法减少测试数据的随机误差。

(A)浓度点　(B)系统误差　(C)灵敏度　(D)数据量

12.《中华人民共和国循环经济促进法》规定,餐饮、娱乐、宾馆等服务性企业,应当采用节能、节水、节材和有利于保护环境的产品,减少使用或者不使用浪费资源、(　　)的产品。

(A)污染环境　(B)污染空气　(C)污染水质　(D)污染土壤

13. 清洁生产是指不断采取改进设计、使用清洁的能源和原料、采用先进的工艺技术与设备、改善管理、综合利用等措施,从源头削减污染,提高资源利用效率,减少或者避免生产、服务和产品使用过程中(　　)的产生和排放,以减轻或者消除对人类健康和环境的危害。

(A)固体废物　(B)污染物　(C)废气、废水　(D)辐射污染

14. 当样品中待测物质浓度(　　)校准曲线的中间浓度时,加标量应控制在待测物的半量。

(A)等于　(B)低于　(C)高于　(D)随意

15. 下列有关噪声的叙述中,错误的是(　　)。

(A)当某噪声级与背景噪声级之差很小时,则感到很嘈杂

(B)噪声影响居民的主要因素与噪声级、噪声的频谱、时间特性和变化情况有关

(C)由于各人的身心状态不同,对同一噪声级下的反应有相当大的出入

(D)为保证睡眠不受影响,室内噪声级的理想值为 30 dB

16.《中华人民共和国水污染防治法》规定,造成渔业污染事故或者渔业船舶造成水污染事故的,由(　　)主管部门进行处罚;其他船舶造成水污染事故的,由海事管理机构进行处罚。

(A)环保　(B)交通　(C)渔业　(D)公安

17. 振动测量时,使用测量仪器最关键的问题是(　　)。

(A)选用拾振器　　(B)校准仪器

(C)拾振器如何在地面安装　　(D)拾振器的读数

18. 采集的严重污染水样运输最大允许时间为 24 h,但最长贮放时间应为(　　)。

(A)12 h　　(B)24 h　　(C)48 h　　(D)72 h

19. 下列不属于生活污水监测的项目是(　　)。

(A)悬浮物　　(B)氨氮　　(C)挥发酚　　(D)阴离子洗涤剂

20. 几价态的铬对人体危害最大(　　)。

(A)3　　(B)4　　(C)5　　(D)6

21. 主动遥感的激光可以穿透约(　　)m 以上的水层,可监测地表水中的染料、烃类等 20 多种化学毒物。

(A)5　　(B)10　　(C)20　　(D)30

22. 我国饮用水汞的极限标准为(　　)。

(A)1 mg/L　　(B)0.1 mg/L　　(C)0.01 mg/L　　(D)0.001 mg/L

23. 河流采样时重要排污口下游的控制断面应设在距排污口(　　)处。

(A)100～500 m　　(B)500～1 000 m

(C)1 000～1 500 m　　(D)1 500～2 000 m

24. 一条河段一般可设(　　)对照断面,有主要支流时可酌情增加。

(A)1 个　　(B)2 个　　(C)3 个　　(D)5 个

25. 测烟望远镜法测定烟气黑度时,观测者可在离烟囱(　　)远处进行观测。

(A)50～300 m　　(B)1～50 m　　(C)50～100 m　　(D)300～500 m

26. 羊毛铬花菁 R 分光光度法测定烟尘中铍时,铍与羊毛铬花菁 R(ECR)生成的络合物有两个吸收峰,当测定低浓度铍时,波长选用(　　),高浓度时波长选用(　　)。

(A)500 nm,580 nm　　(B)520 nm,580 nm

(C)520 nm,560 nm　　(D)500 nm,560 nm

27. 总大肠菌检验的方法中,多管发酵法适用于(　　)。

(A)多种水体　　(B)杂质较少的水样　　(C)一切水样　　(D)以上全不对

28. 在一条垂线上,当水深小于或等于 5 m 时,只在水面下(　　)处设一个采样点即可。

(A)0.3～0.5 m　　(B)0.5～1.0 m　　(C)1.0～1.5 m　　(D)2.0 m

29. 在地下水质监测采样点的设置上应以(　　)为主。

(A)浅层地下水　　(B)深层地下水　　(C)第四纪　　(D)泉水

30. 对受污染的地面水和工业废水中溶解氧的测定不宜选用的方法是(　　)。

(A)碘量法　　(B)修正碘量法　　(C)氧电极法　　(D)碘量法

31. 在下列监测方法中不属于水质污染生物监测的是(　　)。

(A)活性污泥法　　(B)生物群落法

(C)细菌学检验法　　(D)水生生物毒性实验法

32. 离子色谱法测定环境空气中氨时,方法的检出限为 0.2 μg/10 mL,当用 10 mL 吸收液,采样体积为 30 L 时,最低检出浓度为(　　)。

(A)0.001 mg/m^3　　(B)0.003 mg/m^3　　(C)0.007 mg/m^3　　(D)0.009 mg/m^3

33. 公共场所空气湿度测定时,机械通风干湿表的测量范围为(　　)RH。

(A)5%～100%　(B)10%～100%　(C)5%～90%　(D)10%～90%

34. 测定含有高浓度重金属水样中的细菌学指标时，在灭菌前要在采样瓶中加入螯合剂，以减少金属毒性。按 500 mL 采样瓶计，加入螯合剂的浓度和体积为(　　)。

(A)15% EDTA，1 mL　(B)1% EDTA，15 mL

(C)15% EDTA，10 mL　(D)1% EDTA，10 mL

35. 由于检验人员嗅觉的敏感性差异，所以需要超过(　　)名人员同时检验。

(A)2　(B)3　(C)4　(D)5

36. 一般以工序为研究对象，为分析、预测施工过程是否处于稳定状态而抽取的质量数据称为(　　)。

(A)计量数据　(B)计数数据　(C)验收用数据　(D)控制用数据

37. 测定水中痕量有机物，如有机氯杀虫剂类时，其玻璃仪器需用(　　)。

(A)铬酸洗液浸泡 15 min 以上，再用水和蒸馏水洗净

(B)合成洗涤剂或洗衣粉配成的洗涤液浸洗后，再用水、蒸馏水洗净

(C)铬酸洗液浸泡 15 min 以上，再用盐酸洗净

(D)合成洗涤剂或洗衣粉配成的洗涤液浸洗后，再用盐酸洗净

38. 测定水中总铬的前处理，要加入高锰酸钾、亚硝酸钠和尿素，它们的加入顺序是(　　)。

(A)$KMnO_4$—尿素—$NaNO_2$　(B)尿素—$KMnO_4$—$NaNO_2$

(C)$KMnO_4$—$NaNO_2$—尿素　(D)尿素—$NaNO_2$—$KMnO_4$

39. 在称标准样时，标准样吸收了空气中的水分将引起系统的(　　)。

(A)相对误差　(B)绝对误差　(C)系统误差　(D)随机误差

40. 浓硫酸接触木面器皿时，会使接触面变黑，这是由于浓硫酸具有(　　)。

(A)吸水性　(B)氧化性　(C)脱水性　(D)还原性

41. 测定 COD 时，加入 0.4 g 硫酸汞是为了络合(　　)离子。

(A)氟　(B)氯　(C)溴　(D)碘

42. 重量法测定石油类时，所用的石油醚沸腾温度为(　　)。

(A)30～60℃　(B)20～40℃　(C)60～90℃　(D)90～120℃

43. EDTA 标准溶液一般用标准(　　)溶液标定。

(A)铝　(B)锌　(C)铜　(D)铬

44. 实验室内要保持清洁、整齐、明亮、安静。噪声应低于(　　)dB。

(A)65　(B)75　(C)85　(D)90

45. 测定水中悬浮物，通常采用滤膜的孔径为(　　)。

(A)0.045 μm　(B)0.45 μm　(C)4.5 μm　(D)0.15 μm

46. 含砷水样加入(　　)保存。

(A)硫酸　(B)硝酸　(C)盐酸　(D)NaOH

47. 实验室制备纯水常用(　　)和离子交换法法。

(A)蒸馏法　(B)电离法　(C)电解法　(D)过滤法

48. 在城市交通噪声监测中，在各测定应每隔(　　)记一个瞬时 A 声级。

(A)3 s　(B)4 s　(C)5 s　(D)6 s

49. 不便刷洗的玻璃仪器的洗涤法：可根据污垢的性质(　　)，进行浸泡或共煮，再按常

法用水冲净。

(A)选择不同的水温 (B)选择不同的洗涤液

(C)选择不同的仪器刷 (D)选择不同的清洗压力

50. 碘量滴定法适用于测定总余氯含量( )的水样。

(A)>1 mg/L (B)>2 mg/L (C)>3 mg/L (D)>4 mg/L

51. 通常我们所做的 BOD 是指水样在(20±1)℃恒温培养箱中培养( )天后，分别测定样品培养前后的溶解氧，二者之差即为 BOD 值。

(A)1 (B)3 (C)5 (D)25

52. 采集含油水样的容器应选用( )。

(A)细口玻璃瓶 (B)广口玻璃瓶 (C)聚四氟乙烯瓶 (D)塑料瓶

53. 为保存水样，采集样品时，可向采集瓶内加( )，以控制微生物活动。

(A)硫酸 (B)氢氧化钠 (C)硝酸 (D)氯化钠

54. 安全生产管理，坚持( )的方针。

(A)安全第一、预防为主 (B)安全生产只能加强，不能削弱

(C)安全生产重于泰山 (D)隐患险于明火，预防重于救灾

55. 监测环境空中气态污染物时，要获得 1 h 的平均浓度，样品的采样时间应不少于( )。

(A)30 min (B)35 min (C)40 min (D)45 min

56. 在进行二氧化硫 24 h 连续采样时，吸收瓶在加热槽内最佳温度为( )。

(A)23～29℃ (B)16～24℃ (C)20～25℃ (D)20～30℃

57. 六价铬的水样采集应在( )采样。

(A)总排放口 (B)车间排放口 (C)生产工艺过程中 (D)以上都可以

58. 在用玻璃电极测量 pH 值时，甘汞电极内的氯化钾溶液的液面应( )被测溶液的液面。

(A)高于 (B)低于 (C)随意 (D)以上都对

59. 当溶液的 pH 值等于 3 时，水中氢离子浓度为( )。

(A)0.001 mol/L (B)0.3 mol/L (C)0.01 mol/L (D)0.02 mol/L

60. pH 值测定以( )电极为参比电极。

(A)玻璃 (B)甘汞 (C)复合 (D)离子选择性

61. 当氯离子含量较多时，会产生干扰，可加入( )去除。

(A)硫酸 (B)盐酸 (C)NaOH (D)高氯酸

62. 大气采样口的高度一般设定为距离地面( )。

(A)1 m (B)1.2 m (C)1.5 m (D)2 m

63. 用 EDTA 滴定总硬度时，最好是在( )条件下进行。

(A)低温 (B)常温 (C)加热 (D)无温度要求

64. 重铬酸钾法测定 COD 时，回流时间为( )。

(A)1 h (B)2 h (C)3 h (D)0.5 h

65. 参加实验室间质控实验的实验室，必须是( )。

(A)优质实验室 (B)二级站的实验室

(C)三级站的实验室 (D)以上都可以

66. 锅炉排放二氧化硫浓度应在锅炉设计出力(　　)以上时测定。

(A)50%　　(B)70%　　(C)90%　　(D)100%

67. 配置4%(m/V)高锰酸钾溶液应称取高锰酸钾(　　),在加热和搅拌下溶于水定溶至100 mL。

(A)2 g　　(B)4 g　　(C)6 g　　(D)8 g

68. 用二苯碳酰二肼分光光度法测定六价铬,分光光度计的波长为(　　)。

(A)540 nm　　(B)480 nm　　(C)520 nm　　(D)530 nm

69. 我国生活饮用水的细菌总数标准为:(　　)。

(A)每升水样小于100个　　(B)每升水样小于或等于3个

(C)每升水样小于或等于100个菌落　　(D)以上全不对

70. 我国生活饮用水的总的大肠菌群标准是(　　)。

(A)每升水样小于等于100个　　(B)每100 mL水样检出3个以下

(C)每升水样小于或等于3个　　(D)以上全不对

71. 含酚废水中含有大量硫化物,对酚的测定产生(　　)误差。

(A)正　　(B)负　　(C)无影响　　(D)以上全不对

72. 采集水样后,应尽快送至实验室分析,如若久放,受(　　)的影响,某些组分的浓度可能会发生变化。

(A)生物因素　　(B)化学因素　　(C)物理因素　　(D)以上都有

73. 火焰原子吸收分光光度法测定环境空气中锰时,特征谱线为(　　)。

(A)279.5 nm　　(B)228.8 nm　　(C)357.9 nm　　(D)325.4 nm

74. 水样的类型分为(　　)。

(A)综合水样、瞬时水样、混合水样、平均污水样

(B)综合水样、瞬时水样、混合水样、平均污水样、其他水样

(C)周期水样、混合水样、平均污水样、其他水样

(D)综合水样、周期水样、混合水样、平均污水样、其他水样

75.《大气污染物综合排放标准》(GB 16297—1996)中规定,新污染源的排气筒一般不应低于(　　)m的高度。

(A)10　　(B)15　　(C)20　　(D)25

76. 每个水样瓶上需贴上标签,标签上的内容包括(　　)。

(A)采样点位置编号、采样日期和时间、测定项目、保存方法、使用保存剂

(B)采样点位置编号、采样日期和时间、测定项目、保存方法、主要成分

(C)采样点位置编号、采样日期和时间、测定项目、水样pH值和温度、使用保存剂

(D)采样点位置编号、采样日期和时间、测定项目、水样pH值和温度、主要成分

77. 水样运输前应检查现场采样记录上的所有水样是否全部装箱,要用红色在包装箱顶部和侧面标上"(　　)"。

(A)切勿颠簸　　(B)切勿倒置　　(C)易碎品　　(D)以上都不是

78. 对于工业废水排放源,悬浮物、硫化物、挥发酚等二类污染物采样点布设在(　　)。

(A)车间或车间设备废水排放口　　(B)渠道较直、水量稳定的地方

(C)工厂废水总排放口　　(D)处理设施的排放口

79. 当选用填充柱采集环境空气样品时，若在柱后流出气中发现被测组分浓度等于进气浓度的(　　)时，通过采样管的总体积称为填充柱的最大采样体积。

(A)5%　(B)15%　(C)35%　(D)50%

80. 高效液相色谱法分析环境空气中苯酚类化合物时，采样后的吸收液带回实验室，应使用1 mL、5%的硫酸调节 pH 值小于(　　)。

(A)1　(B)4　(C)7　(D)8

81.《地表水环境质量标准》(GB 3838—2002)中，Ⅲ类水的 COD 标准限值为(　　)。

(A)10 mg/L　(B)15 mg/L　(C)20 mg/L　(D)25 mg/L

82. 对于较大水系干流和中、小河流全年采样应不小于(　　)。

(A)2 次　(B)3～4 次　(C)6 次　(D)8 次

83. 巯基棉富集-冷原子荧光分光光度法测定环境空气中汞含量时，如欲分别测定颗粒态汞和气态汞，可在巯基棉采样管前加一(　　)滤膜，捕集颗粒态汞，用10%硝酸溶液溶解。

(A)普通　(B)空白

(C)有机纤维素微孔(或聚氯乙烯)　(D)玻璃纤维

84. 为了保证人身安全，防止触电事故的发生，应与带电体保持的最小安全距离称为安全距离，其值为(　　)。

(A)250 mm　(B)300 mm　(C)350 mm　(D)400 mm

85. 维护系统正常运行的接地方法叫(　　)，如三相四线制 380 V 系统变压器中性点接地。

(A)工作接地　(B)重复接地　(C)保护接零　(D)中性点接地

86. 适用于居住、商业、工业混杂区及商业中心区，噪声等效声级执行(　　)标准。

(A)昼间 55 dB，夜间 45 dB　(B)昼间 60 dB，夜间 50 dB

(C)昼间 65 dB，夜间 55 dB　(D)不分昼夜

87. 水中氨氮测定时，对污染严重的水或废水，水样预处理方法为(　　)。

(A)絮凝沉淀法　(B)蒸馏法　(C)过滤　(D)高锰酸钾氧化

88. 在 COD 的测定中，加入 Ag_2SO_4-H_2SO_4 溶液，其作用是(　　)。

(A)杀灭微生物　(B)沉淀 Cl^-

(C)沉淀 Ba^{2+}、Sr^{2+}、Ca^{2+} 等　(D)催化剂作用

89. (　　)是重要的大气污染物之一，也是酸雨和城市光化学烟雾的重要构成因素。

(A)NO_x　(B)SO_2　(C)CO　(D)以上全不对

90. 水体污染即当污染物进入河流、湖泊、海洋或地下水等水体后，其含量超过了水体的自然净化能力，使水体的水质和水体底质的(　　)发生变化，从而降低了水体的使用价值和使用功能的现象。

(A)物理　(B)化学性质　(C)生物群落组成　(D)以上都是

91. 环境保护是指人类为解决现实的或潜在的环境问题，协调人类与环境的关系，保障经济社会的持续发展而采取的各种行动的总称。其方法和手段有(　　)。

(A)工程技术的　(B)行政管理的　(C)宣传教育的　(D)以上都是

92. 对于氮氧化物的监测，下面说法错误的是(　　)。

(A)用盐酸萘乙二胺分光光度法测定时，用冰乙酸、对氨基苯磺酸和盐酸萘乙二胺配制吸

收液

(B)用盐酸萘乙二胺分光光度法测定时,用吸收液吸收大气中的 NO_2,并不是100%生成亚硝酸

(C)不可以用化学发光法测定

(D)可以用恒电流库仑滴定法测定

93. 气体的标准状态是(　　)。

(A)25℃、101.325 kPa　　(B)0℃、101.325 kPa

(C)25℃、100 kPa　　(D)0℃、100 kPa

94. 水中氨氮测定时,不受水样色度、浊度的影响,不必预处理样品的方法为(　　)。

(A)纳氏试剂分光光度法　　(B)水杨酸分光光度法

(C)电极法　　(D)滴定法

95. 关于烟气的说法,下列错误的是(　　)。

(A)烟气中的主要组分可采用奥氏气体分析器吸收法测定

(B)烟气中有害组分的测定方法视其含量而定

(C)烟气中的主要组分不可采用仪器分析法测定

(D)烟气的主要气体组分为氮、氧、二氧化碳和水蒸气等

96. 可吸入微粒物,粒径在(　　)。

(A)100 μm 以下　　(B)10 μm 以下　　(C)1 μm 以下　　(D)10～100 μm

97. 测定大气中二氧化硫时,国家规定的标准分析方法为(　　)。

(A)库仑滴定法

(B)四氯汞钾溶液吸收-盐酸副玫瑰苯胺分光光度法

(C)紫外荧光法

(D)电导法

98. 对于某一河段,要求设置断面为(　　)。

(A)对照断面、控制断面和消减断面　　(B)控制断面、对照断面

(C)控制断面、消减断面和背景断面　　(D)对照断面、控制断面和背景断面

99. 噪声污染级是以等效连续声级为基础,加上(　　)。

(A)10 dB　　(B)15 dB

(C)一项表示噪声变化幅度的量　　(D)两项表示噪声变化幅度的量

100. 从业人员发现直接危及人身安全的紧急情况时,(　　)撤离作业场所。

(A)无权停止作业

(B)必须经单位负责人同意方可停止工作

(C)必须经现场负责人同意方可停止作业

(D)有权停止作业或者在采取可能的应急措施后

101. 在测量交通噪声计算累计百分声级时,将测定的一组数据,例如200个,从大到小排列,则(　　)。

(A)第90个数据即为L10,第50个数据为L50,第10个数据即为L90

(B)第10个数据即为L10,第50个数据为L50,第90个数据即为L90

(C)第180个数据即为L10,第100个数据为L50,第20个数据即为L90

(D)第 20 个数据即为 L10,第 100 个数据为 L50,第 180 个数据即为 L90

102. 为了表明夜间噪声对人的烦扰更大,故计算夜间等效声级这一项时应加上(　　)的计权。

(A)20 dB　　(B)15 dB　　(C)10 dB　　(D)5 dB

103. 3 个声源作用于某一点的声压级分别为 65 dB、68 dB 和 71 dB,同时作用于这一点的总声压级为(　　)。

(A)73.4 dB　　(B)68.0 dB　　(C)75.3 dB　　(D)70.0 dB

104. 已知某污水处理厂出水 TN 为 18 mg/L,氨氮 2.0 mg/L,则出水中有机氮浓度为(　　)。

(A)16 mg/L　　(B)6 mg/L　　(C)2 mg/L　　(D)不能确定

105. 环境监测质量控制可以分为(　　)。

(A)实验室内部质量控制和实验室外部协作试验

(B)实验室内部质量控制和实验室间质量控制

(C)实验室内部质量控制和现场评价考核

(D)实验室内部质量控制和实验室外部合作交流

106. 测定水中总氰化物进行预蒸馏时,加入 EDTA 是为了(　　)。

(A)保持溶液的酸度　　(B)络合氰化物

(C)使大部分的络合氰化物离解　　(D)络合溶液中的金属离子

107. 环境空气中颗粒物的采样方法主要有:滤料法和(　　)。

(A)溶液吸收法　　(B)低温冷凝法　　(C)浓缩法　　(D)自然沉降法

108. 采集的环境空气苯系物样品,两端密封,放入密闭容器中,−20℃冷冻,保存期限为(　　)。

(A)1 d　　(B)7 d　　(C)30 d　　(D)45 d

109. 配制盐酸溶液 C=0.1 mol/L,配 500 mL,应取浓度为 1 mol/L 的盐酸溶液(　　)mL。

(A)25　　(B)40　　(C)50　　(D)20

110. 将 50 mL 浓硫酸和 100 mL 水混合的溶液浓度表示为(　　)。

(A)(1+2)H_2SO_4　　(B)(1+3)H_2SO_4　　(C)50% H_2SO_4　　(D)33.3% H_2SO_4

111. 测定挥发分时要求相对误差小于±0.1%,规定称样量为 10 g,应选用(　　)。

(A)上皿天平　　(B)工业天平　　(C)分析天平　　(D)半微量天平

112. 环境噪声监测不得使用(　　)。

(A)Ⅰ型声级计　　(B)Ⅱ型声级计　　(C)Ⅲ型声级计　　(D)Ⅳ型声级计

113. 工业废水的分析应特别重视水中(　　)对测定的影响,并保证分区测定水样的均匀性和代表性。

(A)油类物质　　(B)污泥　　(C)有机污染物　　(D)干扰物质

114. 利用分光光度法测定样品时,下列因素中(　　)不是产生偏离朗伯-比尔定律的主要原因。

(A)所用试剂的纯度不够的影响　　(B)非吸收光的影响

(C)非单色光的影响　　(D)被测组分发生解离、缔合等化学因素

115. 测定水中总磷时,采集的样品应储存于(　　)。

(A)聚乙烯瓶　　(B)玻璃瓶　　(C)硼硅玻璃瓶　　(D)橡胶瓶

116.《水质 硝基苯类化合物的测定 气象色谱法》(HJ 592—2010)规定,用(　)检测器测定硝基苯类化合物。

(A)FPD　　(B)FID　　(C)ECD　　(D)NPD

117. 根据《工业企业厂界噪声标准》(GB 12348—2008),稳态噪声是指在测量时间内,被测声源的声级起伏不大于(　)的噪声。

(A)3 dB(A)　　(B)4 dB(A)　　(C)5 dB(A)　　(D)6 dB(A)

118. 分光光度计波长准确度是指单色光最大强度的波长值与波长指示值(　)。

(A)之和　　(B)之差　　(C)乘积　　(D)之商

119. 气相色谱法适用于(　)中三氯乙醛的测定。

(A)地表水和废水　　(B)地表水　　(C)废水　　(D)地下水

120. 根据污染物在大气中的存在状态,大气污染物分为(　)。

(A)分子状污染物和气溶胶态污染物

(B)分子状污染物和颗粒状态污染物

(C)气体污染物和颗粒状污染物

(D)气体状污染物和固体状态污染物

121. 下列关于硫酸盐的描述中不正确的是(　)。

(A)硫酸盐在自然界中分布广泛

(B)天然水中硫酸盐的浓度可能从每升几毫克至每升数千毫克

(C)地表水和地下水中的硫酸盐主要来源于岩石土壤中矿物组分的风化和溶淋

(D)岩石土壤中金属硫化物的氧化对天然水体中硫酸盐的含量无影响

122. 用导管采集污泥样品时,为了减少堵塞的可能性,采样管的内径不应小于(　)。

(A)20 mm　　(B)50 mm　　(C)100 mm　　(D)150 mm

123. 下列关于重量法分析硫酸盐干扰因素的描述中,不正确的是(　)。

(A)样品中包含悬浮物、硝酸盐、亚硫酸盐和二氧化硅可使测定结果偏高

(B)水样有颜色对测定有影响

(C)碱金属硫酸盐,特别是碱金属硫酸氢盐常使结果偏低

(D)铁和铬等能影响硫酸盐的完全沉淀,使测定结果偏低

124. 气相色谱法测定水中苯系物时,水样中的余氯对测定会产生干扰,可用相当于水样重量(　)的抗坏血酸除去。

(A)0.1%　　(B)0.5%　　(C)1%　　(D)1.5%

125. 对于某一河段,控制断面一般设置在(　)。

(A)排污口下游 1 500 m 以外的河段上　　(B)排污口下游 500～1 000 m 处

(C)排污口下游 500 m 处　　(D)排污口下游 1 500 m 处

126. 一条河宽 100～1 000 m 时,设置采样垂线为(　)。

(A)左、右各一条　　(B)左、中、右各一条

(C)5 条以上等距离垂线　　(D)一条中泓垂线

127.(　)是指某方法对单位浓度或单位量待测物质变化所产生的响应量的变化程度。

(A)变化度　　(B)准确度　　(C)灵敏度　　(D)精确度

128. 校准曲线包括标准曲线和( )。

(A)分析曲线 (B)平行曲线 (C)作业曲线 (D)工作曲线

129. 在河流水深 10～50 m 时,设置采样点数目为( )。

(A)1 个样 (B)2 个样 (C)3 个样 (D)5 个样

130. 大气污染物例行监测规定要求测定项目为( )。

(A)二氧化硫、二氧化氮、总悬浮颗粒物、灰尘自然沉降量、硫酸盐化速率

(B)二氧化硫、氮氧化物、总悬浮颗粒物、飘尘、硫酸盐化速率

(C)二氧化硫、一氧化氮、总悬浮颗粒物、灰尘自然沉降量、硫酸盐化速率

(D)二氧化硫、二氧化碳、总悬浮颗粒物、飘尘、硫酸盐化速率

131. 下列关于污水水质指标类型的表述正确的是( )。

(A)物理性指标、化学性指标 (B)物理性指标、化学性指标、生物学指标

(C)水温、色度、有机物 (D)水温、COD、BOD、SS

132. 大气采样点的布设方法中,扇形布点法适用于( )。

(A)区域性常规监测

(B)有多个污染源,且污染分布比较均匀的地区

(C)多个污染源构成污染群,且大污染源较集中的地区

(D)主导风向明显的地区或孤立的高架点源

133. 测定水样 BOD_5,水中有机物含量高时,应稀释水样测定,稀释水要求( )。

(A)pH 值为 7.0,BOD_5应小于 0.5 mg/L (B)pH 值为 7.2,BOD_5应小于 0.5 mg/L

(C)pH 值为 7.5,BOD_5应小于 0.2 mg/L (D)pH 值为 7.2,BOD_5应小于 0.2 mg/L

134. 下列对工业企业噪声监测测点选择原则的描述,有误的是( )。

(A)若车间内各处 A 声级波动小于 3 dB,则只需在车间选择 1～3 个测点

(B)若车间内各处声级波动大于 3 dB,则应按声级大小,将车间分成若干区域,每个区域内的声级波动必须小于 3 dB,每个区域取 1～3 个测点

(C)若车间内各处声级波动大于 3 dB,则需在车间选择 5～10 个测点

(D)这些区域必须包括所有工人为观察或管理生产过程而经常工作、活动的地点和范围

135. 测( )、( )和( )时,采样时水样必须注满容器,上部不留空间,并有水封口。

(A)化学需氧量 溶解氧 无机污染物 (B)溶解氧 生化需氧量 有机污染物

(C)化学需氧量 溶解氧 有机污染物 (D)溶解氧 生化需氧量 无机污染物

136. 设项目竣工环境保护验收监测中,对生产稳定且污染物排放有规律的排放源,应以生产周期为采样周期,采样不得少于( )周期。

(A)2 个 (B)3 个 (C)4 个 (D)5 个

137. 在地下水监测项目中,北方盐碱区和沿海受潮汐影响的地区应增测( )项目。

(A)电导率、磷酸盐及硅酸盐 (B)有机磷、有机氯农药及凯氏氮

(C)电导率、溴化物和碘化物等 (D)有机磷、磷酸盐和溴化物

138. 大气采样时,属于富集采样的方法为( )。

(A)球胆采样 (B)采气管采样 (C)滤料采样法 (D)采样瓶采样

139. 湖泊和水库的水质有季节性变化,采样频次取决于水质变化的状况及特性,对于水

质控制监测,采样时间间隔可为(　　),如果水质变化明显,则每天都需要采样,甚至连续采样。

(A)一周　(B)两周　(C)一个月　(D)一天

140. 生态系统的营养级一般不超过5～6级,原因是(　　)。

(A)能量在营养级间的流动是逐级递减的　(B)能量是守恒的

(C)消费者数量不足　(D)生态系统遭到破坏

141. 地下水监测项目中,水温监测每年一次,可与(　　)同步进行。

(A)平水期　(B)枯水期　(C)丰水期　(D)以上都不是

142. 不属于生物多样性的层次是(　　)。

(A)遗传多样性　(B)物种多样性　(C)生态系统多样性　(D)种群多样性

143. 特种设备包括(　　)。

(A)起重设备　(B)电梯　(C)锅炉和压力容器　(D)以上都是

144. 公共场所空气流速测定时,数字风速表的启动风速为(　　)。

(A)≤0.1 m/s　(B)≤0.5 m/s　(C)≤0.7 m/s　(D)≤1.0 m/s

145. 环境空气采样中,自然沉降法主要用于采集颗粒物粒径(　　)的尘粒。

(A)大于10 μm　(B)小于10 μm　(C)大于20 μm　(D)大于30 μm

146. 使用气相色谱仪热导池检测器时,有如下步骤:(1)打开桥电流开关;(2)打开记录仪开关;(3)通载气;(4)升柱温及检测器温度;(5)启动色谱仪电源开关。正确的次序是(　　)。

(A)(1)→(2)→(3)→(4)→(5)　(B)(2)→(3)→(4)→(5)→(1)

(C)(3)→(5)→(4)→(1)→(2)　(D)(5)→(3)→(4)→(1)→(2)

147.《室内装饰装修材料 溶剂型木器涂料中有害物质限量》(GB 18581—2009)中,用气相色谱法测定苯、甲苯和二甲苯时,要求同一操作者两次测定结果的相对偏差小于(　　)。

(A)10%　(B)15%　(C)20%　(D)25%

148. 分光光度计吸光度的准确性是反映仪器性能的重要指标,一般常用(　　)标准溶液进行吸光度校正。

(A)碱性重铬酸钾　(B)酸性重铬酸钾　(C)高锰酸钾　(D)EDTA

149. 分光光度计通常使用的比色皿具有(　　)性,使用前应做好标记。

(A)选择　(B)渗透　(C)方向　(D)偏离

150. 采用稀释与接种法测定水中BOD_5时,稀释水的BOD_5值应(　　),接种稀释水的BOD_5值应在(　　)之间。接种稀释水配制完成后应立即使用。

(A)<0.2 mg/L,0.2～1.0 mg/L　(B)<0.2 mg/L,0.3～1.0 mg/L

(C)<1.0 mg/L,0.3～1.0 mg/L　(D)<1.0 mg/L,0.2～1.0 mg/L

151. 朗伯-比尔定律$A=kcL$中,摩尔吸光系数k值(　　),表示该物质对某波长光的吸收能力愈强,比色测定的灵敏度就愈高。

(A)愈大　(B)愈小　(C)大小一样　(D)越接近零

152. 采用硝酸银滴定法测定水中简单氰化物时,若蒸馏时加入酒石酸溶液后试液不显红色,应向蒸馏瓶内补加(　　)溶液。

(A)硝酸锌　(B)酒石酸　(C)氢氧化钠　(D)酚酞

153. 采用碘量法测定水中溶解氧时,如遇含有活性污泥悬浮物的水样,应采用(　　)消除干扰。

(A)高锰酸钾修正法 (B)硫酸铜-氨基磺酸絮凝法

(C)叠氮化钠修正法 (D)重铬酸钾絮凝法

154. 采用稀释与接种法测定水中BOD_5,满足下列条件时数据方有效:5天后剩余溶解氧至少为(　　),而消耗的溶解氧至少为(　　)。

(A)1.0 mg/L,2.0 mg/L (B)2.0 mg/L,1.0 mg/L

(C)5.0 mg/L,2.0 mg/L (D)5.0 mg/L,1.0 mg/L

155. 电位滴定法测定水中氯化物时,如选用氯离子选择电极为指示电极,在使用前氯离子选择电极需在(　　)中活化1 h。

(A)NaCl溶液 (B)硝酸溶液 (C)蒸馏水 (D)过氧化氢

156. 测定水中化学需氧量的快速密闭催化消解法与常规法相比缩短了消解时间,是因为密封消解过程加入了助催化剂,同时是在(　　)下进行的。

(A)催化 (B)加热 (C)加压 (D)加有机物质

157. 使用分光光度法测试样品,校正比色皿时,应将(　　)注入比色皿中,以其中吸收最小的比色皿为参比,测定其他比色皿的吸光度。

(A)纯净蒸馏水 (B)乙醇 (C)三氯甲烷 (D)甲苯

158. 碘量法测定水中游离氯、总氯和二氧化氯中,配制硫代硫酸钠标准溶液时,可加入几毫升(　　)以尽可能减少细菌分解作用。

(A)二氯甲烷 (B)三氯甲烷 (C)四氯化碳 (D)过氧化氢

159. 一个好的抽样检验方案,应该具备(　　)。

(A)当质量较好时,应该以高概率接受 (B)当质量较好时,以高概率拒收

(C)尽量以高概率接受 (D)当质量较差时,以高概率接受

160. 画直方图时,数据一般应(　　)。

(A)大于30个 (B)大于50个 (C)大于100个 (D)50～100个

161. (　　)可以减少抽样检验中的两类风险。

(A)合理选择抽样方案 (B)减少样本容量

(C)增加不合格率 (D)提高判别标准

162. 碘量法适用于测定总氯含量大于(　　)的水样。

(A)0.1 mg/L (B)1 mg/L (C)10 mg/L (D)100 mg/L

163. 环境空气样品采集中,用于大流量采样器的滤膜,在线速度为60 cm/s时,一张干净滤膜的采样效率应达到(　　)以上。

(A)90% (B)91% (C)93% (D)97%

164. 用内装50 mL吸收液的多孔玻板吸收瓶采集氮氧化物,以0.2 L/min流量采样时,玻板阻力为(　　),通过玻板后的气泡应分散均匀。

(A)1～2 kPa (B)3～4 kPa (C)5～6 kPa (D)7～8 kPa

165. 采用重量法测定TSP时,若TSP含量过高或雾天采样使滤膜阻力大于(　　),本方法不适用。

(A)10 kPa (B)30 kPa (C)50 kPa (D)70 kPa

166. 当选用气泡吸收管或冲击式吸收管采集环境空气样品时,应选择吸收效率为(　　)

以上的吸收管。

(A)85% (B)90% (C)95% (D)99%

167. 用于环境空气中气态污染物采样的吸收瓶,其阻力应每月测定一次,当测定值与上次测定结果之差大于(　　)时,应做吸收效率测试,吸收效率应大于 95%,否则不能继续使用。

(A)0.1 kPa (B)0.2 kPa (C)0.3 kPa (D)0.4 kPa

168. 500 kV 超高压送电工程电磁辐射环境影响对变电所址的评价范围为:以变电所址为中心的半径(　　)范围内区域为工频电场、磁场的评价范围。

(A)50 m (B)100 m (C)500 m (D)2 000 m

169. 高效液相色谱法测定大气颗粒物中多环芳烃时,采样后的超细玻璃纤维滤膜,应尘面朝里折叠,选用(　　)保存。

(A)黑纸包 (B)塑料袋密封 (C)信封 (D)牛皮纸

170. 火焰原子吸收分光光度法测定环境空气中铁时,采样体积一般设定在(　　)。

(A)2～4 m^3 (B)3～5 m^3 (C)7～8 m^3 (D)8～9 m^3

171. 巯基棉富集-冷原子荧光分光光度法测定环境空气中汞含量时,取 7 个 5 mL 反应瓶,配制标准系列,加入氯化汞标准使用液后,用(　　)盐酸-氯化钠饱和溶液稀释至 5.0 mL 标线。

(A)1.0 mol/L (B)2.0 mol/L (C)3.0 mol/L (D)4.0 mol/L

172. 根据《空气和废气监测分析方法》(第四版),用非分散红外吸收法测定废气中二氧化硫时,最小检出浓度为(　　)。

(A)1.00 mg/m^3 (B)1.25 mg/m^3 (C)6.00 mg/m^3 (D)4.50 mg/m^3

173. 测定水中总铬的前水样处理中,要加入高锰酸钾、亚硝酸钠和尿素,它们的加入顺序为(　　)。

(A)高锰酸钾、尿素、亚硝酸钠 (B)高锰酸钾、亚硝酸钠、尿素

(C)尿素、高锰酸钾、亚硝酸钠 (D)尿素、亚硝酸钠、高锰酸钾

174. 二氧化碳灭火剂的药液成分为(　　)。

(A)液体二氧化碳,适用于灭电器失火 (B)二氧化碳压缩气体,适用于灭电器失火

(C)高压二氧化碳气体 (D)二氧化碳与惰性气体的混合液

175. 建设项目试运行期间和限期达标期间排放污染物的,应按规定(　　)。

(A)缴纳排污费 (B)不缴纳排污费

(C)根据项目的经济效益情况而定 (D)都不对

176. 化学需氧量又称(　　)。

(A)COD (B)EDTA (C)TOC (D)BOD

177. 下列物质中,属于我国污水排放控制的第一类污染物是(　　)。

(A)总镉、总镍、苯并(a)芘、总铍 (B)总汞、烷基汞、总砷、总氰化物

(C)总铬、六价铬、总铅、总锰 (D)总 α 放射性、总 β 放射性、总银、总硒

178. 依据《劳动法》规定,劳动合同可以规定试用期,试用期最长不超过(　　)。

(A)12 个月 (B)10 个月 (C)6 个月 (D)3 个月

179. 塑料安全帽的使用期限不超过(　　)。

(A)两年 (B)两年半 (C)三年半 (D)一年

180. 碘量法测定水中总氯时，要求在水样中加入缓冲溶液后，pH 值控制 3.5～(　　) 范围内。

(A)4.5　(B)5.2　(C)4.2　(D)5.0

181. 用内装 10 mL 吸收液的多孔玻板吸收瓶采集氮氧化物，以 0.4 L/min 流量采样时，玻板阻力为(　　)，通过玻板后的气泡应分散均匀。

(A)1～2 kPa　(B)3～4 kPa　(C)4～5 kPa　(D)6～7 kPa

182. 为测定某车间中一台机器的噪声大小，从声级计上测得声级为 104 dB，当机器停止工作，测得背景噪声为 100 dB，该机器噪声的实际大小为(　　)。

(A)104 dB　(B)97.8 dB　(C)101.8 dB　(D)102 dB

183. 已知某污水总固体含量为 680 mg/L，其中溶解固体为 420 mg/L，悬浮固体中的灰分为 60 mg/L，则污水中的 SS 和 VSS 含量分别为(　　)。

(A)200 mg/L 和 60 mg/L　(B)200 mg/L 和 360 mg/L

(C)260 mg/L 和 200 mg/L　(D)260 mg/L 和 60 mg/L

184. 下面有关噪声的说法，哪一种是错误的(　　)。

(A)噪声是不悦耳的声音，是影响生活之声音的综合

(B)噪声与非噪声可以用声级计区分

(C)噪声的危害以对人的听力、精神、心理影响为主

(D)对噪声容易产生习惯性

185. ISO 14000 系列标准是国际标准化组织制定的有关(　　)的系列标准。

(A)健康标准　(B)食品工业　(C)药品生产　(D)环境管理

186. 在进行危险源辨识时需要考虑(　　)。

(A)识别危险源的存在

(B)确定危险源的特性

(C)评价危险源风险的大小确定风险是否可接受的过程

(D)以上都是

187. 易燃易爆物品必须限量储存(　　)。

(A)小量(<200 g)可在铁柜内存放，200～500 g 应贮于防爆保险柜中，500～1 500 g 则需贮于防爆室中。贮存量不宜超过 1 500 g

(B)小量(<100 g)可在铁柜内存放，100～500 g 应贮于防爆保险柜中，500～1 000 g 则需贮于防爆室中。贮存量不宜超过 1 000 g

(C)小量(<200 g)可在铁柜内存放，100～500 g 应贮于防爆保险柜中，500～1 000 g 则需贮于防爆室中。贮存量不宜超过 1 000 g

(D)小量(<100 g)可在铁柜内存放，100～1 000 g 应贮于防爆保险柜中，1 000～2 000 g 则需贮于防爆室中。贮存量不宜超过 1 000 g

188. 国务院(　　)主管部门对全国放射性同位素、射线装置的安全和防护工作实施统一监督管理。

(A)医疗卫生　(B)环境保护　(C)安全生产　(D)资源

189. 下列关于水中悬浮物测定的描述中，不正确的是(　　)。

(A)水中悬浮物的理化特性对悬浮物的测定结果无影响

(B)所用的滤器与孔径的大小对悬浮物的测定结果有影响
(C)截留在滤器上物质的数量对悬浮物的测定结果有影响
(D)滤片面积和厚度对悬浮物的测定结果有影响
190.(　　)属于电位分析法。
(A)离子选择电极法 (B)电导法 (C)电解法 (D)置换法
191. 极力避免手与有毒试剂直接接触,实验后进食前(　　)。
(A)必须充分洗手,不要用热水洗涤 (B)必须充分洗手,最好用热水洗涤
(C)必须充分洗手,然后戴上手套 (D)以上都对

三、多项选择题

1. 环境保护的基本制度是(　　)。
(A)土地利用规划制度 (B)环境影响评价制度 (C)“三同时”制度
(D)许可证制度 (E)征收排污费制度
2. 作为管理主体的工业企业的环境管理,其主要内容有(　　)。
(A)环境管理是企业领导的事,与员工无关
(B)建立内部的环境管理规章制度体系
(C)对生产过程及生产过程中产生的废弃物进行环境管理
(D)从转变生产方式的角度对以产品为龙头的产品形成、产品包装运输、产品消费以及消费后的最终出路的全过程进行环境管理
3. 环境与资源保护管理的原则包括(　　)。
(A)综合性 (B)预测性 (C)区域性 (D)协调性
4. 国家环境标准主要包括(　　)。
(A)国家环境质量标准 (B)国家污染物排放标准 (C)国家环境基础标准
(D)国家环境监测方法标准 (E)国家环境标准样品标准
5. 下列物质属于大气二次污染物的是(　　)。
(A)二氧化硫 (B)二氧化氮 (C)乙醛 (D)二氧化碳
6. 水污染控制的主要模式是(　　)。
(A)污染源头控制 (B)污水集中处理 (C)尾水最终处理 (D)先污染、后治理
7. 下列关于危险废物的说法,正确的是(　　)。
(A)危险化学品属于危险废物
(B)废塑料属于危险废物
(C)从事危险废物收集、贮存、运输经营活动的单位应该具有危险废物经营许可证
(D)危险废物收集、贮存、运输时应按危险特性对其进行分类
8. 下列属于水的点污染源的是(　　)。
(A)工业废水 (B)生活污水 (C)农村面源 (D)城市径流
9. 下列水质指标中,常用于污水的有(　　)。
(A)化学需氧量 (B)生化需氧量 (C)游离余氯 (D)悬浮物
10. 我国《污水综合排放标准》(GB 8978—1996)规定了 26 种第二类污染物,下列属于第二类污染物的是(　　)。

(A)挥发酚 (B)化学需氧量 (C)苯并(a)芘 (D)总镉

11. 环境分析与监测技术包括( )。

(A)采样技术 (B)测试技术 (C)数据处理技术 (D)预处理技术

12. 下列选项不属于大气二次污染物有( )。

(A)三氧化硫 (B)二氧化硫 (C)一氧化碳 (D)一氧化氮

13. 大气天然污染源包括( )。

(A)火山喷发 (B)森林火灾 (C)自然尘

(D)森林植物释放 (E)海浪飞沫

14. 根据《环境空气质量标准》(GB 3095—2012),污染物其他监测项目除氮氧化物、铅以外还有( )。

(A)总悬浮颗粒物 (B)一氧化碳 (C)苯并(a)芘 (D)二氧化硫

15. 根据《大气污染物综合排放标准》(GB 16297—1996),下列说法正确的是( )。

(A)任何一个排气筒必须同时遵守最高允许排放浓度与最高允许排放速率两项指标,超过其中任何一项均为超标排放

(B)本标准规定的最高允许排放速率,现有污染源分为一、二、三级,新污染源分为二、三级

(C)本标准实施后再行发布的行业性国家大气污染物排放标准,按其适用范围规定的污染源不再执行本标准

(D)位于两控区的污染源,其二氧化硫排放除执行本标准外,还应执行总量控制标准

16. 下列关于噪声的特性的说法,正确的是( )。

(A)噪声是一种感觉性污染

(B)噪声源的分布广泛而分散

(C)噪声与声源同时产生同时消失

(D)判断一种声音是否是噪声仅仅取决于声音的物理性质

17. 城市环境噪声的监测项目包括( )。

(A)城市区域环境噪声监测 (B)城市交通噪声监测

(C)城市环境噪声长期监测 (D)城市环境中扰民噪声源的调查测试

18. 下列关于噪声排放标准的说法,错误的是( )。

(A)《工业企业厂界环境噪声排放标准》(GB 12348—2008)属于环境标准体系中的环境监测标准

(B)根据《工业企业厂界环境噪声排放标准》(GB 12348—2008),工业区夜间短促鸣笛声的噪声其峰值可以不超过 65 dB

(C)根据《声环境质量标准》(GB 3096—2008),工业区应执行 2 类标准

(D)根据《声环境质量标准》(GB 3096—2008),夜间突发的噪声,其最大值不准超过标准值 15 dB

19. 下列关于放射性射线度量单位的说法,正确的是( )。

(A)伦琴是度量 X 或 γ 射线照射量的专用单位

(B)拉德是吸收剂量的专用单位

(C)雷姆是剂量当量的专用单位

(D)某一吸收剂量的生物效应与辐射的种类及照射条件有关

20. 下列关于环境监测的说法,正确的是(　　)。

(A)监测样品应当具有代表性、完整性

(B)监测结果的精密性、准确性及可比性

(C)监测分析的误差应控制在允许范围内

(D)环境监测数据的质量保证是一个全过程的质量保证

21. 关于灵敏度的说法,错误的是(　　)。

(A)灵敏度是指单位浓度或单位量待测物质变化所产生的响应量的变化程度

(B)灵敏度是指某特定分析方法在给定的置信度内可从样品中检出待测物质的最小浓度或最小量

(C)灵敏度不会随实验条件的改变而改变

(D)灵敏度与检出限密切相关,灵敏度越高,检出限越高

22. 下列关于检出限的说法,正确的是(　　)。

(A)检出限是指在给定的置信度内可从样品中检出待测物质的最小浓度或最小量,高于空白值

(B)灵敏度与检出限密切相关,灵敏度越高,检出限越高

(C)方法检出限是指当用一完整的方法,在99%置信度内,产生的信号不同于空白中被测物质的浓度

(D)仪器检出限是指产生的信号比仪器信噪比大2倍待测物质的浓度,不同仪器检出限定义有所差别

23. 关于测定限的说法,正确的是(　　)。

(A)测定限为定量范围的两端

(B)测定线分为测定下限和测定上限

(C)测定下限和测定上限之间的浓度范围是最佳测定范围

(D)测定限随精密度要求不同而不同

24. 在与可听声音有关的下列各量中,与频率有关的是(　　)。

(A)噪声级　　(B)声压级　　(C)响度级　　(D)声的高度

25. 关于校准曲线的说法,正确的是(　　)。

(A)校准曲线是用于描述待测物质的浓度或量与相应的测量仪器的响应量或其他指示量之间的定量关系的曲线

(B)标准曲线包括校准曲线和工作曲线

(C)最佳测定范围是校准曲线的直线范围

(D)线性范围是方法校准曲线的直线部分所对应的浓度范围

26. 进行加标回收率测定时,下列注意事项中正确的是(　　)。

(A)加标物的形态应该和待测物的形态相同

(B)在任何情况下加标量均不得小于待测物含量的3倍

(C)加标量应尽量与样品中待测物含量相等或相近

(D)加标后的测定值不应超出方法的测定上限的90%

27. 污水的生物性指标有(　　)。

(A)有机物　(B)植物营养元素　(C)细菌总数　(D)大肠杆菌

28. 保证水质自净的指标有(　　)。

(A)生化需氧量　(B)水温　(C)高锰酸盐指数　(D)磷和氮

29. 监测结果及预测结果出来后,应迅速编制应急监测专项报告,其具体内容包括(　　)以及有关污染区域图、监测点位图等。然后及时送达领导决策机关。

(A)污染事故发生的地点、单位

(B)污染物的种类和污染物的浓度

(C)污染物的影响范围及可能的危害程度

(D)控制污染发展态势的应急处置建议

30.《地表水环境质量标准》(GB 3838—2002)将监测项目分为(　　)。

(A)基本监测项目　(B)集中式生活饮用水水源地补充项目

(C)集中式生活饮用水水源地选测项目　(D)集中式生活饮用水水源地特定项目

31. 污染物在环境中呈现的形态包括(　　)。

(A)物理状态　(B)价态　(C)化学状态　(D)异构状态

32. 对污染物形态进行分析的方法有(　　)。

(A)直接测定法　(B)分离测定法　(C)干法　(D)理论计算法

33. 水质监测分析方法有(　　)。

(A)国家或行业的标准方法

(B)地方或区域的标准方法

(C)经研究和多个单位实验证明是成熟有效的统一方法

(D)试用方法

34. 城市环境噪声的监测项目包括(　　)。

(A)城市区域环境噪声监测　(B)城市交通噪声监测

(C)城市环境噪声长期监测　(D)城市环境中扰民噪声源的调查测试

35. 下列关于振动的说法,正确是(　　)。

(A)物体围绕平衡位置作往复运动叫振动　(B)振动是噪声产生的原因

(C)振动能传播固体声而造成噪声危害　(D)振动测量与噪声测量无关

36. 用于测定水中无机物的方法有(　　)。

(A)原子吸收法　(B)气象色谱-质谱法

(C)分光光度法　(D)高效液相色谱法

37. 根据《污水综合排放标准》(GB 8978—1996),在车间或者车间处理设施排放口采样测定的污染物是(　　)。

(A)六价铬　(B)总汞　(C)总砷　(D)石油类

38. 根据《污水综合排放标准》(GB 8978—1996),在排污单位排放口采样测定的污染物是(　　)。

(A)化学需氧量　(B)悬浮物　(C)氨氮　(D)六价铬

39. 用于测定水中有机物的方法有(　　)。

(A)原子吸收法　(B)气象色谱-质谱法

(C)气相色谱法　(D)高效液相色谱法

40. 我国环境污染防治法的体系,除大气污染防治法、环境噪声污染防治法外,还包括(　　)。

(A)水污染防治法

(B)放射性和其他危险物质污染防治的法律法规

(C)固体废物污染环境防治法

(D)海洋环境污染防治法

41. 放射性气体对人产生辐照伤害的方式是(　　)。

(A)浸没照射　(B)沉降照射　(C)吸入照射　(D)医疗照射

42. 下列关于放射性污染防治措施的描述,正确的是(　　)。

(A)核企业厂址选择在周围人口密度较多,气象和水文条件有利于废水和废气扩散稀释,以及地震烈度较低的地区,以保证在正常运行和出现事故时,居民所受的辐照剂量较低

(B)工艺流程的选择和设备选型考虑废物产生量少和运行安全可靠

(C)废水和废气经过净化处理,并严格控制放射性核素的排放浓度和排放量,对浓集的放射性废水一般进行固化处理

(D)在核企业周围和可能遭受放射性污染的地区进行监测

43. 下列关于《环境空气质量标准》(GB 3095—2012)的说法,正确的是(　　)。

(A)调整了环境空气功能区分类,将三类区并入两类区

(B)增加了细颗粒物(PM2.5)、臭氧 8 小时平均浓度限制

(C)规定了环境空气质量功能区划分、标准分级、污染物项目、取值时间及浓度限值,采样与分析方法及数据统计的有效性规定

(D)2016 年 1 月 1 日起在全国实施

44. 影响空气中污染物浓度分布和存在形态的气象参数,除湿度、压力、降水外,还包括(　　)。

(A)风速　(B)风向　(C)温度　(D)太阳辐射

45. 为评价完整江河水系的水质,需要设置(　　)。

(A)背景断面　(B)对照断面　(C)控制断面　(D)削减断面

46. 评价某一河段的水质,只需设置(　　)。

(A)背景断面　(B)对照断面　(C)控制断面　(D)削减断面

47. 对于江河水系水样采样点位的确定,下列说法正确的是(　　)。

(A)当水面宽小于 50 m 时,只设一条中泓垂线

(B)水面宽 50～100 m 时,在左、右近岸有明显水流处各设一条垂线

(C)水面宽为 100～1 000 m 时,设左、中、右三条垂线

(D)水面宽大于 1 500 m 时,设四条等距离垂线

48. 下列属于地表水监测项目的是(　　)。

(A)溶解氧　(B)高锰酸盐指数　(C)游离余氯　(D)化学需氧量

49. 下列关于地表水采样时间和频率的说法,正确的是(　　)。

(A)背景断面每年采样监测一次,在污染可能较重的季节进行

(B)海水水质常规监测,每年按丰、平、枯水期或季度采样监测 5 次

(C)排污渠每年采样监测不少于3次

(D)饮用水源地全年采样监测12次，采样时间根据具体情况选定

50. 下列属于地下水监测项目的是(　　)。

(A)化学需氧量　　(B)总硬度　　(C)溶解性总固体　　(D)石油类

51. 下列关于水污染源水质监测的内容，正确的是(　　)。

(A)水污染源包括城市污水、工业废水等

(B)监测工业废水一类污染物，应在工厂废水总排放口布设采样点

(C)工业废水排放企业的自控监测频率，一般每个生产周期不得少于3次

(D)监督性监测每年应不少于1次

52. 测定(　　)等项目宜在现场测定。

(A)pH值　　(B)电导率　　(C)放射性　　(D)溶解氧

53. 空气降水监测的必测项目有(　　)。

(A)pH值　　(B)电导率　　(C)SO_4^{2-}　　(D)Ca^{2+}

54. 空气污染物监测采样站(点)布设的原则，下列叙述正确的是(　　)。

(A)网格布点法用于多个污染源，且污染源分布均匀的地区

(B)功能区布点法常用于区域性常规监测

(C)同心圆布点法主要用于多个污染源构成污染群，且大污染源较集中的地区

(D)扇形布点法适用于孤立的高架点源以及主导风向明显的地区

55. 人工采样监测应做到(　　)。

(A)在采样点受污染最严重时采样

(B)每日监测次数不少于2次

(C)最高日平均浓度全年至少监测20天

(D)最大一次浓度样品不得少于20个

56. 环境监测中主要测定的放射性核素有(　　)。

(A)^{3}H　　(B)^{222}Rn　　(C)^{239}Pu　　(D)^{137}Cs

57. 质量控制样品采集类型包括(　　)。

(A)空白样　　(B)平行样　　(C)重复样　　(D)加标样

58. 采样器具的选择原则有(　　)。

(A)应该有足够强度且使用灵活、方便、可靠

(B)与水样解除部分采用惰性材料

(C)使用前应先用洗涤剂去油污

(D)去油污后再15%盐酸洗刷，冲净后备用

59. 选择盛装水样的容器材质必须注意(　　)。

(A)容器器壁不应吸收或吸附待测组分

(B)容器不能引起新的沾污

(C)容器不得与待测组分发生反应

(D)选用深色玻璃降低光敏作用

60. 采集水样应注意(　　)。

(A)采样时必须认真填写采样登记表

(B)每个水样瓶都应贴上标签

(C)标签上填写采样点编号、采样日期和时间、测定项目等

(D)要塞紧瓶塞,必要时还要密封

61. 地下水采样前,除(　　)监测项目外,应先用被采样水荡洗采样器和水样容器 2～3 次后再采集水样。

(A)五日生化需氧量　(B)有机物　(C)细菌类　(D)化学需氧量

62. 采集地下水水样时,样品唯一性标识中应包括(　　)等信息。

(A)样品类别　(B)采样日期　(C)监测井编号

(D)样品序号　(E)监测项目

63. 一般聚乙烯等塑料吸附(　　)。

(A)磷酸盐　(B)金属　(C)油类　(D)有机物质

64. 地下水现场监测项目有(　　)。

(A)水位　(B)金属　(C)油类　(D)嗅和味

65. 下列采样容器清洗方法错误的是(　　)。

(A)清洗容器的一般程序是先用水和洗涤剂洗,再用铬酸-硫酸洗液,然后用自来水、蒸馏水冲洗干净

(B)测定水中重金属的采样容器通常用铬酸-硫酸洗液洗净,并浸泡 1～2 d,然后用蒸馏水或去离子水冲洗

(C)储存水样的容器都可用盐酸和重铬酸钾洗液洗涤

(D)测油类的采样容器,按一般通用洗涤法洗涤后,还应用萃取剂彻底荡洗 2～3 次再烘干(或晾干)

66. 下列水样的保存措施,正确的是(　　)。

(A)测水中浮游植物,应将水样冷冻(−5℃)

(B)测水中亚硝酸盐氮时,应将水样冷藏(2～5℃)

(C)测水中溶解性气体时,应将将水样充满容器至溢流并密封

(D)测水中重金属时,应加入保护剂(固定剂或保存剂)

67. 下列关于加入化学试剂保存法的描述,错误的是(　　)。

(A)测定金属离子的水样常用 HNO_3 酸化至 pH 值为 1～2,既可防止重金属离子水解沉淀,又可避免金属被器壁吸附

(B)测定氰化物或挥发性酚的水样加入 NaOH 调至 pH 值为 9 时,使之生成稳定的酚盐

(C)用 H_3PO_4 调至 pH 值为 6 时,加入适量 $CuSO_4$,可抑制苯酚菌的分解活动

(D)测定溶解氧的水样则需加入少量硫酸锰和碘化钾固定溶解氧(还原)

68. 下列关于水样的消解,叙述错误的是(　　)。

(A)硝酸消解法适用于较清洁水样

(B)含砷水样可以用干灰化法进行消解

(C)硫酸-高锰酸钾消解法用于消解测定汞的水样

(D)硝酸-硫酸消解法用于消解测定 Fe^{3+} 的水样

69. 臭阈值法检验水中臭时应注意(　　)。

(A)其原理是检验人员依靠自己的嗅觉,在 20℃和煮沸后稍冷闻其臭,用适当的词句描述

臭特性，并按等级报告臭强度

(B)检验人员的嗅觉敏感程度可用邻甲酚或正丁醇测试

(C)应在检臭实验室中进行，检臭人员在检验过程中不能分散注意力并不受气流及气味的干扰

(D)检验臭的人员，不需要嗅觉特别灵敏，实验室的检验人员即可

70. 下列关于样品臭的检验描述，错误的是(　　)。

(A)臭是检验原水和处理水质的必测项目之一，并可作为追查污染源的一种手段

(B)检臭样品的制备由检验人员负责制备，以便知道试样的稀释倍数，按次序编码

(C)由于测试水中臭时，应控制恒温条件，所以臭阈值结果报告中不必注明检验时的水温

(D)文字描述法是粗略的检臭法，由于各人的嗅觉感受程度不同，所得结果会有一定出入

71. 测定水温时应注意(　　)。

(A)在冬季的东北地区用水温计测水温时，读数应在 5 s 内完成，避免水温计表面形成薄冰，影响读数的准确性

(B)水温计或颠倒温度计需要定期校核

(C)水温测量应在现场进行

(D)地面水的温度受气温影响较大，故应同时测气温

72. 下列关于测定透明度的方法描述，正确的是(　　)。

(A)铅字法适用于天然水和处理水的透明度测定

(B)十字法所用的透明度计，与铅字法基本一样，底部均用玻璃片，只是底部图示不同，一个是印刷符号，一个是标准十字图示

(C)铅字法测定水的透明度，透明度度数记录以水柱高度的厘米数表示，估计至 0.5 cm

(D)塞氏圆盘又是用较厚的白铁皮剪成直径 200 mm 的圆板，在板的一面从中心平分为 6 个部分，以黑白漆相间涂布制成

73. 十字法测定水的透明度时应注意(　　)。

(A)水柱高度超出 1 m 以上的水样应该作为透明水样

(B)准确记录水柱高度是黑色十字刚好清晰见到，而 4 个黑点尚未见到为止

(C)十字法测定水的透明度，将水样先倒入透明度计至黑色十字完全消失，除去气泡，将水样从筒内快速放出，记录透明度厘米数

(D)十字法测定的透明度与浊度是不可以换算的

74. 浊度是反映水中的不溶解物质对光线透过时阻碍程度的指标，通常仅用于(　　)。

(A)污水　　(B)废水　　(C)天然水　　(D)饮用水

75. 分光光度法测定水中浊度，下列叙述正确的是(　　)。

(A)其原理是在适当温度下，以硫酸肼与六次甲基四胺聚合形成白色高分子聚合物，以此作为浊度标准液，在一定条件下与水样浊度相比较

(B)该方法适用于饮用水、天然水及高浊度水，最低检测浊度为 3 度

(C)样品应收集到具塞玻璃瓶中，取样后尽快测定。如需保存，可保存在冷暗处不超过 36 h，测试前需激烈振摇并恢复到室温

(D)所有与样品接触的玻璃器皿必须清洁，可用盐酸或表面活性剂清洗

76. 关于水的矿化度，下列说法正确的是(　　)。

(A)矿化度是水化学成分测定的重要指标
(B)用于评价水中总含盐量
(C)该指标可用于天然水和处理水
(D)常用的测定方法有重量法、电导法、阴、阳离子加和法、离子交换法、比重计法

77. 铂钴标准比色法测定水的色度,下列叙述正确的是(　　)。
(A)该方法适用于工业废水和受工业废水污染的地面水颜色的测定
(B)该方法是用氯铂酸钾与氯化钴配成标准色列,与水样进行目视比色确定水样的色度
(C)可以用重铬酸钾代替氯铂酸钾,用硫酸钴代替氯化钴
(D)如果水样浑浊,应放置澄清,也可用离心法或滤纸过滤

78. 稀释倍数法测定水的色度,下列叙述正确的是(　　)。
(A)该方法适用于工业废水和受工业废水污染的地面水颜色的测定
(B)原理是在用文字描述水样颜色种类和深浅程度后,取一定量的水样后,用蒸馏水稀释到刚好看不到颜色,以稀释倍数表示该水样的色度,单位为倍
(C)稀释倍数法的计算公式是(水样+无色水)/水样
(D)取样后应尽快测定,否则应冷藏保存

79. 关于水中残渣的描述,下列正确的是(　　)。
(A)分为总残渣、可滤残渣和不可滤残渣三种
(B)残渣是表征水中溶解性物质、不溶解性物质含量的指标
(C)不可滤残渣也被称作悬浮物
(D)测定可滤残渣一般是测定 103～105℃烘干的可滤残渣

80. 运输水样时应注意(　　)。
(A)塞紧采样容器口塞子,将样瓶装箱,并用泡沫塑料或纸条挤紧
(B)需冷藏的样品应配备专门的隔热容器,放入制冷剂
(C)冬季应采取保温措施以免冻裂样品瓶
(D)水样的运输时间通常以 36 h 为最大允许时间

81. 下列水样预处理方法原理表述,正确的是(　　)。
(A)挥发分离法是利用某些污染组分挥发度大,或者将欲测组分转变成易挥发物质,然后用惰性气体带出而达到分离的目的
(B)蒸发浓缩是指在电热板上或水浴中加热水样,使水分缓慢蒸发,达到缩小水样体积,浓缩欲测组分的目的
(C)蒸馏法是利用水样中各污染组分具有不同的沸点而使其彼此分离的方法
(D)固相萃取法是利用水样中欲测组分与共存干扰组分在固相萃取剂上作用力强弱不同,使它们彼此分离

82. 大气降水样品若敞开放置,空气中的(　　)以及实验室的酸碱性气体等对 pH 值的测定有影响,所以应尽快测定。
(A)氧气　　(B)氮气　　(C)二氧化碳　　(D)微生物

83. 玻璃电极法测定水样的 pH 值时,应做到(　　)。
(A)玻璃电极在使用前应在蒸馏水中浸泡 24 h 以上,用毕,冲洗干净,浸泡水中
(B)玻璃球泡易破损,使用时要小心,安装时应低于甘汞电极的陶瓷芯端

(C)玻璃电极的内电极与球泡之间,甘汞电极的内电极与陶瓷芯之间不可存在气泡
(D)温度对 pH 值的测量是有影响的,因此样品的 pH 值标准溶液的温度必须一致

84. 下列测定水的 pH 值的方法原理,正确的是(　　)。
(A)比色法基于各种酸碱指示剂在不同 pH 值的水溶液中显示不同颜色,而每一种指示剂都有一定的变色范围
(B)比色法不适用于有色、浑浊或含较低游离氯、氧化剂、还原剂的水样
(C)玻璃电极法测定水的 pH 值是以玻璃电极为指示电极,饱和甘汞电极为参比电极,将二者与被测溶液组成原电池,通过测定其电动势得出被测溶液的 pH 值
(D)玻璃电极法受水体色度、浊度、胶体物质、氧化剂、还原剂及盐度等因素的干扰程度小

85. 下列水中悬浮物样品采集和贮存的描述中,正确的是(　　)。
(A)样品采集可以用聚乙烯瓶或硬质玻璃瓶
(B)采样瓶采样前应用洗涤剂洗净,再用自来水和蒸馏水冲洗干净
(C)采集的样品应尽快测定,如需放置,则应低温贮存,并且最长不得超过 7 d
(D)贮存时应加入保护剂

86. 产生触电事故的原因有(　　)。
(A)缺乏用电常识,触及带电的导线
(B)没有遵守操作规程,人体直接与带电体部分接触
(C)用电设备管理不当,使绝缘损坏发生漏电
(D)高压线路落地,造成跨步电压引起对人体的伤害

87. 下列碘量法测定水中硫化物的描述,正确的是(　　)。
(A)该方法测定的是废水中溶解性的无机硫化物和酸溶性金属硫化物
(B)该方法适用于硫化物含量在 0.5 mg/L 以上的水和废水的测定
(C)原理是硫化物在碱性条件下,与过量的碘作用,剩余的碘用硫代硫酸钠溶液滴定,根据与硫化物发生反应的碘量,求出硫化物的含量
(D)当水样含有少量硫代硫酸盐、亚硫酸盐等物质能与碘反应产生正干扰,不可直接滴定

88. 下列亚甲基蓝分光光度法测定水中硫化物的描述,正确的是(　　)。
(A)硫化钠标准溶液配制后,应贮于棕色瓶中保存,临用前标定
(B)若水样颜色深、浑浊且悬浮物多,用亚甲基蓝分光光度法测定硫化物时应选用酸化—吹气—吸收法
(C)最低检出浓度为 0.05 mg/L
(D)原理是样品经酸化,硫化物转化成硫化氢,用氮气将硫化氢吹出,在含高铁离子的酸性溶液中,硫离子与对氨基二甲基苯胺作用,生成亚甲蓝,颜色深度与水中硫离子浓度成正比

89. 铬酸钡分光光度法测定水中硫酸盐时应注意(　　)。
(A)如果水样中存在有机物,某些细菌可以将硫酸盐还原为硫化物,因此,对于严重污染的水样应低温保存
(B)如果水样中含有碳酸根,在加入铬酸钡之前可加入盐酸酸化,并加热沸腾以除去碳酸盐干扰
(C)水样中加入铬酸钡悬浊液、(1+1)氨水显色后,应使用慢速定性滤纸过滤,如滤液浑

浊,应重复过滤至透明

(D)水样中加入铬酸钡悬浮液后,经煮沸、稍冷后,向其中逐滴加入(1+1)氨水至呈柠檬黄色,过滤后进行测定

90. 下列测定废水中化学需氧量的描述,正确的是( )。

(A)采用氯气校正法,表观化学需氧量与氯离子校正值之差,即为所测水样真实的COD值

(B)快速密闭催化消解法测定高氯废水中的化学需氧量时,若出现沉淀,说明掩蔽剂使用的浓度不够,应适当提高其使用浓度

(C)用碘化钾碱性高锰酸钾法测定高氯废水中的化学需氧量时,若水样中含有几种还原性物质,则取它们的平均 K 值作为水样的 K 值

(D)库仑法测定水中化学需氧量时,对于浑浊及悬浮物较多的水样,要特别注意取样的均匀性,否则会带来较大的误差

91. 下列重铬酸盐法测定水中化学需氧量的操作,正确的是( )。

(A)可以用去离子水配制试剂和稀释水样

(B)加入硫酸银做催化剂

(C)若铂电极被沾污,可将电极放入 2 mol/L 氨水中浸洗片刻,然后用重蒸馏水洗净

(D)消解回流时间一般为 30 min

92. 下列稀释与接种法测定的 BOD_5 的描述,正确的是( )。

(A)原理是水样经稀释后,在 25℃±1℃条件下培养 5 天,求出培养前后水样中溶解样的含量,二者的差值为 BOD_5

(B)水样采集后应在 2~5℃温度下贮存,一般在稀释后 6 h 之内进行检验

(C)稀释水的 BOD_5 值应<0.2 mg/L,接种稀释水的 BOD_5 值应在 0.3~1.0 mg/L。接种稀释水配制完成后应立即使用

(D)如水样为含难降解物质的工业废水,可使用经驯化的微生物接种的稀释水进行稀释

93. 测定水样中的酚时,如果水样中存在( ),应设法消除并进行预蒸馏。

(A)氧化剂 (B)还原剂 (C)油类 (D)某些金属离子

94. 测定水样中的酚时,应做到( )。

(A)当水样中含油时,测定挥发酚前可用四氯化碳萃取以去除干扰,加入四氯化碳前应先加入粒状 NaOH,调节 pH 值在 12.0~12.5

(B)含酚水样若不能及时分析可采取的保存方法为:加入磷酸使水样 pH 值在 0.5~4.0,并加入适量 $CuSO_4$,保存在 5~10℃,贮存于玻璃瓶中

(C)4-氨基安替比林分光光度法测定水中挥发酚时,如果水样中不存在干扰物,预蒸馏操作可以省略

(D)4-氨基安替比林分光光度法测定水中挥发酚时,如果试样中共存有芳香胺类物质,可在 pH<0.5 的介质中蒸馏,以减小其干扰

95. 下列关于分光光度法测定水中氰化物的描述,错误的是( )。

(A)异烟酸-吡唑啉酮分光光度法测定水中氰化物时,显色温度不需要控制

(B)异烟酸-巴比妥酸分光光度法,仅适用于饮用水、地表水,不适用于生活污水和工业废水中氰化物的测定

(C)异烟酸-巴比妥酸光度法测定水中氰化物应在弱酸性条件下进行

(D)异烟酸-巴比妥酸分光光度法测定水中氰化物时，吸取 10.00 mL 馏出液于 25 mL 具塞比色管中，然后加入 5 mL 磷酸二氢钾溶液使之呈弱酸性后，再加入其他试剂显色

96. 在水污染生物监测中，常用的细菌学指标有(　　)。

(A)浮游生物　　(B)粪大肠菌群　　(C)总大肠杆菌　　(D)细菌总数

97. 下列关于细菌总数测定的描述，正确的是(　　)。

(A) 我国目前细菌总数以个/mL 为报告单位

(B)细菌总数是指 1 mL 水样在营养琼脂培养基中，于 37℃经 12 h 培养后，所生长的细菌菌落的总数

(C)测定细菌总数前，应对所使用的器皿、培养基等按照方法要求进行灭菌

(D)在细菌监测中，菌落数大于 100 时按实有数字报出结果

98. 下列关于总大肠菌群的描述，正确的是(　　)。

(A)我国目前总大肠菌群以个/L 为报告单位

(B)测定总大肠菌群的方法有多管发酵法和滤膜法

(C)多管发酵法适用于各种水样，但不适用于底泥

(D)滤膜法不适用于浑浊水样

99. 下列关于测定水中铬的方法描述，正确的是(　　)。

(A)二苯碳酰二肼分光光度法测定水中总铬，是在酸性或碱性条件下，用高锰酸钾将三价铬氧化为六价铬，再用二苯碳酰二肼显色测定

(B)二苯碳酰二肼分光光度法测定水中六价铬时，二苯碳酰二肼与铬的络合物在 470 nm 处有最大吸收

(C)火焰原子吸收法测定总铬，将经消解处理的水样喷入空气乙炔-富燃(黄色)火焰，铬的化合物被原子化，于 357.9 nm 波长处测其吸光度，用标准曲线法进行定量

(D)硫酸亚铁铵滴定法测铬原理为在酸性介质中，以银盐作为催化剂，用过硫酸铵将三价铬氧化成六价铬，以苯基代邻氨基苯甲酸作指示剂，用硫酸亚铁铵标准溶液滴定，至溶液呈深绿色

100. 下列关于测定水中氨氮的方法描述，错误的是(　　)。

(A)纳氏试剂比色法测定水中氨氮时，为除去水样色度和浊度，可采用絮凝沉淀法和蒸馏法

(B)滴定法测定水中氨氮(非离子氨)时，轻质氧化镁需在 500℃下加热处理，以去除硫酸盐

(C)滴定法测定水中氨氮(非离子氨)时，前处理可选用絮凝沉淀法或蒸馏法

(D)电极法测定水中氨氮时，应避免由于搅拌器发热而引起被测溶液温度上升，影响电位值的测定

101. 钼酸铵分光光度法测定水中磷时，去除干扰的方法有(　　)。

(A)砷含量大于 2 mg/L 时，加硫代硫酸钠去除

(B)六价铬含量大于 50 mg/L 时，用亚硫酸钠去除

(C)铁浓度为 20 mg/L，使结果偏高 5%

(D)硫化物含量大于 2 mg/L 时，在酸性条件下通氮气可以去除

102. 下列测定水中石油类物质的方法原理,叙述错误的是(　　)。

(A)红外分光光度法测定总萃取物和石油类的含量,波数 2 930 cm^{-1}条件下测定的是 CH_3基团中 C-H 键的伸缩振动

(B)非分散红外光度法是利用油类物质在近红外区 2 930 cm^{-1}的特征吸收进行测定

(C)重量法测定水中石油类会受到油品种的影响

(D)无论是采用哪种方法测定水中石油类物质,测定前都需要进行水样中油类物质的萃取步骤

103. 丁二酮肟分光光度法测定水中镍时,消除干扰因素的方法有(　　)。

(A)柠檬酸铵可消除二价铅、镁、锌、钙、六价铬及三价铝等的干扰

(B)Na_2EDTA 溶液,可消除铁、铜、锰及钴的影响

(C)当铜及钴浓度过大时,可采用丁二酮肟-正丁醇萃取分离除去

(D)氰化物干扰测定,可在测定前加入次氯酸钠和硝酸加热除去

104. 衡量分析结果的主要质量指标是精密度和准确度。这些质量指标通常用(　　)表示。

(A)加标回收率　　(B)相对误差　　(C)相对标准偏差　　(D)标准偏差

105. 实验室质量控制的外控技术有(　　)。

(A)密码平行样　　(B)密码加标回收率　　(C)密码标样插入　　(D)密码标样

106. 关于系统误差的说法,错误的是(　　)。

(A)实验室之间的误差一般应该是系统误差

(B)测试次数愈多,在无系统误差的情况下,准确度愈好

(C)测试次数愈多,系统误差愈小

(D)系统误差能通过提高熟练程度来消除

107. 衡量实验室内测定数据的主要质量指标是(　　)。

(A)准确度　　(B)精密度　　(C)灵敏度　　(D)偏差

108. 实验室监测分析中标准物质的用途有(　　)。

(A)校准分析仪器

(B)评价分析方法的准确度

(C)监视和校正连续测定中的数据漂移

(D)提高协作实验结果的质量

109. 关于方差、标准偏差和相对标准偏差的说法,下列正确的是(　　)。

(A)差方和亦称离差平方或平方和,是指绝对偏差的平方之和,以 S 表示

(B)样本标准偏差用 S 或 V 表示

(C)样本相对标准偏差又称变异系数,是样本标准偏差在样本均值中所占的百分数,记为 C_V

(D)总体方差和总体标准偏差分别以 σ_2 和 σ 表示

110. 通过绘制均值控制图来检验分析过程是否处于控制状态,应依据(　　)。

(A)如此点在上、下警告限之间区域内,则测定过程处于控制状态,分析结果有效

(B)如此点超出上、下警告限,但仍在上、下控制限之间的区域,提示分析质量开始变劣,可能存在"失控"倾向,应进行初步检查,并采取相应的校正措施

(C)若此点落在上、下控制限之外,表示测定过程“失控”,应立即检查原因予以纠正,环境样品应重新测定

(D)如遇到5点连续上升或下降时(虽然数值在控制范围之内),表示测定有失去控制的倾向,应立即查明原因予以纠正

111. 将下列数据修约到只保留一位小数,正确的是(　　)。

(A)修约前14.250 0,修约后14.3

(B)修约前14.050 0,修约后14.0

(C)修约前14.150 0,修约后14.2

(D)修约前14.250 1,修约后14.2

112. 下列关于可疑数据的检验方法,描述正确的是(　　)。

(A)格鲁布斯法适用于检验多组测量值均值的一致性和剔除多组测量值中的离群值,也可用于检验一组测量值一致性和剔除一组测量值中的离群值

(B)狄克逊检验法适用于多组测量值的一致性检验和剔除离群值

(C)狄克逊检验法与Q检验法不同的是按不同的测定次数范围,采用不同的计算公式

(D)与狄克逊检验法比较,格鲁布斯法不但能处理一个可疑数据,还能适用于2个或多个的情况

113. 不同蒸馏器及其所得蒸馏水的适用范围,对应正确的是(　　)。

(A)玻璃蒸馏器适用于配制分析重金属或痕量非金属试液

(B)金属蒸馏器适用于清洗容器和配制一般试液

(C)石英蒸馏器适用于配制对痕量非金属进行分析的试液

(D)亚沸蒸馏器适用于配制除可溶性气体和挥发性物质以外的各种物质的痕量分析用试液,但应注意保存

114. 下列方法不适用于检查去离子水质量的是(　　)。

(A)电导检测法　　(B)化学分析法　　(C)原子吸收法　　(D)分光光度法

115. 下列特殊要求纯水,制备方法正确的是(　　)。

(A)无氯水用附有缓冲球的全玻璃蒸馏器进行蒸馏制得

(B)无二氧化碳水可以采用煮沸法和曝气法制得

(C)无酚水可以采用加减蒸馏法和活性炭吸附法制得

(D)制无砷水应使用软质玻璃制成的蒸馏器、贮水瓶和树脂管

116. 安全进行实验室工作,对意外事故要有必要的预防措施,下列行为正确的是(　　)。

(A)当瓶塞不易开启时,必须注意瓶内贮存物质的性质,切不可贸然用火加热或乱敲瓶塞等

(B)实验中所用的剧毒物质应有专人负责收发,对实验后的有毒残渣必须作妥善有效处理,不准乱丢

(C)在通风橱内内进行的实验过程,头、手均可伸入橱内观察实验现象和操作

(D)烫伤不重时,可涂凡石林、万花油;烫伤较重时,立即用蘸有饱和苦味酸或高锰酸钾溶液的棉花或纱布贴上,送到医务室处理

117. 领取及存放化学药品时,以下说法正确的是(　　)。

(A)确认容器上标示的中文名称是否为需要的实验用药品

(B)学习并清楚化学药品危害标示和图样

(C)化学药品应分类存放

(D)有机溶剂,固体化学药品,酸、碱化合物可以存放于同一药品柜中

118. 下列物质具有强酸性和强腐蚀性的是(　　)。

(A)氢氟酸　(B)碳酸　(C)稀硫酸　(D)稀硝酸

119. 环境空气中,(　　)的日平均浓度要求每日至少有 18 h 的采样时间。

(A)二氧化硫　(B)二氧化氮　(C)可吸入颗粒物　(D)一氧化碳

120. 下列关于静态配气法的特点描述,正确的是(　　)。

(A)静态配气法设备简单,操作容易

(B)配气不准、浓度随时间变化

(C)适合低浓度标准气体配制

(D)该方法适用于活泼性较差且用量较大的标准气

121. 关于水样类型的说法,正确的是(　　)。

(A)瞬时水样是生活饮用水卫生监测工作中的主要水样采集类型

(B)混合水样包括等时混合水样和等比例混合水样

(C)把不同采样点同时采集的各个瞬时水样混合后所得到的样品称综合水样

(D)综合水样适用于在河流主流、多个支流或水源保护区的多个取水点处同时采样

122. 下列关于常用玻璃仪器的使用注意事项,正确的是(　　)。

(A)量筒不应加热,不能在其中配溶液,不能在烘箱中烘,不能盛热溶液

(B)滴瓶(棕色、无色)不要将溶液吸入橡皮头内

(C)试管可直接在火上加热,离心试管只能在水浴上加热

(D)试剂瓶、细口瓶、广口瓶(棕色、无色)不能加热,可以在其中配溶液,放碱液的瓶子应用橡皮塞,磨口要原配

123. 选择洗涤玻璃仪器方法时应遵循的原则是(　　)。

(A)应根据试验的要求、污物的性质和污染的程度来选用

(B)需准确量取溶液的量器,清洗时不易使用毛刷,因长时间使用毛刷,容易磨损量器内壁,使量取的物质不准确

(C)玻璃器皿洁净度检查方法是内壁应完全被水润湿而不挂水珠

(D)常用的洗涤液有铬酸洗液、碱性高锰酸钾洗液、碱性洗液、有机溶剂

124. 使用滴定管时,应注意(　　)。

(A)洗涤碱式滴定管时,要注意不能使铬酸洗液直接接触橡胶管

(B)对碱式滴定管进行试漏,只需装满蒸馏水,垂直夹在滴定架上,放置 5 min,观察管尖处是否有水滴滴下即可

(C)滴定时出口管尖处不得有悬液,滴定时滴定管下端伸入瓶口约 1 cm,滴定结束时出口管嘴上悬液应用三角瓶内壁沾下

(D)读数时可将滴定管夹在滴定架上,也可从管架上取下,用手拿着滴定管上部无刻度处,两种方法均需使管保持垂直,必须注意初读与终读应采用同一种读数方法

125. 使用天平时遵循的原则,下列正确的是(　　)。

(A)使用前检查天平是否水平,调整水平

(B)天平载重不得超过最大负荷

(C)称量时待显示稳定的零点后，将物品放到称盘上，关上防风门。显示稳定后读取称量值

(D)天平室温度应保持稳定，室温应在 15～30℃，湿度保持在 80%之间

126. 使用 pH 计测定未知溶液的 pH 值，应注意(　　)。

(A)在进行未知溶液 pH 值测量前，应先对 pH 计进行标定

(B)需要将电极用蒸馏水清洗干净，用滤纸吸去电极上的水

(C)如果测量时的溶液温度与标定温度不一致，则需要重新进行温度补偿设置

(D)测量完毕后用清水洗电极，而后关闭电源，套上电极帽

127. 使用电导仪时，应注意(　　)。

(A)电极的引线不能潮湿，否则将测不准

(B)高纯水被盛入容器后应迅速测量，否则电导率降低很快

(C)由于电导率表示溶液传导电流的能力，水样中的油污对电导率测定干扰不大，可以直接测定

(D)盛被测溶液的容器必须清洁，无离子沾污

128. 分光光度法测定样品时，下列因素中(　　)是产生偏离朗伯-比尔定律的主要原因。

(A)所用试剂的纯度不够的影响

(B)非吸收光的影响

(C)非单色光的影响

(D)被测组分发生解离、缔合等化学因素

129. 气相色谱分析时，应注意(　　)。

(A)气相色谱法测定中，随着进样量的增加，理论塔板数上升

(B)气相色谱分析时进样时间应控制在 1 s 以内

(C)气相色谱分析时，载气流速对不同类型气相色谱检测器响应值的影响不同

(D)气相色谱固定液必须不能与载体、组分发生不可逆的化学反应

130. 下列关于原子吸收光度仪的说法，正确的是(　　)。

(A)原子吸收光谱仪的火焰原子化装置包括雾化器和燃烧器

(B)原子吸收光度法背景吸收能使吸光度减少，使测定结果偏低

(C)原子吸收光谱仪原子化系统的作用是试样中的待测元素转变成原子蒸气

(D)原子吸收光度法测试样品前，无需对空心阴极灯进行预热

131. 下列关于原子吸收仪的空心阴极灯的描述，正确的是(　　)。

(A)原子吸收光度法用的空心阴极灯是一种特殊的辉光放电管，它的阴极是由金属铜或合金制成

(B)原子吸收仪的空心阴极灯如果长期闲置不用，应该经常开机预热

(C)原子吸收光度法测试样品前，需要对空心阴极灯进行预热

(D)空心阴极灯的光强度与灯的工作电流无关

132. 使用便携式浊度计测定水样浊度时，应当注意(　　)。

(A)对于高浊度的水样，应用无浊度水稀释定容

(B)在校准与测量过程中使用两个比色皿，其带来的误差可忽略不计

(C)水样中出现有漂浮物和沉淀物时,便携式浊度计读数将不准确
(D)透射浊度值与散射浊度值在数值上是一致的
133. 资料保存应遵循的原则是(　　)。
(A)保存的主要内容有各种原始记录、整汇编成果图表、整汇编情况说明书
(B)按档案管理规定对资料进行系统归档保存,注意安全
(C)磁介质资料存放有防潮、防磁措施,并按载体保存期限及时转录
(D)原始资料保存期限为 3 年,整汇编成果资料长期保存
134. 配制标准滴定溶液的基本要求正确的是(　　)。
(A)制备标准滴定溶液用水,在未注明其他要求时,应符合《分析实验室用水规格和试验方法》(GB/T 6682—2008)中二级水的规格
(B)所用试剂的纯度应在分析纯以上,标定标准滴定溶液所用的基准试剂应为容量分析工作基准试剂
(C)所用分析天平的砝码、滴定管、容量瓶及移液管均需进行校正
(D)配制浓度等于或低于 0.02 mol/L 的标准滴定溶液时,应于临用前将浓度高的标准滴定溶液用煮沸并冷却的水稀释,必要时重新标定
135. 配制一般溶液时,应当注意是(　　)。
(A)直接水溶液法适用易溶于水且不易水解的固体试剂
(B)介质水溶液法适用易水解的固体试剂,如 $FeCl_3$
(C)稀释法适用液体试剂
(D)配制一般溶液精度要求不高,溶液浓度只需保留 1～2 位有效数字,试剂的质量由托盘天平称量,体积用量筒量取即可
136. 基准物质必须符合的要求是(　　)。
(A)物质必须具有足够纯度,其纯度要求达 99%以上,杂质含量应低于滴定分析所允许的误差限度
(B)物质的组成(包括其结晶水含量)应恒定并与化学式相符
(C)试剂性质稳定,不易吸收空气中水分、二氧化碳或发生其他化学变化
(D)具有较大的摩尔质量
137. 使用微压计进行烟气压力测量时,在仪表安装和测量操作上应注意(　　)。
(A)新的微压计和换用新的玻璃管或水准泡后的微压计,都必须经过校验才能使用
(B)对于久未使用的微压计,首先应检查各部件是否完整良好;水准泡有否扩大
(C)连接微压计与皮托管应注意正、负端不能接反。当将皮托管装入测孔时,微压计应处于"关"的状态(拆除时亦然)
(D)在气流不太稳定的管道内测量时,微压计的读数应取液柱波动的平均值
138. 下列测定烟气温度方法的描述,正确的是(　　)。
(A)长杆水银温度计适用于直径小、温度不高的烟道
(B)对直径大、温度高的烟道,要用热电偶测温毫伏计测量
(C)热电偶测温毫伏计的测定原理是将两根不同的金属导线连成闭合回路,当两接点处于不同温度环境时,便产生热电势,两接点温差越大,热电势越大
(D)使用长杆水银温度计测量时,应将温度计球部放在靠近烟道中心的位置,待读数稳定

后，将温度计抽出烟道读数

139. 污染源颗粒物采样的要求有(　　)。

(A)必须采用等速采样

(B)预测流速法采样法适用于工况较稳定的污染源，尤其是对速度低、高温、高湿、高粉尘浓度的烟气

(C)平行测速采样法测定流速和采样几乎同时进行，减小了由于烟气流速改变而带来的采样误差，适用于烟气工况不太稳定的情况

(D)静压平衡采样法适用于高含尘量烟气的颗粒物采集

140. 仪器直接采样法采集气态污染物的操作，正确的是(　　)。

(A)采样前应检查并清洁预处理器的颗粒物

(B)正式开采前，令排气通过旁路吸收瓶采样 3 min，将吸收瓶前管路内的空气置换干净

(C)采样期间应保持流量恒定，采样时间视待测污染物浓度而定，当每个样品采样时间不少于 5 min

(D)采样结束后应再次进行漏气检查，如发现漏气应修复后重新采样

141. 定电位电解法测定环境空气和废气中二氧化硫时，定电位电解传感器的三个电极分别称为(　　)。

(A)敏感电极　　(B)惰性电极　　(C)参比电极　　(D)对电极

142. 碘量法测定固定污染源排气中二氧化硫时应注意(　　)。

(A)吸收液中的氢氧化钠可消除二氧化氮的影响

(B)吸收液可储存于玻璃瓶中，在冰箱中的保存有效期为三个月

(C)同一工况下应连续测定三次，取平均值作为测量结果

(D)为防止一氧化硫被冷凝水吸收，而使测定结果偏低，采样时采样管应加热至 150℃

143. 吸附-热脱附(热解吸)进样气相色谱法测定环境空气或废气中苯系物时，要求(　　)。

(A)吸附采样管在使用前都需要在高温通高纯载气老化 2 h 以上，直到无杂质峰出现为止

(B)热解吸温度不能低于 100℃

(C)必须用标准气体系列绘制标准曲线进行定量测定

(D)以空气为本底气，配成一定浓度的标准气体绘制标准曲线

144. 关于《固定污染源排气中氮氧化物的测定 紫外分光光度法》(HJ/T 42—1999)的描述，下列错误的是(　　)。

(A)采样前首先要检查采样管头部是否已塞好适量玻璃棉，各连接点是否稳妥，然后检查样品吸收瓶的密闭性

(B)对于浓度过高的样品，可以在采样前降低吸收瓶的抽真空程度，或减少取出进行分析的样品溶液体积

(C)测定时采好样品的吸收瓶带回实验室，应放置于阴暗处，时间不少于 6 h

(D)氮氧化物吸收液应储存于棕色瓶中，使用时避免阳光直射，存放于暗处

145. 直接采样法采集空气样品时的注意事项有(　　)。

(A)直接采样法适用于被测组分浓度较高或者监测方法灵敏度高的情况

(B)直接采样法测得的结果是瞬时浓度或短时间内的平均浓度

(C)注射器采样法采样时，先用现场气体抽洗 2～3 次，样品存放时间不宜长，两天内分析完毕

(D)塑料袋采样法应选不吸附、不渗漏，也不与样气中污染组分发生化学反应的塑料袋

146. 溶液吸收法采集空气样品，吸收液的选择原则是(　　)。

(A)与被采集的物质发生不可逆化学反应快或对其溶解度大

(B)污染物质被吸收液吸收后，要有足够的稳定时间，以满足分析测定所需时间要求

(C)污染物质被吸收后，应有利于下一步分析测定，最好能直接用于测定

(D)吸收液毒性小，价格低，易于购买，并尽可能回收利用

147. 溶液吸收法采集空气样品，应注意(　　)。

(A)气泡式吸收管适用于采集气态和蒸气态物质，也是适用于采集气溶胶态物质

(B)冲击式吸收管适宜采集气溶胶态物质和易溶解的气体样品，而不适用于气态和蒸气态物质的采集

(C)多孔筛板吸收管(瓶)既适用于采集气态和蒸气态物质，也适于气溶胶态物质

(D)溶液吸收法的吸收效率主要决定于吸收速率和样气与吸收液的接触面积

148. 大气中颗粒物质的测定项目有(　　)。

(A)总悬浮颗粒物浓度的测定

(B)可吸入颗粒物浓度的测定

(C)自然降尘量的测定

(D)颗粒物中化学组分的测定

149. 下列重量法测定可吸入颗粒物的描述，正确的是(　　)。

(A)原理是大气通过飘尘采样器，将 10 μm 以下粒子阻留在已知重量的过滤材料上，采样后再称出总重量，相减得其重量

(B)只有两个环节，即采样和称量

(C)大流量采样一重量法采样时必须将采样头及入口各部件旋紧，防止空气从旁侧进入采样器而导致测定误差

(D)大流量采样一重量法采样后的滤膜需置于干燥器中平衡 12 h，再称量至恒重

150. 常规大气参数包括采样点大气的(　　)。

(A)温度　　(B)压力　　(C)湿度

(D)风向　　(E)风速

151. 根据环境空气质量手工检测技术规范规定，下列大气参数测定仪器的测量范围错误的是(　　)。

(A)大气气温观测所用温度计测量范围一般为－40～80℃，精度为±0.5℃

(B)大气压观测所用的气压计测量范围一般为 50～107 kPa，精度为±0.1 kPa

(C)相对湿度观测所用的湿度计测量范围一般为 0～100%，精度为±0.5%

(D)风速观测所用风速观测仪测量范围一般为 1～60 m/s，精度为±0.5 m/s

152. 防触电而引起火灾时应注意(　　)。

(A)供电线路、照明线路及其他各种用电器的安装均应符合安全用电的要求

(B)电路及用电设备要定期检修

(C)更换熔丝时,不得使用超过规定的熔丝,不得用铜、铝线代替

(D)如发生人身触电,首先应断开电源,视情况及时进行人工呼吸,切忌打强心针,必要时送医院救治

153. 对触电者进行人工呼吸急救的方法有(　　)。

(A)俯卧压背法　　(B)仰卧牵臂法

(C)口对口吹气法　　(D)胸外心脏挤压法

154.《安全生产法》规定的从业人员的义务有(　　)。

(A)遵章守规,服从管理　　(B)自觉加班加点

(C)接受安全生产教育和培训　　(D)发现不安全因素及时报告

155. 监测数据的记录要求是(　　)。

(A)及时填写在原始记录表格中,也可以记在纸片或其他本子上再誊抄

(B)带有数据自动记录和处理功能的仪器,将测试数据转抄在记录表上,并同时附上仪器记录纸,如记录纸不能长期保存(如热敏纸),采用复印件,并作必要的注解

(C)原始记录有测试、校核等人员的签名,校核人要求具有3年以上分析测试工作经验

(D)记录内容包括检验过程出现的问题、异常现象及处理方法等说明

156. 下列城市区域环境振动测量的描述,正确的是(　　)。

(A)用于测量环境振动的仪器,其性能必须符合ISO/DP 8401—1984有关条款规定,测量系统每年至少送计量部门校准一次

(B)检测稳态振动,每个测点测量一次,取5 s内的平均示数作为评价量

(C)在各类区域建筑物室外1.5 m以内整栋敏感处设置测量点位,必要时测点置于建筑物室内地面中央

(D)检振器应放置在平坦、坚实的地面上,其灵敏度主轴方向与测量方向相反

157. 校准噪声测量仪器应注意(　　)。

(A)可以使用活塞发声器或声级校准器对测量仪器进行整机校准

(B)活塞发声器只能校准有线性挡的仪器

(C)仪器校准标定完毕,测量仪器的“输入灵敏度”电位器不得再改变位置

(D)必须使用与传声器外径相同尺寸的校准器校准

158. 下列关于溶液浓度的描述,正确的是(　　)。

(A)摩尔浓度表示1 L溶液中含有溶质的摩尔数

(B)容量百分比浓度指100 mL溶液中含有的溶质的毫升数(溶质为液体)

(C)质量的容量百分比浓度指100 mL溶液中含有溶质的克数(溶质为固体)

(D)溶液的比例浓度指液体溶质与溶剂的体积之比

159. 下列浓度表示方式的描述,正确的是(　　)。

(A)25%的葡萄糖注射液(体积百分比浓度)

(B)1 L浓硫酸中含18.4 mol的硫酸(摩尔浓度)

(C)1 L含铬废水中含六价铬质量为2 mg,则六价铬的浓度为2 mg/L(质量-体积浓度)

(D)60%的乙醇溶液(体积百分比浓度)

160. 下列噪声的叠加和相减的说法,正确的是(　　)。

(A)两个噪声叠加,总声压级不会比其中任一个大5 dB以上

(B)当声压级不相等时,可以利用噪声源叠加曲线来计算

(C)多个声源的叠加,只需逐次两两叠加即可,与叠加次序无关

(D)噪声相减的方法是先求出声源声级与背景噪声之差,根据背景噪声修正曲线来计算实际声级大小

161. 下列说法正确的是(　　)。

(A)pH 值水质自动分析仪采用玻璃电极法,测定范围为 2～12(0～40℃)

(B)化学需氧量(COD_{Cr})水质在线自动检测仪的原理是在碱性条件下,将水样中有机物和无机还原性物质用重铬酸钾氧化

(C)氨氮水质自动分析仪的分析方法有气敏电极法、光度法

(D)超声波明渠污水流量计的原理是用超声波和反射波的时间差测量标准化计量渠(槽)内的水位,通过变送器用 ISO 流量标准计算法换算成流量

162. 下列振动检测方法的描述,正确的是(　　)。

(A)最直接的检测方法是把传感器放在设备应测量的部位,测量机器的振动值

(B)振动值可用加速度、速度或位移来表示,通常都选用振动速度这个参数

(C)以频率分析法诊断异常振动是用振动总结法判断整机或部件的异常振动,把该振动信号取出后再作频率分析,从而进一步查出异常的原因和位置

(D)振动脉冲测量法专门用来对滚动轴承的磨损和损伤的故障诊断

163. 下列关于振动测定仪的说法,正确的是(　　)。

(A)振动测量和噪声测量有关,部分仪器可以通用

(B)用于测量环境振动的仪器,其性能必须符合 ISO/DP 8401—1984 有关条款规定

(C)测量系统每三年送计量部门校准一次

(D)描述振动响应的参数有位移、速度、加速度、频率

164. 下列关于粉尘测定的描述正确的是(　　)。

(A)测定前应先对滤膜进行干燥和称重

(B)采样位置应设置在工人的呼吸带高度,距底板约 1.5 m 左右,且在工作面附近下风侧风流较稳定区域

(C)连续产尘点应在作业开始后 15 min 采样,阵发性降尘与工人操作同时采样

(D)所采粉尘量应不少于 1 mg,小号滤膜不大于 20 mg,采样时间不少于 20 min

165. 锅炉烟尘测定的基本要求是(　　)。

(A)测定位置应尽量选择在垂直管段,并不宜靠近管弯头及断面形状急剧变化的部位

(B)在选定的测定位置上开测孔,在孔口接上直径为 75 mm,长度为 30 mm 左右的短管,并装上丝堵

(C)根据不同的烟道形状选择不同的监测位置

(D)测定时鼓风、引风系统完整,调风门灵活、可调,除尘系统运行正常,不堵灰,不漏风,耐磨涂料不脱落

166. 浊度是由于水中含有泥砂、黏土、有机物、无机物、浮游生物和微生物等悬浮物质所造成的,可使光被(　　)。

(A)反射　　(B)折射　　(C)散射　　(D)吸收

167. 根据应用的不同时段,可将含密封源设施的环境监测分为(　　)。

(A)运行前的辐射环境本底调查 (B)运行期间的辐射环境监测
(C)运行后的辐射环境监测 (D)含密封源污染事故监测

168. 根据应用的不同时段,可将γ辐照装置环境监测分为( )。
(A)运行前的辐射环境本底调查 (B)运行期间的辐射环境监测
(C)放射源泄露监测 (D)辐照室退役监测

169. 测量工业企业噪声时应注意( )。
(A)传声器的位置应在操作人员的耳朵位置,但人需离开
(B)若车间各处A声级波动小于3 dB,则只需在车间内选择3个监测点
(C)被测声源是稳态噪声,则测量A声级,记为dB(A)
(D)测量时要注意减少环境因素对测量结果的影响

170. 仪器仪表计量检验制度是( )。
(A)仪器仪表必须定期送检,不得漏检
(B)正在使用的器具、仪表失真或损坏必须在4 h内更换
(C)如不能更换的应立即进行维修,并经过效验后方可使用,否则不允许使用
(D)计量仪器仪表若有损坏,所维修的费用超过原仪表费用的70%时无维修价值,应办理报废手续

171. 仪器设备维护保养应遵循的原则是( )。
(A)定期进行仪器设备的维护保养工作,禁止超负荷、超时限、超压使用
(B)严禁擅自拆卸和改造仪器设备,仪器设备做到每年清点一次
(C)仪器使用结束,应检查仪器和配件的完好,做好保养、清洁工作,放回原位
(D)做好防尘、防潮、防锈等工作,特殊要求的仪器必须按说明书尽可能使用专用材料进行维护保养

172. 仪器设备维护保养要按仪器使用说明书进行,维护的主要内容是( )。
(A)清洁润滑 (B)紧固 (C)通电检查 (D)更换磨损零件

173. 下列选项属于生产工艺过程中的有害因素的是( )。
(A)噪声 (B)振动 (C)电离辐射 (D)劳动强度大

174. 下列环境因素识别的描述,正确的是( )。
(A)认证范围包括活动、产品、服务、人员
(B)应考虑到三种状态、三个时态、七种类型
(C)应以生命周期分析和污染预防为指导思想,采用“工序-输入输出”法进行识别
(D)重要环境因素采用“是非判断法”评价

175. 职业病危害因素的评价有( )。
(A)检查表法 (B)类比法 (B)现场检测 (D)推断法

176. 固定污染源监测仪器与设备的质控检查应包括( )。
(A)每季度现场检查仪器与设备使用情况和使用记录
(B)检查仪器与设备运行状况是否正常,仪器与设备使用是否按操作规程要求执行
(C)抽查仪器与设备年度核查执行情况,确认仪器与设备核查使用的标准样品有效
(D)仪器与设备年度核查方法应符合相关标准或检验规程的要求

177. 固定污染源监测仪器与设备的运行和维护应遵循的原则是( )。

(A)制定仪器与设备年度核查计划,并按计划执行,保证在用仪器与设备的正常运行
(B)监测仪器与设备的应定期维护保养,应制定仪器与设备管理程序和操作规程
(C)仪器与设备使用时做好仪器与设备使用记录,保证仪器与设备处于完好状态
(D)每台仪器与设备均应有责任人负责日常管理

178. 某一含氰废水,若加入酒石酸在 pH 值等于 4 的介质中蒸馏,其馏出物有(　　)。
(A)氰化钾　　(B)锌氰化物　　(C)氰化钠　　(D)镍氰化物

179. 二苯碳酰二肼分光光度法测定水中六价铬的测定要点是(　　)。
(A)对于清洁的水样可以直接测定,如水样有颜色但不太深,可进行色度校正
(B)显色剂二苯碳酰二肼可储存在棕色玻璃瓶中,长期使用,直至用完
(C)加入磷酸的主要作用是消除 Fe^{3+} 的干扰
(D)加入亚硝酸钠的目的是还原过量的高锰酸钾

180. 稀释与接种法测定水中 BOD_5 时,某水样呈酸性,其中含活性氯,COD 值在正常污水范围内,应进行(　　)处理。
(A)调整 pH 值在 6.5～7.5
(B)准确加入亚硫酸钠溶液消除活性氯
(C)进行接种
(D)加入生物抑制剂

181. 碘量法测定水中硫化物,水样采集和保存应注意(　　)。
(A)先加入适量的乙酸锌溶液,再加水样,然后滴加适量的氢氧化钠溶液使 pH 值在 6～9
(B)硫化物含量高时,可酌情多加固定剂,直至沉淀完全
(C)水样充满后立即密塞,不留气泡,混匀
(D)样品应在 10℃避光保存,尽快分析

182. 溶液配制的注意事项有(　　)。
(A)分析实验所用的溶液应用纯水配制,容器应用纯水洗涤两次以上,特殊要求的溶液应事先作纯水的空白值检验
(B)每瓶试剂溶液必须有标明名称、规格、浓度和配制日期的标签
(C)溶液要用带塞的试剂瓶盛装,见光易分解的溶液要装于棕色瓶中
(D)要熟悉一些常用溶液的配制方法

183. 测定水样的 pH 值,下列说法正确的是(　　)。
(A)测定方法有玻璃电极法和比色法
(B)最好现场测定
(C)如果无法在现场测定,应在采样后把样品保持在 0～4℃,并在采样后 12 h 之内进行测定
(D)因 pH 值受水温的影响而变化,测定时应在规定的温度进行,或校正温度

184. 环境噪声非常规监测项目有(　　)。
(A)功能区噪声定期监测
(B)噪声源监测
(C)区域环境噪声普查(夜间)
(D)噪声高空监测

185. 碱性过硫酸钾消解紫外分光光度法测定总氮，下列叙述错误的是(　　)。
(A)适用于地表水和地下水中总氮的测定
(B)加入5%盐酸羟胺溶液1～2 mL可消除水样中含有三价铁离子的影响
(C)水样采集后应立即放入冰箱或低于4℃的条件下保存，不得超过36 h
(D)硫酸盐及氯化物对测定有干扰
186. 下列邻联甲苯胺比色法测定水中余氯的方法描述，正确的是(　　)。
(A)适用于测定工业废水的总余氯及游离余氯
(B)检测浓度为0.05 mg/L
(C)水中含有悬浮性物质时干扰测定，可用离心法去除
(D)在pH值小于1.8的酸性溶液中，余氯与邻联甲苯胺反应，生成黄色的醌式化合物，用目视法进行比色定量

四、判 断 题

1. 监测人员在未取得合格证之前，就可报出监测数据。(　　)
2. 凡承担例行监测，污染源监测，环境现状调查、污染纠纷仲裁等任务并报出数据者，均应参加合格证考核，考核合格后方可从事环境监测任务。(　　)
3. 合格证有效期为5年，期满后持证人员应进行换证复查。(　　)
4. 我国《环境噪声污染防治法》规定："产生环境噪声污染的单位，应当采取措施进行治理，并按照国家规定缴纳超标准排污费。"如果排放噪声的是个人，也需要缴纳排污费。(　　)
5. 环境质量标准、污染排放标准分为国家标准和地方标准。(　　)
6. 环境监测所依据的技术标准均应以最新公布的版本为准，对尚未制定标准的项目无需参考有关的国际标准或国内有关部门的标准。(　　)
7. 国家污染物排放标准分综合性排放标准和行业性排放标准两大类。(　　)
8.《环境空气质量标准》(GB 3095—1996)将环境空气质量标准分为二级。(　　)
9. 标准符号GB和GB/T含义相同。(　　)
10. 环境保护图形标志——排放口(源)的警告图形符号是用于提醒人们注意污染物排放可能造成危害的符号。警告标志形状为三角形边框。(　　)
11. 环境监测人员合格证考核由基本理论、基本操作技能和实际样品分析三部分组成。(　　)
12. 工业废水样品应在企业的车间排放口采样。(　　)
13. 使用高氯酸进行消解时，不得直接向含有机物的热溶液中加入高氯酸。(　　)
14. pH标准溶液在冷暗处可长期保存。(　　)
15. 碱性乙醇洗液可用于洗涤器皿上的油污。(　　)
16. 如果水样中不存在干扰物时，测定挥发酚的蒸馏操作可以省略。(　　)
17. 碱性高锰酸钾洗液的配制方法是：将4 g高锰酸钾溶于80 mL水中，再加10%氢氧化钠溶液至100 mL。(　　)
18. 用于有机物分析的采样瓶，应使用铬酸洗液、自来水、蒸馏水依次洗净，必要时以重蒸的丙酮、乙烷或三氯甲烷洗涤数次，瓶盖也用同样方法处理。(　　)
19. 任何玻璃量器不得用烘干法干燥。(　　)

20. 用样品容器直接采样时,必须用水样冲洗两次后再进行采样。(　　)

21. 滴定管活塞密封性检查:在活塞不涂凡士林的清洁滴定管中加蒸馏水至零标线处,放置 10 min,液面下降不超过 1 个最小分度者为合格。(　　)

22. 酚酞指示液的配置方法是:称取 0.5 g 酚酞,溶于 100 mL 蒸馏水中。(　　)

23. 氢氧化钠摩尔浓度 $C=1$ mol/L,即每升含有 40 g NaOH,其基本单元是氢氧化钠分子。(　　)

24. 在重铬酸钾法测定化学需氧量的回流过程中,若溶液颜色变绿,说明水样的化学需氧量适中,可以继续做实验。(　　)

25. 配置溶液时为了安全,水缓慢地加入浓酸或浓碱中,并不断搅拌,待溶液温度冷却到室温后,才能稀释到规定的体积。(　　)

26. 用铬酸钡法测定降水中 SO_4^{2-} 时,玻璃器皿不能用洗液清洗。(　　)

27. 水样分析结果用 mg/L 表示;当浓度小于 0.1 mg/L 时,则用 pg/L 表示。(　　)

28. 当水样中 S^{2-} 含量大于 1 mg/L 时,可采用碘量法滴定测定。(　　)

29. 具磨口塞的清洁玻璃仪器,如量瓶、称量瓶、碘量瓶、试剂瓶等要与瓶塞一起保存。(　　)

30. 在分析测试中,空白实验值的大小无关紧要,只需以样品测试值扣除空白实验值就可以抵消各种因素造成的干扰和影响。(　　)

31. 根据水的不同用途,水的纯度级别可分为四级,二级水为二次蒸馏水,适用于除去有机物比除去痕量金属离子更为重要的场合。(　　)

32. 测定 DO 的水样要带回实验室后加固定剂。(　　)

33. 系统误差能通过提高熟练度来消除。(　　)

34. 标准曲线的相关系数是反映自变量和因变量的相互关系。(　　)

35. 空白试验是指除用纯水代替样品外,其他所加试剂和操作步骤,均与样品测定完全相同的操作过程,空白试验应与样品测定分开进行。(　　)

36. 空白实验值的大小只反映实验用水质量的优劣。(　　)

37. 当水样中被测浓度大于 1 000 mg/L 时用百分数表示,当比重等于 1.00 时,1%等于 10 000 mg/L。(　　)

38. 如有汞液散落在地上,要立即将活性炭粉撒在汞上面,以吸收汞。(　　)

39. 实验用水应符合要求,其中待测物质的浓度应低于所用方法的检出限。(　　)

40. 沸点在 150℃以下的组分蒸馏时,用直形冷凝管,沸点愈低,冷凝管愈短,沸点很低时,可用直形冷凝管。(　　)

41. 当水样中氯离子含量较多时,会产生干扰,可加入 $HgSO_4$ 去除。(　　)

42. 液-液萃取时要求液体总体积不超过分液漏斗容积的 5/6,并根据室温和萃取溶剂的沸点适时放气。(　　)

43. 绝对误差是测量值与其平均值之差,相对误差是测量值与真值之差对真值之比的比值。(　　)

44. 存储水样的容器都可用盐酸和重铬酸钾洗液洗涤。(　　)

45. 钾、钠等轻金属遇水反应十分剧烈,应浸没于煤油中保存。(　　)

46. 任何玻璃量器都不得用烤干方法干燥。(　　)

47. 不溶于水,密度小于水的、易燃及可燃物质,如石油烃类化合物及苯等芳香族化合物着火时,可以用水灭火。( )

48. 实验室内质量控制是分析人员在工作中进行自我质量控制的方法,是保证测试数据达到精密度与准确度要求的有效方法之一。( )

49. 实验室内要保持清洁、整齐、明亮、安静。噪声低于 75 dB。( )

50. 每次测定吸光度前都必须用蒸馏水调零。( )

51. 实验室质控考核是实验室间协作实验中常被使用的一种质控方法。( )

52. 空白试验值的大小仅反映实验用纯水质量的优劣。( )

53. 质量控制水样和标准水样,只由于使用目的不同而有所区分。( )

54. 实验室间质量控制就是实验室质控考核。( )

55. 测定溶解氧的水样,要带回实验室后再加固定剂。( )

56. 现场密码平行样是指在同一采样点上同时采集双分平行样,按密码方式交付实验室分析。( )

57. 工业废水是工业生产中排出的废水,包括:工艺过程排水,机械设备排水,设备与场地洗涤水,烟气洗涤用水等。( )

58. 生活污水中含有大量有机物和细菌,其中也含有病原菌、病毒和寄生虫卵。( )

59. 保存水样的目的只是减缓生物作用。( )

60. 测定硅、硼项目的水样可使用任何玻璃容器。( )

61. 工业废水和生活污水是污染源调查和监测的主要内容。( )

62. 工业废水样品应在企业的车间排放口采样。( )

63. 为测定工业废水中的 pH 值,在一个生产周期内按时间间隔采样,混合均匀后测定。( )

64. 测油类的水样可选用塑料和玻璃材质的容器。( )

65. 测油类的采样容器,按一般通用洗涤法洗涤后,还应用萃取剂彻底荡洗 2~3 次再烘干(或晾干)。( )

66. 水温、pH 值、电导率等在现场进行监测。( )

67. 用碘量法测定水中溶解氧,在采集水样后,不需固定。( )

68. 对含悬浮物的样品应分别单独定容,全部用于测定。( )

69. 在采集好的水样中加入氯化汞可以阻止生物作用。( )

70. pH 值表示酸的浓度。( )

71. pH 值越大,酸性越强。( )

72. pH 值表示溶液的酸碱度强弱程度。( )

73. pH 值越小,溶液酸性越强。( )

74. 中性水的 pH 值为零。( )

75. 测定 pH 值时,玻璃电极的球泡应全部浸入溶液中。( )

76. 测定水中悬浮物,通常采用滤膜的孔径为 0.45 μm。( )

77. 用不同型号的定量滤膜测定同一水样的悬浮物,结果是一样的。( )

78. 硫酸肼有毒、致癌,使用时应注意。( )

79. 测定氯化物的水样,必须加固定剂。( )

80. 测定氯化物的水样,只能用玻璃瓶储存。( )

81. 氰化物主要来源于生活污水。( )

82. 采集水样必须加入氢氧化钠固定剂使氰化物固定。( )

83. 余氯在水中很不稳定,应加入稳定剂固定。( )

84. 余氯在水中很不稳定,应在现场测定。( )

85. 油类物质应单独采样,不允许在实验室内分样。( )

86. 无水硫酸钠应在高温炉内 500℃加热 2 h。( )

87. 油采样瓶应作一标记,塑料瓶、玻璃瓶都可以采油类样品。( )

88. 每台锅炉测定时所采集样品累计的总采气量不得少于 1 m^3。( )

89. S 形皮托管也属标准型皮托管,无需校正。( )

90. 用林格曼图鉴定烟气的黑度取决于观察者的判断力。( )

91. 用林格曼图观察烟气的仰视角应尽可能低。( )

92. 林格曼黑度法不能取代浓度测定法。( )

93. 酸雨主要是由于人类生产和生活中排出的二氧化碳造成的。( )

94. 大气污染物只有二氧化硫。( )

95. 工业“三废”通常指的是废水、废气、废渣。( )

96. 纯水 pH 值在任何温度下都等于 7。( )

97. 二氧化硫在 24 h 连续采样时,当更换干燥剂后,需及时校正流量。( )

98. 水污染中的五毒是酚、氰、铜、铬、砷。( )

99. 测定水中悬浮物,通常采用滤膜的孔径为 0.45 μm。( )

100. BOD 和 COD 都可表示水中的有机物的多少,但 COD<BOD。( )

101. 水温、pH 值等在现场进行监测。( )

102. 水的色度一般是指表色而言的。( )

103. 水体采样时,较大水系干流全年采样不小于 4 次。( )

104. 污水中 BOD 测定时,所用稀释水应含有能分解该污水的微生物。( )

105. 实验室之间的误差一般应该是系统误差。( )

106. 在样品交接的过程中,由于送检方以技术保密为由不提供必要信息,因此只能不接收此检验。( )

107. 三级水的 pH 值的检验必须采用电位计法。( )

108. 在仪器分析中,低于 0.1 mg/mL 的离子标定溶液一般可以作为储备液长期保存。( )

109. 用重铬酸钾标定硫代硫酸钠时,重铬酸钾与碘化钾反应时需要避光,并且放置 3 min。( )

110. 准确度高一定需要精密度高,但精密度高不一定准确度高。( )

111. 0.2 mol/L 的 HAc 溶液中的氢离子浓度是 0.1 mol/L HAc 溶液中氢离子浓度的 2 倍。( )

112. 被测物的量较小时,相对误差就较小,测定的准确度就较低。( )

113. 测定溶解氧时,可以不敲击,让小气泡留在水中。( )

114. COD_{Mn}测定时,$KMnO_4$、$Na_2C_2O_4$可互相滴定。( )

115. 总铬测定时，用 NO_2^- 还原 $KMnO_4$，然后再用 $CO(NH_2)_2$ 还原过量 NO_2^-。（　）

116. 样品在流转过程中，应根据需要，适当多取点试样，以确保检验使用，多余试样应交回样品室，统一处理，不得私自处理检验样品。（　）

117. 水样中亚硝酸盐含量高，要采用高锰酸钾修正法测定溶解氧。若亚铁离子高，则要采用叠氮化钠修正法。（　）

118. 我们通常所称氨氮是指有机物氨化合物，铵离子和游离态的氨。（　）

119. 水中总磷消解只能采用过硫酸钾消解。（　）

120. 环境监测中的标准状态是指压力为101.3 kPa 和温度 273.2K 的状态。（　）

121. 《计量法》中所称的"公正数据"，是指面向社会从事检测工作的技术机构为他人做决定、仲裁、裁决所出具的具有真实性、科学性和合法性的数据。（　）

122. 环境污染对人体健康的影响具有广泛性、长期性、潜伏性以及"三致"特点。（　）

123. 世界卫生组织的环境标准值对各国具有强制作用。（　）

124. 环境监测分析的质量控制就是做平行样。（　）

125. 环境样品测试的同时测试标准样品，只要标准样品测准确了，环境样品也就测准确了。（　）

126. 使用高压钢瓶中的气体时，用不用减压阀均可。（　）

127. 稀释样品或标准溶液时，稀释倍数若大于100倍时，应逐级稀释。（　）

128. 分析试验中需要沉淀物时可用定性滤纸过滤。（　）

129. 环境污染物对人体健康影响最显著的特点是长期、低剂量持续作用。（　）

130. 加标回收率符合要求时，可以肯定测定准确度无问题。（　）

131. 进行称量操作时，不应用手直接拿称量器皿。（　）

132. 稀释浓硫酸时，应将水缓慢加入浓硫酸中。（　）

133. 碱性高锰酸钾可用于洗涤器皿上的油污。（　）

134. 配 pH 缓冲标准溶液应用新煮沸冷却后的纯水。（　）

135. 用于稀释样品的容量瓶不必要烘干。（　）

136. 液体试剂取用时可以直接从原装试剂瓶中或贮备液瓶中吸取。（　）

137. 石英器皿绝对不能盛放氢氟酸、氢氧化钠等物质。（　）

138. 适用光吸收定律的条件是白光。（　）

139. 滴定的等当点即为指示剂的理论变色点。（　）

140. 在分光光度法中运用朗伯-比耳定律进行定量分析，应采用可见光作为入射光。（　）

141. 王水的溶解能力强，主要在于它具有更强的氧化能力和络合能力。（　）

142. 滴定分析要求反应要完全，但反应速度可快可慢。（　）

143. 偏差值有正负，而平均偏差没有正负。（　）

144. 托盘天平的分度值(称量的精确程度)是0.1 g。（　）

145. 使用滴定管，必须能熟练做到：逐滴滴加；只加一滴；使溶液悬而不滴。（　）

146. 测定油品运动粘度用温度计的最小分度值1℃。（　）

五、简 答 题

1. 环境标准的作用是什么？

2. 简述固体废物对环境的主要危害。

3. 离子色谱法分析阴离子中,当淋洗液、再生液改变时,如何对校准曲线进行校准?

4. 简述地表水监测断面的布设原则。

5. 布设地下水监测点网时,哪些地区应布设监测点(井)?

6. 地下水现场监测项目有哪些?

7. 简述环境空气质量监测点位布设的一般原则。

8. 采集水中挥发性有机物和汞样品时,采样容器应如何洗涤?

9. 简述一般水样自采样后到分析测试前应如何处理。

10. 为确保废水排放总量检测数据的可靠性,应如何做好现场采样的质量保证?

11. 简述重量法测定水中悬浮物的步骤。

12. 碘量法测定水中硫化物,采用酸化-吹气法对水样进行预处理时应注意哪些问题?

13. 简述碘化钾碱性高锰酸钾法测定高氯废水中化学需氧量的适用范围。

14. 蒸馏后溴化容量法测定含酚废水时,如何检验其中是否含有氧化剂?

15. 蒸馏后溴化容量法测定水中挥发酚时,如在预蒸馏过程中发现甲基橙红色褪去,该如何处理?

16. 简述微生物传感器快速测定水中生化需氧量的方法原理。

17. 氰化钾溶液剧毒,应如何处理方可排放?

18. 用钼酸铵分光光度法测定水中磷时,主要有哪些干扰?

19. 碱性过硫酸钾消解紫外分光光度法测定水中总氮时,为什么要在两个波长测定吸光度?

20. 简述电极法测定水中氨氮的优缺点。

21. 红外分光光度法与非分散红外光度法测定水中石油类在方法适用性上有何区别?

22. 硝酸银滴定法测定水中氯化物时,已知氯化银 $K_{sp}=1.8\times10^{-10}$,碘化银 $K_{sp}=1.5\times10^{-16}$,假如在 Cl^- 和 I^- 含量相等的溶液中逐滴加入硝酸银溶液,试问:哪种离子首先被沉淀出来?

23. 试述四氯汞钾溶液吸收-盐酸副玫瑰苯胺分光光度法与甲醛缓冲溶液吸收-盐酸副玫瑰苯胺分光光度法测定 SO_2 原理的相同之处。

24. 过剩空气系数 α 值愈大,表示实际供给的空气量比燃料燃烧所需的理论空气量愈大,炉膛里的氧气就愈充足。空气系数是否愈大愈好,愈有利于炉膛燃烧,为什么?

25.《城市区域环境振动测量方法》(GB 10071—1988)中,无规振动的测量量、读数方法和评价量分别是什么?

26.《城市区域环境振动测量方法》(GB 10071—1988)中,铁路振动的测量量、读数方法和评价量分别是什么?

27. 简述挥发性有机物监测方法中纯水的制备方法与要求。

28. 在光度分析中,如何消除共存离子的干扰?

29. 气相色谱常用的定量方法有哪些?

30. 为何原子吸收光度法必须用锐线光源?

31. 环境大气监测质量保证的主要措施有哪些？
32. 环境空气的定义是什么？
33. 标准状态是指温度和压力各为多少的状态？
34. 环境空气质量按功能区分为几类？环境空气质量标准分为几级？
35. 常用的吸收液有哪些？
36. 林格曼黑度一般分为哪几级？
37. 皮托管有哪几类？
38. 作悬浮物时，恒重烘干用的温度是多少？
39. 常用皮托管的作用是什么？
40. 等速采样中的等速是指哪两个速度的等速？
41. 为了从烟道中取得有代表性的烟尘样品，应遵循什么采样原则？
42. 水的总硬度是指什么？
43. 氰化物被蒸出后，馏出液用什么吸收？
44. NO_X吸收液在采样、运输及存放过程中，为何要采取避光措施？
45. 简述底质监测的目的。
46. 污水采样时哪些项目的样品只能单独采样，不能采混合样？
47. 如果需要分析某一河流中的氨氮、有机物总量两个参数，请简述采样方案中应包括的主要内容。
48. 保存水样防止变质的措施有哪些？
49. 什么是质量保证？
50. 什么是实验室间质量控制？
51. 平行双样分析作用是什么？在监测工作中如何使用这项质控技术？
52. 对校准曲线的使用有哪些要求？
53. 简述一种常用制备纯水的方法。
54. 应从哪几方面选择空的色谱柱？
55. 简述原子吸收光度法中用氘灯扣除背景的原理。
56. 火焰原子吸收光度法主要用哪些方法消除化学干扰？
57. 原子吸收分光光度法为什么要采用锐线光源？在实际应用中采用什么光源？
58. 简述原子发射光谱法中自吸现象及影响自吸现象的因素。
59. 为什么 CO_2 灭火器不能用于扑灭活泼金属引起的火灾？
60. 气相色谱法有哪些特点？
61. 简述气相色谱的分离原理。
62. 原子光谱法中也定义了灵敏度，为什么还要给出检出极限？
63. 浓度和溶解度有什么区别和联系？
64. 氟化氢和氢氟酸有哪些特性？
65. 什么叫标准状态？
66. 温度升高，气体的溶解度是增加还是减小？为什么？
67. 一种物质也能配成缓冲溶液，此物质应具备什么条件？
68. 如何理解：当盐的浓度减少（稀释）时，水解度增大，而水解产物的浓度却是减小的?

69. 请写出分光光度法中不少于四种参比溶液。

70. 简述分析结果采取算术平均值的理由是什么。

71. 标准物质的主要用途是什么?

72. 为什么要研究分析方法的精密度?

73. 简述电导法测定钢铁中碳含量的方法原理。

74. 气体容量法测定碳的基本原理是什么?

75. 原子吸收法的干扰有哪五类?其中化学干扰如何消除?

76. 简述火花光电直读光谱仪分析原理。

77. 用络合滴定法测定酸性炉渣中高钙低镁试样时,为了提高镁的分析精度,宜采取哪些措施?

78. 实验总结包括哪些内容?

79. 举例说明准确度与精密度的区别与联系。

80. 光谱仪常用的激发光源有哪些?

81. 简述原子发射光谱分析原理。

82. 简述内标法的方法原理。

83. 何为质量保证?

84. 玻璃仪器常用的洗涤剂有哪些?都适用于哪些污物?

85. 实验室常用的滴定管有几种?如何选用滴定管?

86. 标准滴定溶液的配制方法有哪两种?如何正确选用?

87. 引起化学试剂变质的因素有哪些?怎样贮存化学试剂?

88. 用于配位滴定的反应必须具备什么条件?

六、综 合 题

1. 用浓 HCl(浓度 12 mol/L,$M_{HCl}=36.5$)配制 6%(W/V)的 HCl 溶液 1 L,如何配制?

2. 2 mol/L 的 NaOH 溶液的比重为 1.08,求它的百分浓度(W/W)?($M_{NaOH}=40$)

3. 取 50.0 mL 均匀环境水样,加 50 mL 蒸馏水,用酸性高锰酸钾法测 COD,消耗 5.54 mL高锰酸钾溶液。同时以 100 mL 蒸馏水做空白滴定,消耗 1.42 mL 高锰酸钾溶液。已知草酸钠标准溶液浓度($1/2\ Na_2C_2O_4$)=0.01 mol/L,标定高锰酸钾溶液时,10.0 mL高锰酸钾溶液需要上述草酸钠标准液 10.86 mL。问该环境水样的高锰酸盐指数是多少?

4. 吸取 5.00 mL 浓度为 1 073 mg/L 铜的储备液,用 1%HNO_3溶液稀释到 1 000 mL 的容量瓶中,稀释后的铜溶液浓度是多少?

5. 设某烟道的断面面积为 1.5 m^2,测得烟气平均流速为 16.6 m/s,烟气温度 $t_s=127$℃,烟气静压 $P_s=-10$ mmHg,大气压力 $P_A=755$ mmHg,烟气中水蒸气体积百分比 $X_{SW}=20\%$,求标准状态下的干烟气流量。

6. 称取经 180℃干燥 2 h 的优级纯碳酸钠 0.508 2 g,配制成 500 mL 碳酸钠标准溶液用于标定硫酸溶液，滴定 20.0 mL 碳酸钠标液时用去硫酸标液 18.95 mL，试求硫酸溶液的浓度(碳酸钠的摩尔质量为 52.995)。

7. 氨气敏电极法测定废气中氨时，其标准曲线方程为 $Y=57.1\log C+31.7$，测得样品溶液的电压值为 43.8 mV，测得全程序空白值为 0.021 5 μg/mL，试求样品溶液中的氨浓度(吸收液为 10 mL)。若采气量为 20 L(标准状况)，试求废气中的氨含量。

8. 锅炉用煤量为 1 015 kg/h，燃煤中收到基硫分含量(S_{ar})为 0.52%，该煤中硫的转化率(P)为 80%，试求二氧化硫的产污系数(kg/t)和每小时二氧化硫排放量。

9. 用碘量法测定某厂烟道中的硫化氢，在标准状态下的采样体积为 14.75 L，采集的样品用 0.005 068 mol/L 硫代硫酸钠标准溶液滴定，消耗硫代硫酸钠标准溶液 12.50 mL，同法做空白滴定，消耗硫代硫酸钠标准溶液 19.75 mL，问废气中硫化氢浓度是多少?(硫化氢的摩尔质量为 17.0)

10. 有一条流经城市的河段如图 1 所示，请在图上描绘出采样断面，并据所给条件确定采样点位置。

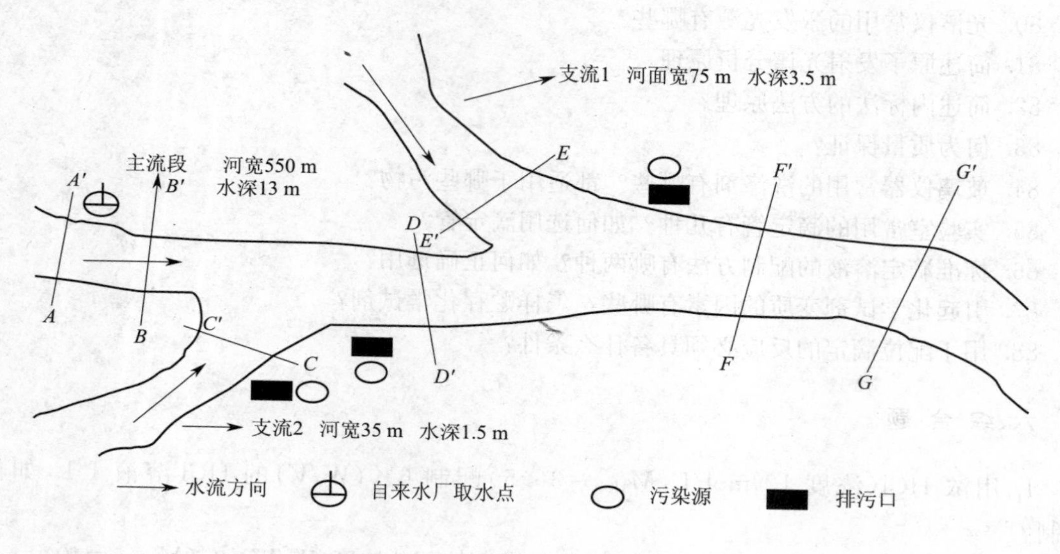

图 1

11. 三个声音各自在空间某点的声压级为 70 dB、75 dB、65 dB，求该点的总声压级。

12. 如某车间待测机器噪声和背景噪声在声级计上的综合值为 102 dB，待测机器不工作时背景噪声读数为 98 dB，求待测机器实际的噪声值。

13. 怎样稀释浓硫酸，为什么?

14. 纳氏试剂比色法测定某水样中氨氮时，取 10.0 mL 水样于 50 mL 比色管中，加水至标线，加 1.0 mL 酒石酸钾钠溶液和 1.5 mL 纳氏试剂。比色测定，从校准曲线上查得对应的氨氮量为 0.018 mg。试求水样中氨氮的含量(mg/L)。

15. 欲配制 As 浓度为 1.00 mg/mL 的溶液 100.0 mL，需称取多少克的 As_2O_3?(已知 As 的原子量为 74.92)

16. 空气采样时，现场气温为18℃，大气压力为 85.3 kPa，实际采样体积为 450 mL。问标

准状态下的采样体积是多少?(在此不考虑采样器的阻力)

17. 滴定管的读数误差为 0.02 mL,为使测量的相对误差控制在 0.1%以下,滴定溶液的消耗量应不少于多少?

18. 采用容量滴定法测定公共场所空气中二氧化碳时,现场气温为 25℃,大气压力为 98.6 kPa,实际采样体积为 3.0 L,问换算标准状态下(0℃,101.32 kPa)的采样体积是多少?(不考虑采样器的阻力)

19. 气相色谱法测定环境空气和废气中挥发性卤代烃时,对一批新活性炭管进行活性炭解吸效率测试,当加入 3.07 mg/m^3 某卤代烃标样,解吸后测得实际值为 2.91 mg/m^3,已知活性炭管空白含量为 0.01 mg/m^3,试求该批活性炭管的解吸效率。

20. 称取某物体的质量为 2.431 g,而物体的真实质量为 2.430 g,求它们的绝对误差和相对误差分别是多少?

21. 引起试剂变质的因素主要有哪些?

22. 已知某采样点的温度为 25℃,大气压力为 100 kPa。现用溶液吸收法采样测定 SO_2 的日平均浓度,每隔 3 h 采样一次,共采集 8 次,每次采 30 min,采样流量 0.5 L/min。将 8 次气样的吸收液定容至 50.00 mL,取 10.00 mL 用分光光度法测知含 SO_2 3.5 μg,求该采样点大气在标准状态下 SO_2 的日平均浓度(以 mg/m^3 和 μL/L 表示)。

23. 稀释法测 BOD_5,取原水样 100 mL,加稀释水至 1 100 mL,取其中一部分测其 DO=7.4 mg/L,另一份培养五天再测 DO=3.8 mg/L,已知稀释水空白值为 0.4 mg/L,求水样的 BOD_5。

24. 用滴定法对锰铁中的锰的含量进行三次测定,测得以下分析数据 67.47%,67.43%,67.48%;求平均偏差和相对平均偏差。

25. 计算 5.6 g 氧气,在标准状态下的体积是多少升?(M_{O_2}=32 g/mol)

26. 称取 0.880 6 g 邻苯二甲酸氢钾(KHP)样品,溶于适量水后用 0.205 0 mol/L NaOH 标准溶液滴定,用去 NaOH 标准溶液 20.10 mL,求该样品中所含纯 KHP 的质量是多少?(M_{KHP}=204.22 g/mol)

27. 用 pH 玻璃电极测定溶液的 pH 值,测得 $pH_{标}$=4.0 的缓冲溶液的电池电动势为 −0.14 V,测得试液的电池电动势为 0.02 V,试计算试液的 pH 值?

28. 现有 80%(ρ_1=1.73)和 40%(ρ_2=1.30)的硫酸溶液,用这两种溶液配制 60%(ρ_3=1.50)1 000 mL,问各取多少毫升。

29. 气相色谱法有哪些特点?

30. 原子光谱法中也定义了灵敏度,为什么还要给出检出极限?

31. 用络合滴定法测定酸性炉渣中高钙低镁试样时,为了提高镁的分析精度,宜采取哪些措施?

32. 用 EDTA 滴定 Zn^{2+}(用铬黑 T 做指示剂),为什么要用 NH_3-NH_4Cl 缓冲溶液控制溶液的酸度为弱碱性?

33. 滴定管为什么要进行校正?怎样进行校正?

34. 实验室常见试剂的规格是什么?

35. 采用校准曲线法测定钢铁中锰的含量,测得的数据见表 1,请绘制校准曲线,试求样品中猛的百分含量。

表 1

样品编号	Mn(%)	光谱强度
标 1	0.12	1 240
标 2	0.24	2 500
标 3	0.37	3 702
标 4	0.51	5 230
标 5	0.62	6 540
样品 A		3 600
样品 B		1 880

环境监测工(高级工)答案

一、填 空 题

1. 地方　　2. 废渣　　3. 6月5日　　4. 负对数
5. 15　　6. 钙和镁　　7. 生物性　　8. 络合
9. 干热灭菌　　10. 每月监测一次　　11. 6　　12. 0.5 m
13. 好氧　　14. 黑　　15. 提纯　　16. 定期
17. 硫酸　　18. 硫酸　　19. 绿　　20. 潮解
21. 避光　　22. 阳离子　　23. 橙红　　24. 天蓝
25. 浓度对数值　　26. 避光　　27. 较低　　28. 单独
29. 浸入　　30. 氧化还原　　31. 100　　32. 二氧化碳
33. 地表　　34. 直接　　35. 气象　　36. 70%
37. Ⅲ　　38. 小于80%　　39. 1.2 m　　40. 搅拌
41. 系统　　42. 7～10　　43. 剧烈反应　　44. 严禁入口
45. 敞口容器　　46. 玻璃　　47. 高于　　48. 蒸馏水
49. 吸收光　　50. 电　　51. 标准　　52. 汽车尾气
53. 准确度　　54. 国际单位制　　55. 65 dB　　56. 实验器皿
57. 硫磺粉　　58. 器皿　　59. 拔下插头　　60. pH＜5.6
61. 循环使用　　62. 作用时间长　　63. 20～20 000 Hz　　64. 环境监测
65. 各种污染物　　66. 各种工矿企业　　67. 代表性　　68. 天然
69. 频率　　70. 综合　　71. 冷藏或冷冻　　72. 2～3
73. 当场　　74. 浓硫酸和浓盐酸　　75. 8　　76. 固定
77. 2～5　　78. 标记　　79. ±0.000 5　　80. 碘量法
81. 1 000 000　　82. 碱性　　83. 白色沉淀　　84. 玻璃电极法
85. 二苯碳酰二肼　　86. 愈高　　87. 石油醚　　88. 纳氏
89. 负　　90. 二氧化碳、氧气、一氧化碳　　91. 400℃
92. 外部　　93. ±0.01　　94. 化学纯　　95. 样品
96. 严禁　　97. 下水道　　98. 中毒　　99. 大于
100. 灵敏性　　101. 540　　102. 变色　　103. 安全
104. 严禁饮酒　　105. 干式灭火器　　106. 金属连接　　107. 工
108. 同时　　109. 书面劳动合同　　110. 例保　　111. 肥皂
112. 凡士林　　113. 离心力　　114. 0.5 mg/L　　115. 1.0 mg/L
116. 液体颗粒　　117. 二级　　118. 质量　　119. 40 mg/m^3
120. 80 mg/m^3　　121. 气体　　122. 65 dB　　123. 中心

124. ＜20　125. 时间　126. 均匀　127. 沉积物
128. 生物抑制剂　129. 有机物质　130. 广口　131. 工业废
132. 悬浮物　133. 漂浮　134. 0.1　135. 相应的溶剂
136. 聚乙烯　137. 橙红　138. 直接分光光度　139. 检测器
140. 社会生活　141. 4　142. 相近　143. 0.5 m 以内
144. 溶液吸收法　145. 0.5　146. 蒸汽　147. 转化率
148. 视觉　149. 自行分解　150. 24　151. 初发酵试验
152. 2　153. 淡黄　154. 蓝　155. 50
156. 沉淀滴定　157. 红　158. 游离氯　159. 0.024 8
160. 碳酸钙　161. 生物氧化　162. 低　163. 络合氰离子
164. 缓冲物质　165. 1　166. 氧化还原性溶液　167. 滴定误差
168. 4.4～4.5　169. 强酸　170. 8.0　171. U形
172. 正对　173. 直角　174. 采样　175. 吸收
176. 0.1～0.001　177. 吸光度　178. $Na_2S_2O_3$　179. 状态
180. 应急处理　181. 使用记录　182. 灰分　183. 国家环境质量
184. 10　185. 环境振动　186. 无机　187. 一氧化氮
188. 50～260　189. 2

二、单项选择题

1. C　2. A　3. D　4. B　5. C　6. B　7. A　8. A　9. C
10. D　11. A　12. A　13. B　14. C　15. A　16. C　17. C　18. A
19. C　20. D　21. D　22. D　23. B　24. A　25. A　26. B　27. A
28. A　29. A　30. A　31. B　32. C　33. B　34. A　35. D　36. D
37. A　38. A　39. A　40. C　41. B　42. A　43. B　44. A　45. B
46. A　47. A　48. C　49. B　50. A　51. C　52. B　53. A　54. A
55. D　56. A　57. B　58. A　59. A　60. B　61. A　62. C　63. B
64. B　65. A　66. B　67. B　68. A　69. C　70. C　71. B　72. D
73. A　74. B　75. B　76. A　77. B　78. C　79. A　80. B　81. C
82. C　83. C　84. C　85. A　86. B　87. B　88. D　89. A　90. D
91. D　92. C　93. B　94. C　95. C　96. B　97. B　98. A　99. C
100. D　101. D　102. C　103. A　104. D　105. B　106. C　107. D　108. A
109. B　110. A　111. A　112. C　113. D　114. A　115. C　116. B　117. A
118. B　119. A　120. A　121. D　122. B　123. B　124. B　125. B　126. B
127. C　128. D　129. C　130. A　131. B　132. D　133. D　134. C　135. B
136. A　137. C　138. C　139. A　140. A　141. B　142. D　143. D　144. C
145. D　146. C　147. A　148. A　149. C　150. B　151. A　152. B　153. B
154. A　155. A　156. C　157. A　158. B　159. A　160. B　161. A　162. B
163. C　164. C　165. A　166. B　167. C　168. C　169. A　170. C　171. D
172. B　173. A　174. A　175. A　176. A　177. A　178. C　179. B　180. C

181. C　182. C　183. C　184. B　185. D　186. D　187. B　188. B　189. A
190. A　191. B

三、多项选择题

1. ABCDE	2. BCD	3. ABCD	4. ABCDE	5. BC	6. ABC
7. CD	8. AB	9. ABD	10. AB	11. ABC	12. BCD
13. ABCDE	14. AC	15. ABCD	16. ABC	17. ABCD	18. ABC
19. ABCD	20. ABCD	21. BCD	22. BD	23. ABCD	24. ACD
25. AD	26. ACD	27. CD	28. AC	29. ABCD	30. ABD
31. BCD	32. ABCD	33. ACD	34. ABCD	35. ABC	36. AC
37. ABC	38. ABC	39. BCD	40. ABCD	41. ABC	42. BCD
43. ABCD	44. ABCD	45. ABCD	46. BCD	47. ABC	48. ABD
49. ACD	50. BCD	51. ACD	52. ABD	53. AB	54. ABCD
55. AC	56. ABCD	57. ABCD	58. ABC	59. ABCD	60. ABCD
61. ABC	62. ABCDE	63. ACD	64. ACD	65. BC	66. BCD
67. BC	68. BD	69. ABC	70. BC	71. BCD	72. AC
73. AB	74. CD	75. ABD	76. ABD	77. BC	78. ABCD
79. ABCD	80. ABC	81. ABCD	82. CD	83. ACD	84. ACD
85. ABC	86. ABCD	87. ACD	88. ABD	89. ABC	90. ABD
91. BC	92. BCD	93. ABCD	94. ABD	95. AB	96. BCD
97. AC	98. ABD	99. AC	100. BC	101. ABD	102. AC
103. ABCD	104. ABCD	105. ABC	106. CD	107. AB	108. ABCD
109. ABCD	110. ABC	111. BC	112. ACD	113. BCD	114. CD
115. ABC	116. ABD	117. ABC	118. ACD	119. ABD	120. AB
121. ABCD	122. ABC	123. ABCD	124. ABCD	125. ABC	126. ABCD
127. ABD	128. BCD	129. BCD	130. AC	131. BC	132. ACD
133. ABC	134. BCD	135. ABCD	136. BCD	137. ABCD	138. ABC
139. ABC	140. AD	141. ACD	142. BC	143. AB	144. CD
145. ABD	146. ABCD	147. BCD	148. ABCD	149. ABC	150. ABCDE
151. BCD	152. ABCD	153. CD	154. ACD	155. BD	156. AB
157. ABCD	158. ABCD	159. BCD	160. BCD	161. ACD	162. ABCD
163. AB	164. ABD	165. ABCD	166. CD	167. ABD	168. ABCD
169. ACD	170. ABCD	171. ABCD	172. ABCD	173. ABC	174. BCD
175. ABC	176. ABCD	177. ABCD	178. ABC	179. ACD	180. ABC
181. BC	182. BCD	183. ABD	184. BCD	185. CD	186. CD

四、判 断 题

1. ×　2. √　3. √　4. ×　5. √　6. ×　7. √　8. ×　9. ×
10. √　11. √　12. ×　13. √　14. ×　15. √　16. ×　17. √　18. √

19.√ 20.× 21.× 22.× 23.√ 24.× 25.× 26.√ 27.×
28.× 29.× 30.× 31.√ 32.× 33.√ 34.√ 35.× 36.×
37.√ 38.× 39.√ 40.× 41.√ 42.× 43.√ 44.× 45.√
46.√ 47.× 48.× 49.× 50.× 51.√ 52.× 53.× 54.×
55.× 56.√ 57.√ 58.√ 59.× 60.× 61.× 62.× 63.×
64.× 65.√ 66.√ 67.× 68.√ 69.√ 70.× 71.× 72.√
73.√ 74.× 75.√ 76.√ 77.× 78.√ 79.× 80.× 81.×
82.√ 83.× 84.√ 85.√ 86.× 87.× 88.√ 89.× 90.√
91.√ 92.√ 93.× 94.× 95.√ 96.× 97.√ 98.× 99.√
100.× 101.√ 102.× 103.√ 104.× 105.× 106.× 107.× 108.×
109.√ 110.√ 111.× 112.× 113.× 114.√ 115.√ 116.√ 117.×
118.× 119.× 120.√ 121.√ 122.√ 123.× 124.× 125.× 126.×
127.√ 128.× 129.√ 130.× 131.√ 132.× 133.√ 134.√ 135.√
136.× 137.√ 138.× 139.× 140.× 141.√ 142.× 143.√ 144.√
145.√ 146.×

五、简 答 题

1. 答:环境标准是环境保护的工作目标,是判断环境质量和衡量环保工作优劣的准绳,是执法的依据,是组织现代化生产的重要手段和条件(5 分)。

2. 答:(1)污染大气(1 分)。(2)污染水体(1 分)。(3)污染土壤(2 分)。(4)影响环境卫生,广泛传染疾病(1 分)。

3. 答:假如任何一个离子的响应值或保留时间大于预期值的±10%,必须用新的校准标样重新测定(3 分)。如果其测定结果仍大于±10%,则需要重新绘制该离子的校准曲线(2 分)。

4. 答:(1)断面必须有代表性,其点位和数量应能反映水体环境质量、污染物时空分布及变化规律监测(2 分)。

(2)监测断面应避免死水、回水区和排污口处,应尽量选择水流平稳之处(2 分)。

(3)监测断面布设应考虑交通状况、水文资料是否容易获取等条件(1 分)。

5. 答:(1)以地下水为主要供水水源的地区(2 分)。

(2)饮水型地方病(如高氯病)高发地区(2 分)。

(3)对区域地下水构成影响较大的地区(1 分)。

6. 答:包括水位、水量、水温、pH 值、电导率、浑浊度、色、嗅和味、肉眼可见物等指标(3 分),同时还应测定气温、描述天气状况和近期降水情况(2 分)。

7. 答:(1)点位应具有较好的代表性(1 分)。

(2)应考虑各监测点之间设置条件尽可能一致(1 分)。

(3)各行政区在监测点位的布局上尽可能分布均匀,以反映其空气污染水平及规律(2 分)。

(4)应结合城市规划考虑环境空气监测点位的布设(1 分)。

8. 答:采集水中挥发性有机物样品的容器的洗涤方法:先用洗涤剂洗,再用自来水冲洗干净，最后用蒸馏水冲洗(3 分)。

采集水中汞样品的容器的洗涤方法：先用洗涤剂法，再用自来水冲洗干净，然后用(1+3) HNO_3荡洗，最后依次用自来水和去离子水冲洗(2 分)。

9. 答：采集后，按各监测项目的要求，在现场加入保存剂，做好采样记录，粘贴标签并密封水样容器，妥善运输，及时送交实验室，完成交接手续(5 分)。

10. 答：(1)保证采样器、样品容器清洁(1 分)。

(2)注意样品的代表性(1 分)。

(3)了解采样期间排污单位的生产状况(0.5 分)。

(4)应认真填写采样记录(0.5 分)。

(5)水样送交实验室时，应及时做好样品交接工作，并有送交人和接受人签字(0.5 分)。

(6)采样人员应持证上岗(0.5 分)。

(7)采样时需采集不少于 10%的现场平行样(1 分)。

11. 答：量取试样 100 mL 抽吸过滤，再以每次 10 mL 蒸馏水连续洗涤 3 次，继续吸滤(2 分)。停止吸滤后，取出滤膜放在称量瓶里，移入烘箱中，于 103～105℃下烘干 1 h 后移入干燥器中，冷却到室温后称其重量(2 分)。反复烘干、称量，直至两次称重的重量差≤0.4 mg 为止(1 分)。

12. 答：(1)保证预处理装置各部位的气密性(1 分)。

(2)导气管保持在吸收液下(1 分)。

(3)加酸前须通氮气驱除装置内空气(0.5 分)。

(4)加酸后，迅速关闭活塞(0.5 分)。

(5)水浴温度应控制在 60～70℃(1 分)。

(6)控制适宜的吹气速度保证加标回收率(1 分)。

13. 答：碘化钾碱性高锰酸钾法适用于油气田和炼化企业氯离子含量高达每升几万至十几万毫克高氯废水中化学需氧量的测定(5 分)。

14. 答：在采样现场将水样酸化后，滴在淀粉-碘化钾试剂上，如出现蓝色说明含有氧化剂(5 分)。

15. 答：应在蒸馏结束后，放冷，再加 1 滴甲基橙指示剂，如蒸馏后残液不呈酸性，则应重新取样，增加磷酸加入量进行蒸馏(5 分)。

16. 答：当水样进入流通池中与微生物传感器接触，水样中有机物受到微生物菌膜中菌种的作用消耗一定量的氧，使电极表面上氧的质量减少，当生化降解的有机物向菌膜扩散速度达到恒定时，产生一个恒定电流，可以此换算出水样中生化需氧量(5 分)。

17. 答：可在碱性条件下，加入高锰酸钾或次氯酸钠使氰化物氧化分解(5 分)。

18. 答：砷含量大于 2 mg/L 有干扰(1 分)；硫化物含量大于 2 mg/L 有干扰(1 分)；六价铬含量大于 50 mg/L 有干扰(1 分)；亚硝酸盐含量大于 1 mg/L 有干扰(1 分)；铁浓度为 20 mg/L有干扰(1 分)。

19. 答：因为过硫酸钾将水样中的有机氮化合物氧化为硝酸盐(2 分)。硝酸根离子在 220 nm波长处有吸收，而溶解的有机物在此波长也有吸收，干扰测定(1.5 分)。在 275 nm 波长处，有机物有吸收，而硝酸根离子在 275 nm 处没有吸收(1.5 分)。

20. 答：电极法测氨氮具有通常不需要对水样进行预处理和测量范围宽等优点，但电极的寿命和再现性尚存在一些问题(5 分)。

21. 答:红外分光光度法不受油品种的影响(1 分),能比较准确地反映水中石油类的污染程度(1 分);而非分散红外光度法当油品的比吸光系数较为接近时,测定结果的可比性比较好(1 分),但当石油类中正构烷烃、异构烷烃和芳香烃的比例与标准油相差较大时(1 分),测定误差也较大(1 分)。

22. 答:(1)因为溶液中 Cl^- 和 I^- 含量相等,AgI 和 AgCl 属于同种类型沉淀物,且碘化银 K_{sp} 小于氯化银的 K_{sp},所以 I^- 首先被沉淀出来(2 分)。

(2)当第二种离子被沉淀时,$K_{sp}=C(Cl^-)\cdot C(Ag^+)=1.8\times10^{-10}$,$K_{sp}=C(I^-)\cdot C(Ag^+)=1.5\times10^{-16}$,两式中 $C(Ag^+)$ 相等,所以 $C(Cl^-):C(I^-)=10^6$(2 分)。

(3)第二种离子开始沉淀时,第一种离子浓度较低,但是在溶液中还存在,所以其沉淀物继续生成(1 分)。

23. 答:(1)采样方法相同,都是采用溶液吸收法采样(1 分)。

(2)采样仪器相同,都是采用流量为 0~1 L/min 的大气采样器配以多孔筛板吸收管采样(2 分)。

(3)分析方法相同,都是将吸收液用盐酸副玫瑰苯胺显色生成后用分光光度法测定(2 分)。

24. 答:当过剩空气系数过大时(1 分),则会因大量冷空气进入炉膛(1 分),而使炉膛温度下降(2 分),对燃烧反而不利(1 分)。

25. 答:测量量为铅垂向 Z 振级(1 分)。无规振动读数方法和评价量为:每个测点等间隔的读取瞬时示数(1 分),采样间隔不大于 5 s(1 分),连续测量时间不少于 1 000 s(1 分),以测量数据的 VL_{Z10} 为评价量(1 分)。

26. 答:测量量为铅垂向 Z 振级(2 分)。铁路振动读数方法和评价量为:读取每次列车通过过程中的最大示数,每个测点连续测量 20 次列车,以 20 次读值的算术平均值为评价量(3 分)。

27. 答:用二次蒸馏水(1 分),于 90℃水浴中(1 分)用氮气吹脱 15 min(若在常温下,增加吹脱时间)(1 分),临用现制(1 分)。所得的纯水应无干扰测定的杂质,或其中的杂质含量小于目标组分的检出限(1 分)。

28. 答:(1)采用选择性高、灵敏度也高的特效试剂(1 分)。

(2)控制酸度(0.5 分)。

(3)加入掩蔽剂(0.5 分)。

(4)加入氧化剂或还原剂(0.5 分)。

(5)选择适当的波长(0.5 分)。

(6)使用萃取法(0.5 分)。

(7)利用参比溶液(0.5 分)。

(8)利用校正系数从测定结果中扣除干扰离子影响(1 分)。

29. 答:定量方法:外标法(1 分);内标法(1 分);叠加法(1 分);归一化法(2 分)。

30. 答:锐线光源即发射线的半宽度比火焰中吸收线的半宽度窄得多,基态原子只对 0.001~0.002 nm 波长的特征波长的辐射产生吸收(2 分),若用产生连续光谱的灯光源,基态原子只对其中极窄的部分有吸收(2 分),若用锐线光源,就能满足原子吸收的要求(1 分)。

31. 答:(1)布点(0.5 分)。(2)采样(0.5 分)。(3)样品保存(1 分)。(4)样品运输(1 分)。(5)实验室分析(1 分)。(6)数据分析(1 分)。

32. 答:人群(1 分)、植物(1 分)、动物(1 分)和建筑物(1 分)所暴露的室外空气(1 分)。

33. 答:指温度为 273K(2 分),压力为 101.325 kPa 时的状态(3 分)。

34. 答:分为三类区(2.5 分);分为三级标准(2.5 分)。

35. 答:水(1 分)、水溶液(2 分)和有机溶剂(2 分)。

36. 答:分为六级(2 分),有 0 级(0.5 分)、1 级(0.5 分)、2 级(0.5 分)、3 级(0.5 分)、4 级(0.5 分)、5 级(0.5 分)。

37. 答:有标准皮托管(2.5 分)和 S 形皮托管(2.5 分)。

38. 答:所用的温度是 103(2.5 分)～105℃(2.5 分)。

39. 答:用于测量管道中的压力(5 分)。

40. 答:指采样气体进入采样嘴的速度(2.5 分)和采样点烟气流速(2.5 分)相等。

41. 答:遵循等速采样的原则(5 分)。

42. 答:是指钙(2 分)和镁(2 分)的总浓度(1 分)。

43. 答:馏出液用 NaOH 吸收(5 分)。

44. 答:由于日光照射能使吸收液显色,因此要采取避光措施(5 分)。

45. 答:通过底质的监测,可以了解水环境的污染现状(0.5 分),研究污染物的沉积(1 分)、迁移、转化规律和对水生生物特别是底栖动物的影响(1 分),并对评价水体质量(0.5 分),测量水质量变化趋势(1 分)和沉积污染物对水体的潜在危险提供依据(1 分)。

46. 答:测定 pH 值(0.5 分)、COD(0.5 分)、BOD(0.5 分)、DO(0.5 分)、硫化物(0.5 分)、油类(0.5 分)、有机物(0.5 分)、余氯(0.5 分)、粪大肠菌群(0.5 分)、悬浮物(0.5 分)等项目的样品,不能采混合样,只能单独采样。

47. 答:采样方案主要应包括:采样地点(布点)(1 分)、采样时间计划(1 分)、采样数(1 分)、采样体积和采样瓶(1 分)、样品的保存和运输(1 分)。

48. 答:(1)选择适当材质的容器(1 分)。

(2)控制水样的 pH 值(1 分)。

(3)加入化学试剂抑制氧化还原反应和生化作用(1 分)。

(4)冷藏或冷冻降低细菌活性和化学反应速度(2 分)。

49. 答:质量保证是对整个环境监测过程的全面质量管理(3 分)。它包含了保证环境监测结果正确可靠的全部活动和措施(2 分)。

50. 答:实验室间质量控制是由常规监测之外的有经验的技术人员执行,对某些实验室的监测分析质量进行评价的工作(3 分)。既可以通过分析统一样品来实现(1 分),也可以用对分析测量系统的现场评价方式进行(1 分)。

51. 答:平行双样分析是对测定结果精密度的最低限度检查(2 分),用以发现偶然的异常情况(1 分)。当一批试样所含样品份数较多,且操作人员的分析技术水平较好时,可随机抽取其中的 10%～20%进行平行双样测定(2 分)。

52. 答:(1)应在分析样品的同时绘制工作曲线(1 分)。

(2)校准曲线不得长期使用,更不得相互借用(1 分)。

(3)应使用校准曲线浓度点范围之内的直线部分(1 分)。

(4)用两个浓度点核校校准曲线时,应保证测试条件的一致性(2 分)。

53. 答:离子交换法(2 分):利用离子交换树脂中可游离交换的离子与水中同性离子间的离子交换作用(2 分),将水中各种离子除去或减少到一定程度(1 分)。

54. 答:柱材质的选择(1.5 分)、柱长的选择(1.5 分)、柱径的选择(2 分)。

55. 答:当氘灯发射的光通过原子化气时,同样可为被测元素的基态原子和火焰的背景吸收。由于基态原子吸收的波长很窄,对氘灯总吸收所占的分量很小(<1%),故近似地把氘灯的总吸收看作背景吸收。二者相减,即能扣除背景吸收。

56. 答:加释放剂(1 分)、加保护剂(1 分)、加助熔剂(1 分)、改变火焰种类(1 分)、预分离(1 分)。

57. 答:吸收线的半宽度极窄(1 分),一般检测器不具备足够的分辨率(1 分),故采用半宽比吸收峰更窄的锐线光源(1 分)。实际多用空心阴极灯(2 分)。

58. 答:由于试样在弧焰边缘温度较低有大量基态原子(2 分),有些吸收原子发射线(1 分),产生自吸(1 分),自吸严重者产生自蚀(1 分)。

59. 答:因活泼金属可与 CO_2 反应,故不能用 CO_2 灭火器扑灭活泼金属引起的火灾(5 分)。

60. 答:高灵敏度(2 分),高选择性(1 分),高效能(1 分),速度快(1 分)。

61. 答:气相色谱利用被测物质各组分在不同两相间分配系数的微小差异(2 分),当两相作相对运动时,这些物质在两相间进行反复多次的分配(1.5 分),使原来只有微小的性质差异产生很大的效果,而使不同组分得到分离(1.5 分)。

62. 答:灵敏度和检出极限是评价分析方法和分析仪器两个不同的指标(1 分)。灵敏度是指吸光度值的增量与相应待测元素的浓度增量之比(2 分),而检出限的定义是对于某一特定分析方法,在一定置信水平下被检出的最低浓度或最小量(2 分)。

63. 答:浓度和溶解度都用来表示溶质在溶液或溶剂中的含量(1 分)。但溶解度是某种溶剂单位体积(或质量)中所能溶解的溶质的最大值(2 分)。浓度指各种程度下溶液中的溶质的量(2 分)。

64. 答:氟化氢的熔点、沸点和汽化热特别高(1 分),不符合卤化氢的性质依 HCl—HBr—HI 顺序的变化规律(1 分)。氢氟酸是弱酸(1 分),且溶液浓度增大时,HF_2^- 离子增多(1 分);能与二氧化硅或硅酸盐反应生成气态 SiF_4(1 分)。

65. 答:不同物质的具体标准状态并不相同(1 分),但所有物质的标准状态其压力为标准压力 $p^\ominus=100$ kPa(1 分),即标准状态是指 $p=p^\ominus$(1 分),温度为 25℃(298K)的状态(1 分),也叫热力学标准态(1 分)。

66. 答:减少。随着温度升高,分子运动加剧,溶解在溶液中的气体分子容易挣脱溶液中分子引力的束缚而逃逸至气相中,使得气体在溶液中的溶解度减少。

67. 答:一种物质要能配成缓冲溶液,则该物质在水中电离后应能形成足够浓度的共轭酸碱对(5 分)。

68. 答:水解产物浓度取决于两个因素:一是水解的离子的分数(水解度)(1.5 分),另一个是单位体积内离子的数目(1.5 分)。当盐浓度减小时,后一种因素起主导作用,从而使水解产物的浓度减小(2 分)。

69. 答:以水或溶剂作参比溶液(1 分);以试剂作参比溶液(1 分);以试样作参比溶液(1

分);退色后作参比溶液(1 分);不显色试液作参比溶液(1 分)。

70. 答:(1)它是一组测定值求出的最集中位置的特征数(1 分)。

(2)它出现的概率最大(1 分)。

(3)它代表一组测定值的典型水平(1 分)。

(4)它与各次测定值的偏差平方和为最小(1 分)。

(5)它最接近真实值是个可信赖的最佳值(1 分)。

71. 答:(1)用于量值传递(1 分)和保证测定的一致性(1 分)。

(2)用于评定分析方法的精密度和准确度(1 分)。

(3)用于校正仪器和充当工作标准(1 分)。

(4)用于控制分析质量(1 分)。

72. 答:因为分析方法的精密度与被测定样品的均匀性(1 分)、所用的仪器试剂(1 分)、实验操作者(1 分)、实验室环境条件(1 分)及测定次数(1 分)有关,因此无论是研究新方法,还是应用已有方法都应在相应条件下针对具体样品研究分析方法的精密度。

73. 答:试样在高温炉中,通氧燃烧,此时钢铁中的碳被氧化成二氧化碳,生成二氧化碳与过剩的氧(2 分),经除硫后,通入装有 NaOH 溶液的电导池中,吸收二氧化碳后,吸收液电导率降低了(1.5 分),根据电导的变化值与碳含量的关系曲线实现含碳量的测定(1.5 分)。

74. 答:试样置于高温炉中通氧燃烧,使碳氧化成二氧化碳(1.5 分)。混合气体经除硫后收集于量气管中,然后以 KOH 溶液吸收其中的二氧化碳(1.5 分),吸收前后体积之差即为二氧化碳体积,由此计算碳含量(2 分)。

75. 答:化学干扰(0.5 分)、电离干扰(0.5 分)、光谱干扰(0.5 分)、基体干扰(0.5 分)、背景干扰(0.5 分)。消除化学干扰的方法有:用较高温度的火焰(1 分),在样品和标样溶液中加入释放剂(1 分)、保护剂和缓冲剂(0.5 分)及预先分离干扰物质(0.5 分)。

76. 答:块状试样在高压火花放电下被激发(1 分),跳回基态时发出特征谱线(1 分),经光栅色散后,通过出射狭缝,照射到光电倍增管产生电信号(1 分),此信号经计算机处理之后,根据元素含量和信号强弱的对应关系,直读被测元素的含量,并记录打印(2 分)。

77. 答:可采用 pH=6.5 酸性条件下(1 分),铜试剂沉淀分离铁、铝、锰、钛、钼、铬、钒、稀土等干扰元素(1 分)。滴定前加 EGTA 掩蔽钙(1 分),酒石酸钾钠-三乙醇胺掩蔽沉淀分离后滤液内残存的铁、铝、锰离子(1 分)。在 pH=10 的氢氧化铵介质中,以铬黑作指示剂,用 EDTA 标准溶液滴定(1 分)。

78. 答:(1)方法的历史(前人的工作)、方法依据及基本概念(1 分)。

(2)测试方法(1 分)。

(3)条件实验(1 分)。

(4)方法考核(1 分)。

(5)参考文献,列出所参阅的有关文献的名称和作者(1 分)。

79. 答:如三位化验员测定同一种黄铜中铜的含量,标准值为 59.41%,各分析三次,测定结果如下:(2 分)

A	B	C
59.22%	59.20%	59.42%
59.19%	59.30%	59.40%

59.17%　59.25%　59.41%

59.19%　59.25%　59.40%

从三人分析情况看，A的分析结果精密度较高，但平均值与真实值相差较大，故准确度不高(1分)；B的分析结果精密度不高，准确度也不高(1分)；C的分析结果精密度和准确度都比较高，说明方法中的系统误差和偶然误差都小(1分)。

80. 答：(1)电弧光源(交、直流电弧)(1.5分)；(2)火花光源(高、低压火花)(1.5分)；(3)电感耦合等离子体光源(ICP光源)(2分)。

81. 答：试样在火花、电弧等激发光源的作用下(1分)使原子由基态被激发至激发态(1分)，当回到基态时产生特征光谱(1分)，经单色器色散后(0.5分)，用检测器记录得到一定顺序排列的谱线(1分)，特征谱线的强度是光谱定量分析的依据(0.5分)。

82. 答：选择一条分析线和一条内标线组成分析线对(2分)，以分析线和内标线的相对光谱强度对被测元素的含量绘制校准曲线进行光谱定量分析(3分)。

83. 答：质量保证是为了提供足够的信任，表明实体能够满足质量要求(2分)，而在质量体系中实施，并根据需要进行证实的全部计划和有系统的活动(3分)。

84. 答：肥皂、去污粉、洗衣粉(1分)等，适用于能用毛刷直接刷洗的烧杯、三角瓶、试剂瓶等(1分)；酸性或碱性洗液(1分)，适用于滴定管、移液管、容量瓶、比色管、比色皿等(1分)；有机溶剂(0.5分)，适用于除去各种有机污染物(0.5分)。

85. 答：酸式滴定管(1分)，碱式滴定管(1分)，自动滴定管(1分)和微量滴定管(1分)四种。首先根据滴定溶液的性质选择滴定管的种类，然后根据滴定溶液的用量选择滴定管的容量(1分)。

86. 答：直接配制法和标定法(2分)。标准溶液本身是基准物的可直接配制(1.5分)，不是基准物的必须用标定法配制(1.5分)。

87. 答：空气中O_2和CO_2的影响(0.5分)；光线的影响(0.5分)；温度的影响(0.5分)；湿度的影响(0.5分)。大量的试剂应放在药品库内(1分)，避光、通风、低温，严禁明火(1分)。各种试剂分类存放，贵重试剂要有专人保管(1分)。

88. 答：反应必须定量进行(1分)，生成的配合物要稳定(1分)，配位比要恒定(1分)；反应速度要快(1分)；要有适当的指示剂(1分)。

六、综 合 题

1. 解：设需用浓 HCl x(L)

则 $\frac{x\times 12\times 36.5}{1\,000}=6\%$　$x=0.137$(L)(6分)；用水量为 1 L－0.137 L＝0.863 L(4分)。

2. 解：$C=\frac{2\times 40}{1\,000\times 1.08}=7.4\%$　(10分)。

3. 解：高锰酸钾校正系数 $K=10.86/10.00=1.086$，高猛酸盐指数(O_2·mg/L)＝$\{[(10+V_1)K-10]-[(10+V_0)K-10]\times C\}\times M\times 8\times 1\,000\div 50=[(15.54\times 1.086-10)-(11.42\times 1.086-10)\times 0.5]\times 1.6=(6.876-1.201)\times 1.6=9.08$(10分)。

4. 解：稀释后铜溶液浓度为：$\frac{1\,073\times 5.00}{1\,000}=5.365$ mg/L　(10分)。

5. 解:测定状态下的烟道流量:

$Q_s = 3\,600\ V_S \cdot S = 3\,600 \times 16.6\ m/s \times 1.5\ m^2 = 89\,640\ m^3/h$(5 分)。

标准状态下干烟气流量:

$Q_{nd} = Q_S \times (1 - X_{sw}) \times (P_s + P_A)/760 \times 273/(273 + T_s)$(3 分)

$= 89\,640\ m^3/h \times (1 - 20\%) \times (-10\ mmHg + 755\ mmHg)/760 \times 273/(273 + 127)$

$= 47\,977.45\ m^3/h$(2 分)。

6. 解:硫酸溶液浓度($1/2H_2SO_4$,mol/L)$= \dfrac{W \times 1\,000}{V \times 52.995} \times \dfrac{20.0}{500.0} = \dfrac{0.508\,2 \times 1\,000}{18.95 \times 52.995} \times \dfrac{20.0}{500.0} = 0.020\,2$(10 分)。

7. 解:(1)样品溶液的氨浓度:$\log C = (y - a)/b = (43.8 - 31.7)/57.1 = 0.212$;$C = 1.629 - 0.021\,5 = 1.608$(μg/mL)(5 分)。

(2)废气中氨的浓度:$1.608 \times 10/20 = 0.804$($mg/m^3$)(5 分)。

8. 解:二氧化硫产污系数:$K = 0.2 \times S_{ar} \times P = 0.2 \times 0.52 \times 80 = 8.3$(kg/t)(5 分)。

每小时二氧化硫排放量:$G = 8.3 \times 1.015 = 8.42$(kg/h)(5 分)。

9. 解:硫化氢$= (19.75 - 12.50) \times 0.005\,068 \times 17.0/14.75 \times 1\,000 = 42.3$($mg/m^3$)(10 分)。

10. 答:其中 AA' 为对照断面(1 分),BB'、CC'、DD'、EE'、FF' 为控制断面(2 分),GG' 为消减断面(1 分)。

采样点的布设:(1)主流段:每个监测断面设置左、中、右三条垂线,每条垂线的水面下 0.3~0.5 m处设置一个采样点;水面下 12 m 处设置一个采样点;水面下 6.5 m 处设置一个采样点;共 9 个采样点(2 分)。(2)支流 1:每个监测断面设置左、右两条垂线,每条垂线的水面下 0.3~0.5 m 处设置一个采样点;共 2 个采样点(2 分)。(3)支流 2:每个监测断面设置中泓一条垂线,每条垂线的水面下 0.3~0.5 m 处设置一个采样点;共 1 个采样点(2 分)。

11. 解:$L_{PR} = 10\lg(10^{0.1L_1} + 10^{0.1L_2} + 10^{0.1L_3})$

$= 10\lg(10^{0.1\times65} + 10^{0.1\times70} + 10^{0.1\times75})$

$= 77$ dB(10 分)。

12. 解:$L_2 = 10\lg[10^{0.1L} - 10^{0.1L_1}) = 10\lg[10^{0.1\times102} - 10^{0.1\times98}] = 99.8$(dB)(或 100 dB)(10 分)。

13. 答:稀释浓硫酸时应将硫酸沿玻璃棒慢慢倒入蒸馏水中,并不断搅拌,以均匀散热,待溶液温度冷却到室温后,才能稀释到规定的体积(5 分)。如果相反操作(水倒入浓硫酸中),则易发生因大量放热致液体崩溅,引起化学烧伤事故(5 分)。

14. 解:氨氮(N,mg/L)$= \dfrac{0.018}{10} \times 1\,000 = 1.8$(10 分)。

15. 解:$m = \dfrac{197.84 \times 100.0 \times 1.00}{149.84 \times 1\,000} = 0.132\,0$(g)(10 分)。

16. 解:$V_0 = \dfrac{0.45 \times 273 \times 85.3}{(273 + 18) \times 101.3} = 0.36$(L)(10 分)。

17. 解:滴定量:0.02 mL/0.1%=20 mL,即不少于 20 mL(10 分)。

18. 解:$V_0 = V_t \times 273 \times P/[(273 + t) \times 101.32] = 3.0 \times 273 \times 98.6/[(273 + 25) \times 101.32] = 2.7$(L)(10 分)。

19. 解：[(2.91－0.01)/3.07]×100％＝94.5％(10分)。

20. 解：绝对误差＝2.431－2.430＝0.001(g)(5分)。

相对误差$=\frac{0.001}{2.430}\times100\%=0.041\%$(5分)。

21. 答：(1)空气对试剂有影响(2.5分)。

(2)光线对试剂有影响(2.5分)。

(3)温度对试剂有影响(2.5分)。

(4)湿度对试剂有影响(2.5分)。

22. 解：(1)求采样体积V_t和V_0：

$V_t=0.50\times30\times8=120$ L(2分)

$$V_0=V_t\times\frac{273}{273+t}\times\frac{p}{101.325}=120\times\frac{273}{273+25}\times\frac{100}{101.325}=108.5\ \text{L}(3分)$$

(2)求SO_2的含量：

用mg/m^3表示时：$SO_2(mg/m^3)=\frac{3.5\times5\times10^{-3}}{108.5\times10^{-3}}=0.161(mg/m^3)$(2分)。

用$\mu L/L$表示时$SO_2(\mu L/L)=22.4c/M$

$$=\frac{(3.5\times5\times10^{-6}/64)\times22.4}{108.5}\times10^6=0.0565\ \mu L/L(3分)。$$

23. 解：因为水样取100 mL，所以稀释水的体积为1 000 mL(1分)。

$f_1=V_1/(V_1+V_2)=1000/1100=0.909$(2分)

$f_2=V_2/(V_1+V_2)=100/1100=0.091$(2分)

$BOD=(D_1-D_2)-(B_1-B_2)\times f_1=(7.4-3.8)-(0.4\times0.909)=4.24(mg/L)$(5分)。

24. 解：$X=(67.47\%+67.43\%+67.48\%)/3=67.46\%$(2分)。

$X_i-\bar{X}$分别为：

67.47％－67.46％＝0.01％(1分)，67.43％－67.46％＝－0.03％(1分)，67.48％－67.46％＝0.02％(1分)。

$\sum_{i=1}^{n}|X_i-\bar{X}|=0.01\%+0.03\%+0.02\%=0.06\%$(2分)。

平均偏差＝0.06％/3＝0.02％(1.5分)

相对平均偏差：0.02％/67.46％×100％＝0.03％(1.5分)。

25. 解：$M_{O_2}=32$ g/mol(2分)，5.6 g氧气的物质的量＝5.6/32＝0.175 mol，标准状态下，1 mol任何气体体积都为22.4 L，所以氧气的体积＝0.175×22.4＝3.92 L(8分)。

26. 解：设m_{KHP}为样品中所含纯净的KHP的质量，已知$V_{NaOH}=20.10$ mL，$C_{NaOH}=0.2050$ mol/L。

因为$V_{NaOH}\times C_{NaOH}\times\frac{1}{1000}=\frac{m_{KHP}}{M_{KHP}}$(5分)

所以$m_{KHP}=V_{NaOH}\times C_{NaOH}\times\frac{1}{1000}\times M_{KHP}=0.2050\times20.10\times\frac{1}{1000}\times204.22=0.8414(g)$(5分)。

27. 解：根据 $pH_x = pH_{标} + \frac{E_x - E_{标}}{0.059}$(5 分)，$pH_x = 4.0 + \frac{0.02-(-0.14)}{0.059} = 6.7$(5 分)。

28. 解：设各取 80%和 40%的硫酸溶液 V_1 和 V_2，由于两种溶液混合溶液的溶质不变，得出方程：$80\% \cdot V_1\rho_1 + 40\% \cdot V_2\rho_2 = 60\% \cdot 1\,000\rho_3$(5 分)，代入数据得：$V_1 = 440$ mL，$V_2 = 560$ mL(5 分)。

29. 答：气相色谱是色谱中的一种，就是用气体作为流动相的色谱法，在分离分析方面，具有如下一些特点：

(1)高灵敏度：可检出 10^{-10} g 的物质，可作超纯气体、高分子单体的痕迹量杂质分析和空气中微量毒物的分析(2.5 分)。

(2)高选择性：可有效地分离性质极为相近的各种同分异构体和各种同位素(2.5 分)。

(3)高效能：可把组分复杂的样品分离成单组分(2.5 分)。

(4)速度快：一般分析只需几分钟即可完成，有利于指导和控制生产(2.5 分)。

30. 答：灵敏度和检出极限是评价分析方法和分析仪器两个不同的重要指标。灵敏度是指吸光度值的增量与相应待测元素的浓度增量之比。而检出限的定义是：对于某一特定分析方法，在一定置信水平下被检出的最低浓度或最小量。因此两者所反应的指标是不同的(10 分)。

31. 答：在氧化钙、氧化镁同时存在，且钙高镁低，为了提高镁的分析精度可采用 pH＝6.5 酸性条件下，铜试剂沉淀分离铁、铝、锰、钛、钼、铬、钒、稀土等干扰元素。滴定前加 EGTA 掩蔽钙，酒石酸钾钠-三乙醇胺掩蔽沉淀分离后滤液内残存的铁、铝、锰离子。在 pH＝10 的氢氧化铵介质中，以铬黑作指示剂，用 EDTA 标准溶液滴定，根据耗用 EDTA 毫升数计算氧化镁的百分含量(10 分)。

32. 答：用 EDTA 滴定 Zn^{2+} 的允许最低 pH 值小于 10，且指示剂适宜于 pH＝10 左右使用，由于在滴定过程中不断有 H^+ 释放出来，采用 NH_3-NH_4Cl 缓冲溶液便可维持溶液的酸度在 pH＝10，并使 Zn^{2+} 形成 Zn-NH_3 络合物而不水解(10 分)。

33. 答：滴定管标示的容积和真实的容积之间会有误差，因此要进行校正。校正的方法是正确放出某刻度的蒸馏水，称量其质量，根据该温度下水的密度计算出真实容积(10 分)。

34. 答：优级纯(G・R)，为一级品，又称保证试剂，杂质含量低(2.5 分)。

分析纯(A・R)，为二级品，质量略低于优级纯，杂质含量略高(2.5 分)。

化学纯(C・P)，为三级品，质量较分析纯差，但高于实验试剂(2.5 分)。

实验试剂(L・R)，为四级品，杂质含量更高，但比工业品纯度高(2.5 分)。

35. 解：(1)绘制校准曲线(图 1)(6 分)。

(2)从校准曲线上查得：样品 A 含 Mn：0.36%(2 分)；样品 B 含 Mn：0.18%(2 分)。

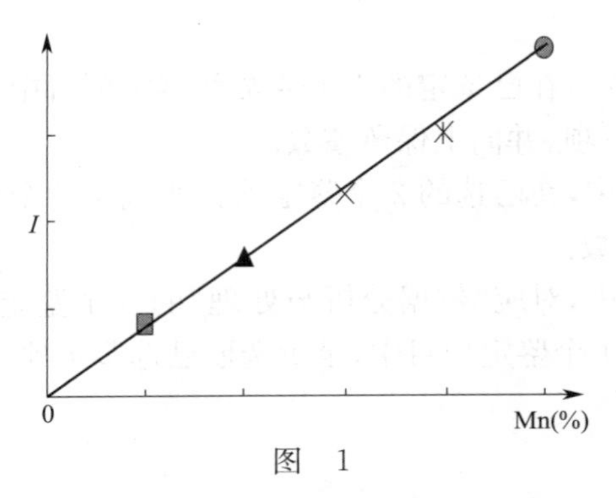

图 1

环境监测工(初级工)技能操作考核框架

一、框架说明

1. 依据《国家职业标准》注,以及中国中车确定的“岗位个性服从于职业共性”的原则,提出环境监测工(初级工)技能操作考核框架(以下简称:技能考核框架)。

2. 本职业等级技能操作考核评分采用百分制。即:满分为 100 分,60 分为及格,低于 60 分为不及格。

3. 实施“技能考核框架”时,考核制件(活动)命题可以选用本企业的加工件(活动项目),也可以结合实际另外组织命题。

4. 实施“技能考核框架”时,考核的时间和场地条件等应依据《国家职业标准》,并结合企业实际确定。

5. 实施“技能考核框架”时,其“职业功能”的分类按以下要求确定:

(1)“环境监测分析”属于本职业等级技能操作的核心职业活动,其“项目代码”为“E”。

(2)“非正常情况处理及安全防护”、“质量控制”、“使用与维护”属于本职业等级技能操作的辅助性活动,其“项目代码”分别为“D”和“F”。

6. 实施“技能考核框架”时,其“鉴定项目”和“选考数量”按以下要求确定:

(1)按照《国家职业标准》有关技能操作鉴定比重的要求,本职业等级技能操作考核活动的“鉴定项目”应按“D”+“E”+“F”组合,其考核配分比例相应为:“D”占 20 分,“E”占 50 分,“F”占 30 分。

(2)依据中国中车确定的“核心职业活动选取 2/3,并向上取整”的规定,在“E”类鉴定项目——“环境监测分析”的全部 3 项中,至少选取 2 项。

(3)依据中国中车确定的“其余‘鉴定项目’的数量可以任选”的规定,“D”和“F”类鉴定项目——“非正常情况处理及安全防护”、“质量控制”、“使用与维护”中,至少分别选取 1 项。

(4)依据中国中车确定的“确定‘选考数量’时,所涉及‘鉴定要素’的数量占比,应不低于对应‘鉴定项目’范围内‘鉴定要素’总数的 60%,并向上取整”的规定,考核活动的鉴定要素“选考数量”应按以下要求确定:

①在“D”类“鉴定项目”中,在已选定的 1 个或全部鉴定项目中,至少选取已选鉴定项目所对应的全部鉴定要素的 60%项,并向上保留整数。

②在“E”类“鉴定项目”中,在已选的 2 个鉴定项目所包含的全部鉴定要素中,至少选取总数的 60%项,并向上保留整数。

③在“F”类“鉴定项目”中,对应“数据分析与处理”的 3 个鉴定要素,至少选取 2 项;对应“使用与维护”,在已选定的 1 个鉴定项目中,至少选取已选鉴定项目所对应的全部鉴定要素的 60%项,并向上保留整数。

举例分析:

按照上述“第 6 条”要求，若命题时按最少数量选取，即：在“D”类鉴定项目中的选取了“安全操作与应急处理”1 项，在“E”类鉴定项目中选取了“水环境监测”、“固定污染源废气监测”2 项，在“F”类鉴定项目中分别选取了“数据分析与处理”和“玻璃器皿的使用与保养”2 项，则：此考核活动所涉及的“鉴定项目”总数为 5 项，具体包括：“数据分析与处理”、“玻璃器皿的维修与保养”、“水环境监测”、“固定污染源废气监测”、“安全操作与应急处理”。

此考核活动所涉及的鉴定要素“选考数量”相应为 11 项，具体包括：“安全操作与应急处理”鉴定项目包含的全部 5 个鉴定要素中的 3 项，“水环境监测”、“固定污染源废气监测”2 个鉴定项目包括的全部 6 个鉴定要素中的 4 项，“数据分析与处理”鉴定项目包含的全部 3 个鉴定要素中的 2 项，“玻璃器皿的使用与维修”鉴定项目包含的全部 3 个鉴定要素中的 2 项。

7. 本职业等级技能操作需要两人及以上共同作业的，可由鉴定组织机构根据“必要、辅助”的原则，结合实际情况确定协助人员的数量。在整个操作过程中，协助人员只能起必要、简单的辅助作用。否则，每违反一次，至少扣减应考者的技能考核总成绩 10 分，直至取消其考试资格。

8. 实施“技能考核框架”时，应同时对应考者在质量、安全、工艺纪律、文明生产等方面行为进行考核。对于在技能操作考核过程中出现的违章作业现象，每违反一项(次)至少扣减技能考核总成绩 10 分，直至取消其考试资格。

注：按照中国中车规定，各《职业技能操作考核框架》的编制依据现行的《国家职业标准》或现行的《行业职业标准》或现行的《中国中车职业标准》的顺序执行。

二、环境监测工(初级工)技能操作鉴定要素细目表

职业功能	鉴定项目				鉴定要素		
	项目代码	名称	鉴定比重(%)	选考方式	要素代码	名称	重要程度
非正常情况处理及安全防护	D	安全操作与应急处理	20	必选	001	能对实验室的安全设施(通风橱、排气管道、防尘罩)进行检查	Y
					002	能正确使用灭火器	Y
					003	操作过程中能保持台面整洁，仪器摆放合理整齐	Y
					004	操作完毕后能对操作台进行整理、清洁并对废弃物进行合理处置	Y
					005	紧急情况能立即报告并做简单处理	Y
环境监测分析	E	水环境监测	50	至少选择 2 项	001	能根据待测项目的性质，正确选择盛水容器及采样器并会采集水样	X
					002	能按照水样的成分和待测指标，确定采样容器清洗方法和保存方法	X
					003	能测定水中的氨氮等有机污染物	X
					004	能测定水的色度、pH 值等物理参数	X
		固定污染源废气监测			001	能使用吸附管采样系统采集样品	X
					002	非分散红外吸收法测定二氧化硫和氮氧化物	X
		噪声监测			001	能正确使用声级计测量噪声并进行维护和保养	X

续上表

职业功能	鉴定项目				鉴定要素		
	项目代码	名称	鉴定比重（%）	选考方式	要素代码	名　称	重要程度
质量控制	F	数据分析与处理	30	任选	001	会确定数据的有效位数	X
					002	能正确对数据进行修约	X
					003	能正确绘制标准曲线	X
使用与维护		玻璃器皿的使用与保养			001	能正确清洗玻璃器皿并检查其清洁度	Y
					002	能根据玻璃仪器种类选择正确的干燥方法	Y
					003	能正确取用与存放试剂	Y

注：重要程度中X表示核心要素，Y表示一般要素。下同。

环境监测工(初级工)
技能操作考核样题与分析

职 业 名 称：______________________

考 核 等 级：______________________

存 档 编 号：______________________

考核站名称：______________________

鉴定责任人：______________________

命题责任人：______________________

主管负责人：______________________

中国中车股份有限公司劳动工资部制

职业技能鉴定技能操作考核制件图示或内容

一、水样采集

二、将采集后的水样放置在适当的容器内

三、水样的预处理和试剂的制备

四、氨氮的测定

(1)标准曲线的绘制:吸取0、0.50 mL、1.00 mL、3.00 mL、5.00 mL、7.00 mL和10.00 mL标准使用液于50 mL比色管中,依次加入适量水、酒石酸钾钠溶液和纳氏试剂,放置10 min后,在波长420 nm处,用光程20 mm比色皿,以水为参比,测量吸光度,再算出空白浓度的吸光度,得到校正吸光度,绘制以氨氮含量对校正吸光度的校准曲线。

(2)水样的测定:分取适量经絮凝沉淀预处理后的水样,加入50 mL至比色管中,绘制校准曲线。再分取适量经蒸馏预处理后的馏出液至比色管中,加入适当试剂,绘制标准曲线并测量吸光度。

五、计算

由水样测得的吸光度减去空白试验的吸光度后,从校准曲线上查得氨氮含量(μg),从而算出氨氮的浓度。

$$氨氮(N,mg/L)=m/V$$

式中 m——由校准曲线查得的氨氮量(μg);

V——水样体积(mL)。

职业名称	环境监测工
考核等级	初级工
试题名称	纳氏试剂光度法测氨氮含量

职业技能鉴定技能操作考核准备单

职业名称	环境监测工
考核等级	初级工
试题名称	纳氏试剂光度法测氨氮含量

一、材料准备

1. 纳氏试剂
2. 酒石酸钾钠溶液
3. 标准贮备溶液
4. 标准使用溶液

二、设备、工、量、卡具准备清单

序号	名　　称	规　　格	数量	备　　注
1	分光光度计		1	
2	pH 计		1	

三、考场准备

1. 实验台操作台、相应设备与实验仪器及标准气体等
2. 相应的场地及安全防范措施
(1)橡胶手套(可自带)。
(2)实验服(可自带)。
(3)通风设施。
(4)灭火器。
3. 实验场地及安全防范措施

四、考核内容及要求

1. 考核内容
按职业技能鉴定技能操作考核制件图示或内容制作。
2. 考核时限
应满足国家职业技能标准中的要求,本试题为 120 分钟。
3. 考核评分(表)

职业名称	环境监测工	考核等级	初级工		
试题名称	纳氏试剂光度法测氨氮含量	考核时限	120 分钟		
鉴定项目	考核内容	配分	评分标准	扣分说明	得分
安全操作与应急处理	能对实验室的安全设施(通风橱、排气管道、防尘罩)进行检查	5	没有进行检查视情况扣 5 分		
	操作过程中能保持台面整洁,仪器摆放合理整齐	5	不能合理摆放视情况扣 5 分		
	操作完毕后能对操作台进行整理、清洁并对废弃物进行合理处置	10	没有对废弃物合理处置扣 10 分		

续上表

鉴定项目	考核内容	配分	评分标准	扣分说明	得分
水环境监测	能根据待测项目的性质，正确选择盛水容器及采样器并会采集水样	5	没有选取正确的盛水容器和采集水样方法扣5分		
	能按照水样的成分和待测指标，确定采样容器清洗方法和保存方法	5	没有选取正确的水样保存和清洗方法扣5分		
	能测定水中的氨氮等有机污染物	15	按照实验步骤，操作不规范视情况扣5分		
固定污染源废气监测	能使用吸附管采样系统采集样品	10	操作不规范扣10分		
	非分散红外吸收法测定二氧化硫和氮氧化物	15	按照实验步骤，操作不规范视情况扣5分		
数据分析与处理	会确定数据的有效位数	4	处理数据不规范扣4分		
	能正确绘制标准曲线	6	不能正确绘制扣6分		
玻璃器皿的使用与保养	能正确清洗玻璃器皿并检查其清洁度	10	没有选用正确方法清洗扣10分		
	能正确取用与存放试剂	10	没有正确存放试剂扣10分		
质量、安全、工艺纪律、文明生产等综合考核项目	考核时限	不限	每超时5分钟，扣10分		
	工艺纪律	不限	依据企业有关工艺纪律规定执行，每违反一次扣10分		
	劳动保护	不限	依据企业有关劳动保护管理规定执行，每违反一次扣10分		
	文明生产	不限	依据企业有关文明生产管理规定执行，每违反一次扣10分		
	安全生产	不限	依据企业有关安全生产管理规定执行，每违反一次扣10分		

4. 考试规则

(1)本次考试时间为120分钟，每超时5分钟扣10分。

(2)违反工艺纪律、安全操作、文明生产、劳动保护等，每次扣除10分。

(3)发生安全事故、考试作弊者取消其考试资格，判零分。

职业技能鉴定技能考核制件(内容)分析

职业名称	环境监测工
考核等级	初级工
试题名称	纳氏试剂光度法测氨氮含量
职业标准依据	国家职业标准

试题中鉴定项目及鉴定要素的分析与确定

分析事项 \ 鉴定项目分类	基本技能“D”	专业技能“E”	相关技能“F”	合计	数量与占比说明
鉴定项目总数	1	3	2	6	核心“鉴定项目”的数量占比应不低于其总数的2/3,所涉及的“鉴定要素”的数量占比高于对应“鉴定项目”范围内“鉴定要素”总数的60%
选取的鉴定项目数量	1	2	2	5	
选取的鉴定项目数量占比(%)	100	67	100	83	
对应选取鉴定项目所包含的鉴定要素总数	5	6	6	17	
选取的鉴定要素数量	3	5	4	12	
选取的鉴定要素数量占比(%)	60	83	67	70	

所选取鉴定项目及相应鉴定要素分解与说明

鉴定项目类别	鉴定项目名称	国家职业标准规定比重(%)	《框架》中鉴定要素名称	本命题中具体鉴定要素分解	配分	评分标准	考核难点说明
“D”	安全操作与应急处理	20	能对实验室的安全设施(通风橱、排气管道、防尘罩)进行检查	能对实验室的安全设施(通风橱、排气管道、防尘罩)进行检查	5	没有进行检查视情况扣5分	
			操作过程中能保持台面整洁,仪器摆放合理整齐	操作过程中能保持台面整洁,仪器摆放合理整齐	5	不能合理摆放视情况扣5分	
			操作完毕后能对操作台进行整理、清洁并对废弃物进行合理处置	操作完毕后能对操作台进行整理、清洁并对废弃物进行合理处置	10	没有对废弃物合理处置扣10分	
“E”	水环境监测	50	能根据待测项目的性质,正确选择盛水容器及采样器并会采集水样	能根据待测项目的性质,正确选择盛水容器及采样器并会采集水样	5	没有选取正确的盛水容器和采集水样方法扣5分	
			能按照水样的成分和待测指标,确定采样容器清洗方法和保存方法	能按照水样的成分和待测指标,确定采样容器清洗方法和保存方法	5	没有选取正确的水样保存和清洗方法扣5分	
			能测定水中的氨氮等有机污染物	能测定水中的氨氮等有机污染物	15	按照实验步骤,操作不规范视情况扣5分	
	固定污染源废气监测		能使用吸附管采样系统采集样品	能使用吸附管采样系统采集样品	10	操作不规范扣10分	
			非分散红外吸收法测定二氧化硫和氮氧化物	非分散红外吸收法测定二氧化硫和氮氧化物	15	按照实验步骤,操作不规范视情况扣5分	

续上表

鉴定项目类别	鉴定项目名称	国家职业标准规定比重(%)	《框架》中鉴定要素名称	本命题中具体鉴定要素分解	配分	评分标准	考核难点说明
"F"	数据分析与处理	10	会确定数据的有效位数	会确定数据的有效位数	4	处理数据不规范扣4分	
			能正确绘制标准曲线	能正确绘制标准曲线	6	不能正确绘制扣6分	
	玻璃器皿的使用与保养	20	能正确清洗玻璃器皿并检查其清洁度	能正确清洗玻璃器皿并检查其清洁度	10	没有选用正确方法清洗扣10分	
			能正确取用与存放试剂	能正确取用与存放试剂	10	没有正确存放试剂扣10分	
质量、安全、工艺纪律、文明生产等综合考核项目				考核时限	不限	每超时5分钟,扣10分	
				工艺纪律	不限	依据企业有关工艺纪律规定执行,每违反一次扣10分	
				劳动保护	不限	依据企业有关劳动保护管理规定执行,每违反一次扣10分	
				文明生产	不限	依据企业有关文明生产管理规定执行,每违反一次扣10分	
				安全生产	不限	依据企业有关安全生产管理规定执行,每违反一次扣10分	

环境监测工(中级工)技能操作考核框架

一、框架说明

1. 依据《国家职业标准》注，以及中国中车确定的“岗位个性服从于职业共性”的原则，提出环境监测工(中级工)技能操作考核框架(以下简称:技能考核框架)。

2. 本职业等级技能操作考核评分采用百分制。即:满分为100分，60分为及格，低于60分为不及格。

3. 实施“技能考核框架”时，考核制件(活动)命题可以选用本企业的加工件(活动项目)，也可以结合实际另外组织命题。

4. 实施“技能考核框架”时，考核的时间和场地条件等应依据《国家职业标准》，并结合企业实际确定。

5. 实施“技能考核框架”时，其“职业功能”的分类按以下要求确定:

(1)“环境监测分析”属于本职业等级技能操作的核心职业活动，其“项目代码”为“E”。

(2)“非正常情况处理及安全防护”、“质量控制”、“使用与维护”属于本职业等级技能操作的辅助性活动，其“项目代码”分别为“D”和“F”。

6. 实施“技能考核框架”时，其“鉴定项目”和“选考数量”按以下要求确定:

(1)按照《国家职业标准》有关技能操作鉴定比重的要求，本职业等级技能操作考核活动的“鉴定项目”应按“D”+“E”+“F”组合，其考核配分比例相应为:“D”占20分，“E”占55分，“F”占25分(其中:数据分析与处理10分，玻璃器皿使用与保养15分)。

(2)依据中国中车确定的“核心职业活动选取2/3，并向上取整”的规定，在“E”类鉴定项目——“环境监测分析”的全部3项中，至少选取2项。

(3)依据中国中车确定的“其余‘鉴定项目’的数量可以任选”的规定，“D”和“F”类鉴定项目——“非正常情况处理及安全防护”、“质量控制”、“使用与维护”中，至少分别选取1项。

(4)依据中国中车确定的“确定‘选考数量’时，所涉及‘鉴定要素’的数量占比，应不低于对应‘鉴定项目’范围内‘鉴定要素’总数的60%，并向上取整”的规定，考核活动的鉴定要素“选考数量”应按以下要求确定:

①在“D”类“鉴定项目”中，在已选定的1个或全部鉴定项目中，至少选取已选鉴定项目所对应的全部鉴定要素的60%项，并向上保留整数。

②在“E”类“鉴定项目”中，在已选的2个鉴定项目所包含的全部鉴定要素中，至少选取总数的60%项，并向上保留整数。

③在“F”类“鉴定项目”中，对应“数据分析与处理”的5个鉴定要素，至少选取3项;对应“使用与维护”，在已选定的1个鉴定项目中，至少选取已选鉴定项目所对应的全部鉴定要素的60%项，并向上保留整数。

举例分析:

按照上述“第6条”要求，若命题时按最少数量选取，即：在“D”类鉴定项目中的选取了“安全操作与应急处理”1项，在“E”类鉴定项目中选取了“水环境监测”、“固定污染源废气监测”2项，在“F”类鉴定项目中分别选取了“数据分析与处理”、“玻璃器皿的使用与保养”2项，则：此考核活动所涉及的“鉴定项目”总数为5项，具体包括：“安全操作与应急处理”、“水环境监测”、“固定污染源废气监测”、“数据分析与处理”、“玻璃器皿的维修与保养”。

此考核活动所涉及的鉴定要素“选考数量”相应为17项，具体包括：“安全操作与应急处理”鉴定项目包含的全部6个鉴定要素中的4项，“水环境监测”、“固定污染源废气监测”2个鉴定项目包括的全部10个鉴定要素中的7项，“数据分析与处理”鉴定项目包含的全部5个鉴定要素中的4项，“玻璃器皿的使用与维修”鉴定项目包含的全部3个鉴定要素中的2项。

7. 本职业等级技能操作需要两人及以上共同作业的，可由鉴定组织机构根据“必要、辅助”的原则，结合实际情况确定协助人员的数量。在整个操作过程中，协助人员只能起必要、简单的辅助作用。否则，每违反一次，至少扣减应考者的技能考核总成绩10分，直至取消其考试资格。

8. 实施“技能考核框架”时，应同时对应考者在质量、安全、工艺纪律、文明生产等方面行为进行考核。对于在技能操作考核过程中出现的违章作业现象，每违反一项（次）至少扣减技能考核总成绩10分，直至取消其考试资格。

注：按照中国中车规定，各《职业技能操作考核框架》的编制依据现行的《国家职业标准》或现行的《行业职业标准》或现行的《中国中车职业标准》的顺序执行。

二、环境监测工（中级工）技能操作鉴定要素细目表

职业功能	鉴定项目				鉴定要素		
	项目代码	名称	鉴定比重（%）	选考方式	要素代码	名称	重要程度
非正常情况处理及安全防护	D	安全操作与应急处理	20	必选	001	劳保穿戴齐全	Y
					002	能对实验室的安全设施（通风橱、排气管道、防尘罩）进行检查	Y
					003	能正确使用灭火器	Y
					004	操作过程中能保持台面整洁，仪器摆放合理整齐	Y
					005	操作完毕后能对操作台进行整理、清洁并对废弃物进行合理处置	Y
					006	紧急情况能立即报告并做简单处理	Y
环境监测分析	E	水环境监测	55	至少选择2项	001	能根据待测项目的性质，正确选择盛水容器及采样器并会采集水样	X
					002	能按照水样的成分和待测指标，确定采样容器清洗方法和保存方法	X
					003	能根据待测组分与水样性质选择适当的水样预处理方法	X
					004	纳氏试剂分光光度法测定氨氮	X
					005	重铬酸钾法测定COD	X
					006	红外光度法测定石油类	X
					007	能根据监测内容配制实验中所使用的试剂与试液并标识	X

续上表

职业功能	鉴定项目				鉴定要素		
	项目代码	名称	鉴定比重（%）	选考方式	要素代码	名　　称	重要程度
环境监测分析	E	固定污染源废气监测		至少选择2项	001	能使用吸附管采样系统采集样品	X
					002	能测量烟道温度、压力、烟气流速及流量等相关参数	X
					003	非分散红外吸收法测定二氧化硫和氮氧化物	X
		噪声监测			001	能根据测定要求设置监测点位	X
					002	能正确使用声级计测量噪声并进行维护和保养	X
					003	能正确地对噪声进行叠加和相减计算	X
质量控制	F	数据分析与处理	15	必选	001	监测结果记录符合规范	X
					002	会确定数据的有效位数	X
					003	能正确对数据进行修约	X
					004	能确定误差来源并予以消除	X
					005	能正确绘制标准曲线	X
使用与维护		玻璃器皿的使用与保养	10	必选	001	能正确清洗玻璃器皿并检查其清洁度	Y
					002	能正确使用不同种类的玻璃仪器并能选择正确的干燥方法	Y
					003	能正确取用与存放试剂	Y

环境监测工(中级工)技能操作考核样题与分析

职 业 名 称：________________

考 核 等 级：________________

存 档 编 号：________________

考核站名称：________________

鉴定责任人：________________

命题责任人：________________

主管负责人：________________

中国中车股份有限公司劳动工资部制

职业技能鉴定技能操作考核制件图示或内容

(一)重量法测定水中石油类

水样的采集和保存:油类物质要单独采样,不允许在实验室内再分样。采样时,应连同表层水一并采集,并在样品瓶上做一标记,用以确定样品体积。步骤如下:

1. 在采样瓶上作一容量记号后(以便测量水样体积),将所收集的大约 1 L 已经酸化的水样(pH<2),全部转移至 1 000 mL分液漏斗中,加入氯化钠,其量约为水样的 8%。用 25 mL 石油醚洗涤采样瓶并转入分液漏斗中,充分振摇 3 min,静置分层并将水层放入原采样瓶内,石油醚层转入 100 mL 锥形瓶中。用石油醚重复萃取水样 2 次,每次用量 25 mL,合并 3 次萃取液于锥形瓶中。

2. 向石油醚萃取液中加入适量污水硫酸钠,加盖后放置 0.5 h 以上,以便脱水。

3. 用预先以石油醚洗涤过的定性滤纸过滤,收集滤液于 100 mL 已烘干至恒重的烧杯中,用少量石油醚洗涤锥形瓶、硫酸钠和滤纸,洗涤液并入烧杯中。

4. 将烧杯置于 65℃±5℃水浴上,蒸出石油醚。近干后再置于 65℃±5℃恒温箱内烘干,然后放入干燥器中冷却,称量。

计算:

$$\text{油}(\mathrm{mg/L})=\frac{(m_1-m_2)\times10^6}{V}$$

式中 m_1——烧杯加油总质量(g);

m_2——烧杯质量(g);

V——水样体积(mL)。

(二)重量法测总悬浮颗粒物

方法原理:用采样动力抽取一定体积的烟气通过已恒重的滤膜,则烟气中的悬浮颗粒物被阻留在滤膜上,根据采样前后滤膜质量之差及采样体积,即可计算 TSP。滤膜经处理后,可进行化学组分分析。

样品采集:根据采样流量不同,采样分为大流量、中流量和小流量采样法。大流量采样法适用大流量采样器连续采样 24 h,按照下式计算 TSP:

$$\mathrm{TSP}(\mathrm{mg/m^3})=\frac{m}{q_{V.s}\cdot t}$$

式中 m——阻留在滤膜上的总悬浮颗粒物的质量(mg);

$q_{V.s}$——标准状况下的采样流量(m^3/min);

t——采样时间(min)。

采样器在使用期内,每月应将标准孔口流量校准器串接在采样器前,在模拟采样状态下,进行不同采样流量值的校验。依据标准孔口流量校准器的标准流量曲线值标定采样器的流量曲线,以便有采样器压力计的压差值(液位差,以 cm 为单位)直接得知采气流量。有的采样器没有流量记录器,可自动记录采气流量。

中流量采样法使用中流量采样器,所用滤膜直径比大流量采样器小,采样和测定方法同大流量采样法。

职业名称	环境监测工
考核等级	中级工
试题名称	(一)重量法测定水中石油类 (二)重量法测总悬浮颗粒物

职业技能鉴定技能操作考核准备单

职业名称	环境监测工
考核等级	中级工
试题名称	(一)重量法测定水中石油类 (二)重量法测总悬浮颗粒物

一、设备、工、量、卡具准备清单

序号	名　称	规　格	数量	备　注
1	分析天平	0.1 mg	1	
2	恒温箱		1	
3	恒温水浴锅		1	
4	分液漏斗	1 000 mL	1	
5	干燥器		1	
6	中速定性滤纸	直径 11 cm	1	
7	烟气采样仪		1	
8	烘箱		1	
9	软毛刷		1	
10	玻璃纤维滤筒		1	
11	表面皿		1	

二、考场准备

1. 实验台操作台、相应设备与实验仪器及标准试剂等

2. 相应的场地及安全防范措施

(1)橡胶手套。

(2)实验服。

(3)通风设施(本实验中涉及四氯化碳等有毒物质)。

(4)灭火器。

三、考核内容及要求

1. 考核内容

按职业技能鉴定技能操作考核制件图示或内容制作。

2. 考核时限

本试题为 120 分钟。

3. 考核评分(表)

职业名称	环境监测工	考核等级	中级工		
试题名称	(一)重量法测定水中石油类 (二)重量法测总悬浮颗粒物	考核时限	120分钟		
鉴定项目	考核内容	配分	评分标准	扣分说明	得分
安全操作与应急处理	实验开始前应穿戴好劳保用品	5	穿戴不齐全扣分		
	操作前,对实验室安全设施进行检查,由于本实验操作过程中涉及到有毒试剂(四氯化碳),因此应对通风橱的工作情况进行重点检查	5	没有进行检查视情况扣分		
	操作过程中,应将实验仪器与试剂整齐合理摆放,不得随意摆放	5	不能合理摆放视情况扣分		
	操作结束后,对操作台进行整理、清洁,对于实验中使用的有毒物质(四氯化碳)应妥善处理,避免造成环境污染。	5	没有对废弃物合理处置扣5分		
水环境监测	根据待测项目的性质,选择相应的采样容器采集水样	5	没有选取正确的盛水容器和采样方法扣分		
	按照水样的成分和待测指标,清洗采样容器,并妥善保存	5	没有正确选择水样的保存方法扣分		
	根据待测组分和水样的性质,对水样进行适当的预处理	5	未对水样进行预处理扣分		
	能够按照要求,使用重量法测定水中石油类的含量,操作无误,数据结果控制在有效范围内	10	按实验步骤,操作不规范扣分		
	实验中所涉及到的试剂与试液,能够独立配制,并按要求保存并标识	5	未按标准配制溶液扣分		
固定污染源废气监测	能使用吸附管对烟道烟气进行采集	5	操作不规范扣分		
	能够测量烟道温度、压力、烟气流速及流量等相关参数,并依据各类参数选择采样方式	10	采样分时选择错误扣5分		
	能够按照要求,使用重量度法测定总悬浮颗粒物,操作无误,数据结果控制在有效范围内	10	按实验步骤,操作不规范扣分		
数据分析与处理	各监测结果符合规范,误差在允许范围内	2	监测结果误差较大,数据无法采用扣分		
	能够根据日常要求对数据有效位数进行确定	2	数据有效位数确定不合理扣分		
	能够通过多次实验或校准仪器设备等方式,确定误差的来源并消除	2	产生误差后无法确定误差来源扣分		
	能够正确绘制标准曲线	9	标准曲线绘制错误扣3分		
玻璃器皿的使用与保养	实验结束后能正确清洗玻璃器皿,并检查清洁度	5	实验结束后未对仪器进行清理扣5分,清理不干净的扣3分		
	在实验结束后,试剂应正确摆放	5	实验结束后,试剂瓶未按要求摆放的扣5分		
质量、安全、工艺纪律、文明生产等综合考核项目	考核时限	不限	每超时5分钟,扣10分		
	工艺纪律	不限	依据企业有关工艺纪律规定执行,每违反一次扣10分		

续上表

鉴定项目	考核内容	配分	评分标准	扣分说明	得分
质量、安全、工艺纪律、文明生产等综合考核项目	劳动保护	不限	依据企业有关劳动保护管理规定执行，每违反一次扣10分		
	文明生产	不限	依据企业有关文明生产管理规定执行，每违反一次扣10分		
	安全生产	不限	依据企业有关安全生产管理规定执行，每违反一次扣10分		

职业技能鉴定技能考核制件(内容)分析

职业名称	环境监测工
考核等级	中级工
试题名称	(一)重量法测定水中石油类 (二)重量法测总悬浮颗粒物
职业标准依据	国家职业标准

试题中鉴定项目及鉴定要素的分析与确定

鉴定项目分类 / 分析事项	基本技能“D”	专业技能“E”	相关技能“F”	合计	数量与占比说明
鉴定项目总数	1	3	2	6	核心“鉴定项目”的数量占比应不低于其总数的2/3,所涉及的“鉴定要素”的数量占比高于对应“鉴定项目”范围内“鉴定要素”总数的60%
选取的鉴定项目数量	1	2	2	5	
选取的鉴定项目数量占比(%)	100	66	100	83	
对应选取鉴定项目所包含的鉴定要素总数	6	13	8	27	
选取的鉴定要素数量	4	8	6	18	
选取的鉴定要素数量占比(%)	67	62	75	67	

所选取鉴定项目及相应鉴定要素分解与说明

鉴定项目类别	鉴定项目名称	国家职业标准规定比重(%)	《框架》中鉴定要素名称	本命题中具体鉴定要素分解	配分	评分标准	考核难点说明
“D”	安全操作与应急处理	20	劳保用品穿戴齐全	实验开始前应穿戴好劳保用品	5	穿戴不齐全扣分	
			能对实验室的安全设施(通风橱、排气管道、防尘罩)进行检查	操作前,对实验室安全设施进行检查,由于本实验操作过程中涉及到有毒试剂(四氯化碳),因此应对通风橱的工作情况进行重点检查	5	没有进行检查视情况扣分	
			操作过程中能保持台面整洁,仪器摆放合理整齐	操作过程中,应将实验仪器与试剂整齐合理摆放,不得随意摆放	5	不能合理摆放视情况扣分	
			操作完毕后能对操作台进行整理、清洁并对废弃物进行合理处置	操作结束后,对操作台进行整理、清洁,对于实验中使用的有毒物质(四氯化碳)应妥善处理,避免造成环境污染	5	没有对废弃物合理处置扣5分	
“E”	水环境监测	55	能根据待测项目的性质,正确选择盛水容器及采样容器并会采集水样	根据待测项目的性质,选择相应的采样容器采集水样	5	没有选取正确的盛水容器和采样方法扣分	
			能按照水样的成分和待测指标,确定采样容器清洗方法和保存方法	按照水样的成分和待测指标,清洗采样容器,并妥善保存	5	没有正确选择水样的保存方法扣分	
			能根据待测组分与水样的性质选择适当的水样预处理方法	根据待测组分和水样的性质,对水样进行适当的预处理	5	未对水样进行预处理扣分	

续上表

鉴定项目类别	鉴定项目名称	国家职业标准规定比重(%)	《框架》中鉴定要素名称	本命题中具体鉴定要素分解	配分	评分标准	考核难点说明
"E"	水环境监测		重量法测定石油类	能够按照要求，使用重量度法测定水中石油类的含量，操作无误，数据结果控制在有效范围内	10	按试验步骤，操作不规范扣分	
			能根据监测内容配制实验中所使用的试剂与试液并标识	试验中所涉及到的试剂与试液，能够独立配制，并按要求保存并标识	5	未按标准配制溶液扣分	
	固定污染源废气监测		能使用吸附管采样系统采集样品	能使用吸附管对烟道烟气进行采集	5	操作不规范扣分	
			能测量烟道温度、压力、烟气流速及流量等相关参数	能够测量烟道温度、压力、烟气流速及流量等相关参数，并依据各类参数选择采样方式	10	采样分时选择错误扣5分	
			重量法测总悬浮颗粒物	能够按照要求，使用重量度法测定总悬浮颗粒物，操作无误，数据结果控制在有效范围内	10	按实验步骤，操作不规范扣分	
"F"	数据分析与处理	15	监测结果记录符合规范	各监测结果符合规范，误差在允许范围内	2	监测结果误差较大，数据无法采用扣分	
			会确定数据的有效位数	能够根据日常要求对数据有效位数进行确定	2	数据有效位数确定不合理扣分	
			能确定误差来源并予以消除	能够通过多次实验或校准仪器设备等方式，确定误差的来源并消除	2	产生误差后无法确定误差来源扣分	
			能正确绘制标准曲线	能够正确绘制标准曲线	9	标准曲线绘制错误扣3分	
	玻璃器皿的使用与保养	10	能正确清洗玻璃器皿并检查器清洁度	实验结束后能正确清洗玻璃器皿，并检查清洁度	5	实验结束后未对仪器进行清理扣5分，清理不干净的扣3分	
			能正确取用与存放试剂	在实验结束后，试剂应正确摆放	5	实验结束后，试剂瓶未按要求摆放的扣5分	
质量、安全、工艺纪律、文明生产等综合考核项目				考核时限	不限	每超时5分钟，扣10分	
				工艺纪律	不限	依据企业有关工艺纪律规定执行，每违反一次扣10分	
				劳动保护	不限	依据企业有关劳动保护管理规定执行，每违反一次扣10分	
				文明生产	不限	依据企业有关文明生产管理规定执行，每违反一次扣10分	
				安全生产	不限	依据企业有关安全生产管理规定执行，每违反一次扣10分	

环境监测工(高级工)技能操作考核框架

一、框架说明

1. 依据《国家职业标准》注，以及中国中车确定的“岗位个性服从于职业共性”的原则，提出环境监测工(高级工)技能操作考核框架(以下简称：技能考核框架)。

2. 本职业等级技能操作考核评分采用百分制。即：满分为 100 分，60 分为及格，低于 60 分为不及格。

3. 实施“技能考核框架”时，考核制件(活动)命题可以选用本企业的加工件(活动项目)，也可以结合实际另外组织命题。

4. 实施“技能考核框架”时，考核的时间和场地条件等应依据《国家职业标准》，并结合企业实际确定。

5. 实施“技能考核框架”时，其“职业功能”的分类按以下要求确定：

(1)“环境监测分析”属于本职业等级技能操作的核心职业活动，其“项目代码”为“E”。

(2)“非正常情况处理及安全防护”、“质量控制、“使用与维护”属于本职业等级技能操作的辅助性活动，其“项目代码”分别为“D”和“F”。

6. 实施“技能考核框架”时，其“鉴定项目”和“选考数量”按以下要求确定：

(1)按照《国家职业标准》有关技能操作鉴定比重的要求，本职业等级技能操作考核活动的“鉴定项目”应按“D”+“E”+“F”组合，其考核配分比例相应为：“D”占 15 分，“E”占 60 分，“F”占 25 分(其中：数据分析与处理 15 分，玻璃器皿使用与保养 10 分)。

(2)依据中国中车确定的“核心职业活动选取 2/3，并向上取整”的规定，在“E”类鉴定项目——“环境监测分析”的全部 4 项中，至少选取 3 项。

(3)依据中国中车确定的“其余‘鉴定项目’的数量可以任选”的规定，“D”和“F”类鉴定项目——“非正常情况处理及安全防护”、“质量控制”、“使用与维护”中，至少分别选取 1 项。

(4)依据中国中车确定的“确定‘选考数量’时，所涉及‘鉴定要素’的数量占比，应不低于对应‘鉴定项目’范围内‘鉴定要素’总数的 60%，并向上取整”的规定，考核活动的鉴定要素“选考数量”应按以下要求确定：

①在“D”类“鉴定项目”中，在已选定的 1 个或全部鉴定项目中，至少选取已选鉴定项目所对应的全部鉴定要素的 60%项，并向上保留整数。

②在“E”类“鉴定项目”中，在已选的 3 个鉴定项目所包含的全部鉴定要素中，至少选取总数的 60%项，并向上保留整数。

③在“F”类“鉴定项目”中，对应“数据分析与处理”的 6 个鉴定要素，至少选取 4 项；对应“使用与维护”，在已选定的 1 个鉴定项目中，至少选取已选鉴定项目所对应的全部鉴定要素的 60%项，并向上保留整数。

举例分析：

按照上述"第6条"要求，若命题时按最少数量选取，即：在"D"类鉴定项目中的选取了"安全操作与应急处理"1项，在"E"类鉴定项目中选取了"水环境监测"、"固定污染源废气监测"、"噪声监测"3项，在"F"类鉴定项目中分别选取了"数据分析与处理"、"玻璃器皿的使用与保养"2项，则：此考核活动所涉及的"鉴定项目"总数为6项，具体包括："安全操作与应急处理"、"水环境监测"、"固定污染源废气监测"、"噪声监测"、"数据分析与处理"、"玻璃器皿的使用与保养"。

此考核活动所涉及的鉴定要素"选考数量"相应为19项，具体包括："安全操作与应急处理"鉴定项目包含的全部6个鉴定要素中的4项，"水环境监测"、"固定污染源废气监测"、"噪声监测"等3个鉴定项目包括的全部15个鉴定要素中的9项，"数据分析与处理"鉴定项目包含的全部6个鉴定要素中的4项，"玻璃器皿的使用与维修"鉴定项目包含的全部3个鉴定要素中的2项。

7. 本职业等级技能操作需要两人及以上共同作业的，可由鉴定组织机构根据"必要、辅助"的原则，结合实际情况确定协助人员的数量。在整个操作过程中，协助人员只能起必要、简单的辅助作用。否则，每违反一次，至少扣减应考者的技能考核总成绩10分，直至取消其考试资格。

8. 实施"技能考核框架"时，应同时对应考者在质量、安全、工艺纪律、文明生产等方面行为进行考核。对于在技能操作考核过程中出现的违章作业现象，每违反一项(次)至少扣减技能考核总成绩10分，直至取消其考试资格。

注：按照中国中车规定，各《职业技能操作考核框架》的编制依据现行的《国家职业标准》或现行的《行业职业标准》或现行的《中国中车职业标准》的顺序执行。

二、环境监测工(高级工)技能操作鉴定要素细目表

职业功能	鉴定项目				鉴定要素		
	项目代码	名称	鉴定比重(%)	选考方式	要素代码	名称	重要程度
非正常情况处理及安全防护	D	安全操作与应急处理	15	必选	001	劳保穿戴齐全	Y
					002	能对实验室的安全设施(通风橱、排气管道、防尘罩)进行检查	Y
					003	能正确使用灭火器	Y
					004	操作过程中能保持台面整洁，仪器摆放合理整齐	Y
					005	操作完毕后能对操作台进行整理、清洁并对废弃物进行合理处置	Y
					006	紧急情况能立即报告并做简单处理	Y
环境监测分析	E	水环境监测	60	至少选择3项	001	能根据待测项目的性质，正确选择盛水容器及采样器并会采集水样	X
					002	能按照水样的成分和待测指标，确定采样容器清洗方法	X
					003	能根据待测组分与水样性质选择适当的水样保存方法和预处理方法	X
					004	能测定水的色度、pH值、浊度等物理参数	X
					005	能测定水中的有机污染物	X
					006	能测定水中金属化合物含量	X

续上表

职业功能	鉴定项目				鉴定要素		
	项目代码	名称	鉴定比重(%)	选考方式	要素代码	名称	重要程度
环境监测分析	E	环境空气监测		至少选择3项	001	能正确对采样管进行清洗与保存	X
					002	能正确使用式采样器采集空气样品	X
					003	纳氏试剂分光光度法测定氨	X
		固定污染源废气监测			001	确定采样位置和采样点数目	X
					002	能使用吸附管采样系统采集样品	X
					003	能测量烟道温度、压力、烟气流速、流量、黑度等相关参数	X
					004	非分散红外吸收法测定二氧化硫和氮氧化物	X
					005	连续稀释法配制标准气体	X
		噪声监测			001	能根据测定要求设置监测点位	X
					002	能正确使用声级计测量噪声并进行维护和保养	X
					003	能正确的对噪声进行叠加和相减计算	X
					004	能测量振动	X
质量控制	F	数据分析与处理	15	必选	001	监测结果记录符合规范	X
					002	会确定数据的有效位数	X
					003	能正确对数据进行修约	X
					004	能确定误差来源并予以消除	X
					005	能正确绘制标准曲线	X
					006	能根据测定结果绘制均数控制图	X
使用与维护		玻璃器皿的使用与保养	10	必选	001	能正确清洗玻璃器皿并检查其清洁度	Y
					002	能正确使用不同种类的玻璃仪器并选择正确的干燥方法	Y
					003	能正确取用与存放试剂	Y

中国中车
CRRC

环境监测工(高级工)
技能操作考核样题与分析

职业名称：

考核等级：

存档编号：

考核站名称：

鉴定责任人：

命题责任人：

主管负责人：

中国中车股份有限公司劳动工资部制

职业技能鉴定技能操作考核制件图示或内容

(一)分光光度法测定浊度

1. 样品的采集

样品应采集到具塞玻璃瓶中，取样后尽快测定。如需保存，可保存在冷暗处不超过 24 h。测试前需激烈振摇并恢复到室温。所有与样品接触的玻璃器皿必须清洁，可用盐酸或表面活性剂清洗。

2. 标准曲线的绘制

吸取浊度标准液 0、0.50 mL、1.25 mL、2.50 mL、5.00 mL、10.00 mL 及 12.50 mL，置于 50 mL 的比色管中，加水至标线。摇匀后，即得浊度为 0.4 度、10 度、20 度、40 度、80 度及 100 度的标准系列。于 680 nm 波长，用 30 mm 比色皿测定吸光度，绘制校准曲线。

注意：在 680 nm 波长下测定，天然水中存在淡黄色、淡绿色无干扰。

3. 测定

吸取 50.0 mL 摇匀水样(无气泡，如浊度超过 100 度可酌情少取，用无浊度水稀释至 50.0 mL)，于 50 mL 比色管中，按绘制校准曲线步骤测定吸光度，由校准曲线上查得水样浊度。

4. 结果的表述

$$浊度(度)=\frac{A(B+C)}{C}$$

式中 A——稀释后水样的浊度(度)；

B——稀释水体积(mL)；

C——原水样体积(mL)。

不同浊度范围测试结果的精度要求如下(表 1)：

表 1

浊度范围(度)	精度(度)
1～10	1
10～100	5
100～400	10
400～1 000	50
>1 000	100

(二)非分散红外吸收法测定氮氧化物

1. 气体采集

依照相关规定设置采样位置和采样点。仪器的采样管前端尽量靠近排气筒中心位置。

2. 仪器校准

正确连接测定仪、采样管线及预处理装置，用高纯氮气或较洁净的环境空气进行零点校准，再用氮氧化物标准气体按照规定的校准程序对仪器的测定量程进行量程校准。

3. 测定

将测定仪的采样管前端插入烟道采样点位，开动抽气泵，用烟气清洗采样管道，以仪器规定的采样流量连续采样。连续测定 3 次，取平均值作为测量结果。

4. 计算

选择正确公式计算出氮氧化物的质量浓度和转换效率，氮氧化物的计算结果应只保留整数位，当浓度计算结果较高时，保留三位有效数字。

(三)纳氏试剂分光光度法测定环境空气中的氨

1. 样品的采集

(1)采样管的准备

应选择气密性好、阻力和吸收效率合格的吸收管清洗干净并烘干备用。在采样前装入吸收液并密封避光保存。

(2)样品采集

采样系统由采样管、干燥管和气体采样泵组成。采样时应带采样全程空白吸收管。用 10 mL 吸收管，以 0.5～1 L/min 的流量采集，采气至少 45 min。

续上表

(3)样品保存

采样后应尽快分析,以防止吸收空气中的氨。若不能立即分析,2~5℃可保存 7 d。

2. 测定

(1)绘制校准曲线

取 7 支 10 mL 具塞比色管,按表 2 制备标准系列。

表 2 标准系列

管号	0	1	2	3	4	5	6
标准溶液(mL)	0.00	0.10	0.30	0.50	1.00	1.50	2.00
水(mL)	10.00	9.90	9.70	9.50	9.00	8.50	8.00
氨含量(μg)	0	2	6	10	20	30	40

按表 1 准确移取相应体积的标准使用液,加水至 10 mL,在各管中分别加入 0.50 mL 酒石酸钾钠溶液,摇匀,再加入 0.50 mL 纳氏试剂,摇匀。放置 10 min 后,在波长 420 nm 下,用 10 mm 比色皿,以水作参比,测定吸光度。以氨含量(μg)为横坐标,扣除试剂空白的吸光度为纵坐标绘制校准曲线。

(2)样品测定

取一定量样品溶液(吸取量视样品浓度而定)于 10 mL 比色管中,用吸收液稀释至 10 mL。加入 0.50 mL 酒石酸钾钠溶液,摇匀,再加入 0.50 mL 纳氏试剂,摇匀,放置 10 min 后,在波长 420 nm,用 10 mm 比色皿,以水作参比,测定吸光度。

(3)空白实验

吸收液空白:以与样品同批配制的吸收液代替样品,按照(2)测定吸光度。

采样全程空白:即在采样管中加入与样品同批配制的相应体积的吸收液,带到采样现场,未经采样的吸收液,按照(2)测定吸光度。

3. 结果计算

氨的含量由式(1)计算:

$$\rho(NH_3)=\frac{(A-A_0-a)\times V_s}{b\times V_{nd}\times V_0} \tag{1}$$

式中 $\rho(NH_3)$——氨含量(mg/m^3);

A——样品溶液的吸光度;

A_0——与样品同批配制的吸收液空白的吸光度;

a——校准曲线截距;

b——校准曲线斜率;

V_s——样品吸收液总体积(mL);

V_0——分析时所取吸收液体积(mL);

V_{nd}——所采气样标准状态下的体积(101.325 kPa,273 K)(L)。

所采气样标准状态下的体积 V_{nd} 按式(2)计算:

$$V_{nd}=\frac{V\times P\times 273}{101.325\times(273+t)} \tag{2}$$

式中 V——采样体积(L);

P——采样时大气压(kPa);

t——采样温度(℃)。

职业名称	环境监测工
考核等级	高级工
试题名称	(一)分光光度法测定浊度 (二)非分散红外吸收法测定氮氧化物 (三)纳氏试剂分光光度法测定环境空气中的氨

职业技能鉴定技能操作考核准备单

职业名称	环境监测工
考核等级	高级工
试题名称	(一)分光光度法测定浊度 (二)非分散红外吸收法测定氮氧化物 (三)纳氏试剂分光光度法测定环境空气中的氨

一、材料准备

1. 分光光度法测定浊度

试剂:除非另有说明,分析时均使用符合国家标准或专业标准分析纯试剂,去离子水或同等纯度的水。

(1)无浊度水。将蒸馏水通过 0.2 μm 滤膜过滤,收集于用滤过水荡洗 2 次的烧瓶中。

(2)浊度标准贮备液。

1)1 g/100 mL 硫酸肼溶液。称取 1.000 g 硫酸肼[$(N_2H_4)H_2SO_4$]溶于水,定容至 100 mL。注意:硫酸肼有毒、致癌。

2)10 g/100 mL 六次甲基四胺溶液。称取 10.00g 六次甲基四胺[$(CH_2)_6N_4$]溶于水,定容至 100 mL。

3)浊度标准贮备液。吸取 5.00 mL 硫酸肼溶液与 5.00 mL 六次甲基四胺溶液于 100 mL 容量瓶中混匀。于(25±3)℃下静置反应 24 h。冷却后用水稀释至标线,混匀。此溶液浊度为 400 度。可保存一个月。

2. 非分散红外吸收法测定氮氧化物

(1)一氧化氮、二氧化氮标准气体。

(2)含量大于 99.99%的氮气。

3. 纳氏试剂分光光度法测定环境空气中的氨

除非另有说明,分析时所用试剂均使用符合国家标准的分析纯化学试剂,实验用水为下面(1)制备的水。

(1)无氨水,在无氨环境中用下述方法之一制备。

1)离子交换法。将蒸馏水通过一个强酸性阳离子交换树脂(氢型)柱,流出液收集在磨口玻璃瓶中。每升流出液中加 10 g 强酸性阳离子交换树脂(氢型),以利保存。

2)蒸馏法。在 1 000 mL 蒸馏水中加入 0.1 mL 硫酸,在全玻璃蒸馏器中重蒸馏。弃去前 50 mL 馏出液,然后将约 800 mL 馏出液收集在磨口玻璃瓶中。每升收集的馏出液中加入 10 g 强酸性阳离子交换树脂(氢型),以利保存。

3)纯水器法。用市售纯水器临用前制备。

(2)硫酸,$\rho(H_2SO_4)=1.84$ g/mL。

(3)盐酸,$\rho(HCl)=1.18$ g/mL。

(4)硫酸吸收液,$C(1/2H_2SO_4)=0.01$ mol/L。

量取 2.8 mL 硫酸加入水中,并稀释至 1 L,得 0.1mol/L 贮备液。临用时再用水稀释 10 倍。

(5)纳氏试剂。称取 12 g 氢氧化钠(NaOH)溶于 60 mL 水中,冷却;称取 1.7 g 二氯化汞

($HgCl_2$)溶解在 30 mL 水中;称取 3.5 g 碘化钾(KI)于 10 mL 中,在搅拌下将上述二氯化汞溶液慢慢加入碘化钾溶液中,直至形成的红色沉淀不再溶解为止。

在搅拌下,将冷却至室温的氢氧化钠溶液缓慢地加入到上述二氯化汞和碘化钾的混合液中,再加入剩余的二氯化汞溶液,混匀后于暗处静置 24 h,倾出上清液,储于棕色瓶中,用橡胶塞塞紧,2~5℃可保存 1 个月。

(6)酒石酸钾钠溶液,ρ=500 g/L。称取 50 g 酒石酸钾钠($KNaC_4H_6O_6 \cdot 4H_2O$)溶于 100 mL 水中,加热煮沸以驱除氨,冷却后定容至 100 mL。

(7)盐酸溶液,$C(HCl)=0.1$ mol/L。取 8.5 mL 盐酸,加入一定量的水中,定容至 1 000 mL。

(8)氨标准贮备液,$\rho(NH_3)$=1 000 μg/mL。称取 0.785 5 g 氯化铵(NH_4Cl,优级纯,在 100~105℃干燥 2 h)溶解于水,移入 250 mL 容量瓶中,用水稀释到标线。

(9)氨标准使用溶液,$\rho(NH_3)$=20 μg/mL。吸取 5.00 mL 氨标准贮备液于 250 mL 容量瓶中,稀释至刻度,摇匀。临用前配制。

二、设备、工、量、卡具准备清单

1. 分光光度法测定浊度

(1)50 mL 具塞比色管。

(2)分光光度计。

(3)其他一般实验室仪器。

2. 非分散红外吸收法测定氮氧化物

序号	名　称	规格	数量	备　注
1	氮氧化物非分散红外法气体分析测定仪		1	
2	二氧化氮转化器		1	转换效率不低于 85%
3	气体流量计		1	
4	采样管		1	
5	样品传输管线			可用聚氯乙烯等材质
6	预处理装置		1	包含烟尘过滤器及除湿装置
7	标准气体钢瓶		1	配可调式减压阀、可调式转子流量计及导气管
8	集气袋		1	容积 4~8 L

3. 纳氏试剂分光光度法测定环境空气中的氨

(1)气体采样装置:流量范围为 0.1~1.0 L/min。

(2)玻板吸收管或大气冲击式吸收管:125 mL、50 mL 或 10 mL。

(3)具塞比色管:10 mL。

(4)分光光度计:配 10 mm 光程比色皿。

(5)玻璃容器:经检定的容量瓶、移液管。

(6)聚四氟乙烯管(或玻璃管):内径 6~7 mm。

(7)干燥管(或缓冲管)内装变色硅胶或玻璃棉。

三、考场准备

1. 实验台操作台、相应设备与实验仪器、试剂及标准气体等
2. 相应的场地及安全防范措施
(1)橡胶手套(可自带)。
(2)实验服(可自带)。
(3)通风设施。
(4)灭火器。
3. 其他准备

四、考核内容及要求

1. 考核内容
按职业技能鉴定技能操作考核制件图示或内容制作。
2. 考核时限
本试题为180分钟。
3. 考核评分(表)

职业名称	环境监测工	考核等级	高级工		
试题名称	(一)分光光度法测定浊度 (二)非分散红外吸收法测定氮氧化物 (三)纳氏试剂分光光度法测定环境空气中的氨	考核时限	180分钟		
鉴定项目	考核内容	配分	评分标准	扣分说明	得分
安全操作与应急处理	考核操作前劳保穿戴齐全	4	出现一处错误扣2分		
	考核操作前对实验室的安全设施(通风橱、排气管道、防尘罩)进行检查	3	出现一处错误扣2分		
	考核操作过程中台面的整洁度,以及仪器摆放是否整齐	4	出现一处错误扣2分		
	考核操作完毕后对操作台的整理与清洁,以及对废弃物的处置是否妥当	4	出现一处错误扣2分		
水环境监测	考核根据水样的成分和待测指标,选择盛水容器及清洗方法	3	出现一处错误扣2分		
	考核根据水样的成分和待测指标,选择采样容器及采样器,并采集水样	5	出现一处错误扣2分		
	考核根据待测组分与水样性质,选择适当的水样保存方法和与处理方法	2	出现一处错误扣2分		
	考核各种计量容器的正确使用,正确测量吸光度,从校准曲线上查得或计算水样浊度	10	出现一处错误扣2分		
环境空气监测	考核采样管的准备	4	出现一处错误扣2分		
	考核样品采集:用10 mL吸收管,以0.5~1 L/min的流量采集,采气至少45 min	4	出现一处错误扣2分		
	考核各种计量容器的使用,测量吸光度,并做空白实验,计算结果	12	出现一处错误扣2分		

续上表

鉴定项目	考核内容	配分	评分标准	扣分说明	得分
固定污染源废气监测	考核确定采样位置和采样点数目	4	出现一处错误扣2分		
	(1)连接采样设备,并对仪器进行校准。 (2)将测定仪的采样管前端插入烟道采样点位,开动抽气泵,用烟气清洗采样管道,以仪器规定的采样流量连续采样。连续测定3次,取平均值作为测量结果。 (3)结果计算	16	出现一处错误扣2分		
数据分析与处理	考核对监测结果记录是否规范	2	出现一处错误扣2分		
	考核标准曲线的绘制是否正确	9	出现一处错误扣2分		
	考核数据有效位数的确定是否正确	2	出现一处错误扣2分		
	考核数据修约是否正确	2	出现一处错误扣2分		
玻璃器皿的使用与保养	考核能否正确清洗玻璃器皿并检查其清洁度	4	出现一处错误扣2分		
	考核试剂的取用与存放是否正确	6	出现一处错误扣2分		
质量、安全、工艺纪律、文明生产等综合考核项目	考核时限	不限	每超时5分钟,扣10分		
	工艺纪律	不限	依据企业有关工艺纪律规定执行,每违反一次扣10分		
	劳动保护	不限	依据企业有关劳动保护管理规定执行,每违反一次扣10分		
	文明生产	不限	依据企业有关文明生产管理规定执行,每违反一次扣10分		
	安全生产	不限	依据企业有关安全生产管理规定执行,每违反一次扣10分		

职业技能鉴定技能考核制件(内容)分析

职业名称	环境监测工				
考核等级	高级工				
试题名称	(一)分光光度法测定浊度 (二)非分散红外吸收法测定氮氧化物 (三)纳氏试剂分光光度法测定环境空气中的氨				
职业标准依据	国家职业标准				
试题中鉴定项目及鉴定要素的分析与确定					
鉴定项目分类 分析事项	基本技能“D”	专业技能“E”	相关技能“F”	合计	数量与占比说明
鉴定项目总数	1	4	2	7	核心“鉴定项目”的数量占比应不低于其总数的2/3,所涉及的“鉴定要素”的数量占比高于对应“鉴定项目”范围内“鉴定要素”总数的60%
选取的鉴定项目数量	1	3	2	6	
选取的鉴定项目数量占比(%)	100	75	100	86	
对应选取鉴定项目所包含的鉴定要素总数	6	15	9	30	
选取的鉴定要素数量	4	9	6	19	
选取的鉴定要素数量占比(%)	67	60	67	63	

所选取鉴定项目及相应鉴定要素分解与说明							
鉴定项目类别	鉴定项目名称	国家职业标准规定比重(%)	《框架》中鉴定要素名称	本命题中具体鉴定要素分解	配分	评分标准	考核难点说明
“D”	安全操作与应急处理	15	劳保穿戴齐全	考核操作前劳保穿戴是否齐全	4	出现一处错误扣2分	
			能对实验室的安全设施(通风橱、排气管道、防尘罩)进行检查	考核操作前对实验室的安全设施(通风橱、排气管道、防尘罩)进行检查	3	出现一处错误扣2分	
			操作过程中能保持台面整洁,仪器摆放合理整齐	考核操作过程中台面的整洁度,以及仪器摆放是否整齐。	4	出现一处错误扣2分	
			操作完毕后能对操作台进行整理、清洁并对废弃物进行合理处置	考核操作完毕后对操作台的整理与清洁,以及对废弃物的处置是否妥当	4	出现一处错误扣2分	
“E”	水环境监测	60	能按照水样的成分和待测指标,确定盛水容器及清洗方法	考核根据水样的成分和待测指标,选择盛水容器及清洗方法	3	出现一处错误扣2分	
			能根据待测项目的性质,正确选择采样容器及采样器,并会采集水样	考核根据水样的成分和待测指标,选择采样容器及采样器,并采集水样	5	出现一处错误扣2分	
			能根据待测组分与水样性质选择适当的水样保存方法和预处理方法	考核根据待测组分与水样性质,选择适当的水样保存方法和与处理方法	2	出现一处错误扣2分	

续上表

鉴定项目类别	鉴定项目名称	国家职业标准规定比重(%)	《框架》中鉴定要素名称	本命题中具体鉴定要素分解	配分	评分标准	考核难点说明
"E"	水环境监测		能测定水的色度、pH值、浊度等物理参数	考核各种计量容器的正确使用,正确测量吸光度,从校准曲线上查得或计算水样浊度。	10	出现一处错误扣2分	
	环境空气监测		能正确对采样管进行清洗与保存	考核采样管的准备	4	出现一处错误扣2分	
			能正确使用采样器采集空气样品	考核样品采集:用10 mL吸收管,以0.5~1 L/min的流量采集,采气至少45 min	4	出现一处错误扣2分	
			纳氏试剂分光光度法测定氨	考核各种计量容器的使用,测量吸光度,并做空白实验,计算结果	12	出现一处错误扣2分	
	固定污染源废气监测		确定采样位置和采样点数目	考核确定采样位置和采样点数目	4	出现一处错误扣2分	
			非分散红外吸收法测定二氧化硫和氮氧化物	(1)连接采样设备,并对仪器进行校准。 (2)将测定仪的采样管前端插入烟道采样点位,开动抽气泵,用烟气清洗采样管道,以仪器规定的采样流量连续采样。连续测定3次,取平均值作为测量结果。 (3)结果计算	16	出现一处错误扣2分	
"F"	数据分析与处理	15	监测结果记录符合规范	考核对监测结果记录是否规范	2	出现一处错误扣2分	
			能正确绘制标准曲线	考核标准曲线的绘制是否正确	9	出现一处错误扣2分	
			会确定数据的有效位数	考核数据有效位数的确定是否正确	2	出现一处错误扣2分	
			能正确对数据进行修约	考核数据修约是否正确	2	出现一处错误扣2分	
	玻璃器皿的使用与保养	10	能正确清洗玻璃器皿并检查其清洁度	考核能否正确清洗玻璃器皿并检查其清洁度	4	出现一处错误扣2分	
			能正确取用与存放试剂	考核试剂的取用与存放是否正确	6	出现一处错误扣2分	
质量、安全、工艺纪律、文明生产等综合考核项目				考核时限	不限	每超时5分钟,扣10分	
				工艺纪律	不限	依据企业有关工艺纪律规定执行,每违反一次扣10分	
				劳动保护	不限	依据企业有关劳动保护管理规定执行,每违反一次扣10分	

续上表

鉴定项目类别	鉴定项目名称	国家职业标准规定比重(%)	《框架》中鉴定要素名称	本命题中具体鉴定要素分解	配分	评分标准	考核难点说明
质量、安全、工艺纪律、文明生产等综合考核项目				文明生产	不限	依据企业有关文明生产管理规定执行,每违反一次扣10分	
				安全生产	不限	依据企业有关安全生产管理规定执行,每违反一次扣10分	